"IPv6+"网络技术创新

构筑数字经济发展基石

主 编 田 辉 李振斌
副主编 屠礼彪 孟文君

U0191242

人民邮电出版社

北 京

图书在版编目（ＣＩＰ）数据

"IPv6+"网络技术创新：构筑数字经济发展基石 /
田辉，李振斌主编. -- 北京：人民邮电出版社，2023.7
ISBN 978-7-115-61449-0

Ⅰ．①I… Ⅱ．①田… ②李… Ⅲ．①计算机网络—通
信协议—研究 Ⅳ．①TN915.04

中国国家版本馆CIP数据核字(2023)第074007号

内 容 提 要

IPv6是下一代互联网基础协议，对保障数字经济发展、促进经济社会数字化转型十分重要，
其规模部署需要较长时间且过程复杂。本书系统地阐述"IPv6+"体系的丰富内涵，包括"IPv6+"
的提出背景、诞生过程、产业政策、关键技术、产业价值和应用案例等。全书共16章，分为趋
势篇、总体篇、技术篇、产业篇和展望篇。趋势篇（第1~5章）阐述发展IPv6的重要意义，并介
绍全球IPv6发展概况，揭示发展"IPv6+"网络技术创新体系的必要性和紧迫性。总体篇（第6~8
章）详细介绍"IPv6+"体系全景布局、"IPv6+"云网架构评估和"IPv6+"的发展现状。技术
篇（第9~11章）详细介绍"IPv6+"网络技术创新、智能运维创新和安全技术创新，包括相关技
术的产生背景、实现原理和技术价值。"IPv6+"从提出到现在仅短短几年，但是在运营商网络
和行业网络里已经有了大量的实际部署案例，产业篇（第12~15章）对这些案例进行细致的介绍，
向读者详细展示"IPv6+"给数字经济发展带来的重要价值。最后，展望篇（第16章）对"IPv6+"
的未来发展进行展望。

本书作者是 IP 网络领域的资深从业者和研究者，对 IP 网络有着深刻的理解，亲身经历并
实际参与推动了"IPv6+"创新体系的诞生与发展。本书内容丰富、框架清晰、实用性强，可为
研究和学习"IPv6+"体系提供参考，适合网络规划工程师、网络技术支持工程师、网络管理员
及想了解前沿 IPv6网络技术的读者阅读，也适合网络主管部门、科研机构、高等院校的相关研
究人员阅读。

◆ 主　　编　田　辉　李振斌
　　副 主 编　屠礼彪　孟文君
　　责任编辑　韦　毅
　　责任印制　李　东　焦志炜

◆ 人民邮电出版社出版发行　　北京市丰台区成寿寺路 11 号
　　邮编　100164　　电子邮件　315@ptpress.com.cn
　　网址　https://www.ptpress.com.cn
　　固安县铭成印刷有限公司印刷

◆ 开本：720×1000　1/16
　　印张：24.25　　　　　　　　2023 年 7 月第 1 版
　　字数：449 千字　　　　　　　2024 年 11 月河北第 4 次印刷

定价：129.00 元

读者服务热线：(010)81055410　印装质量热线：(010)81055316
反盗版热线：(010)81055315
广告经营许可证：京东市监广登字 20170147 号

编 辑 委 员 会

主　编：田　辉　李振斌

副主编：屠礼彪　孟文君

委　员：骆兰军　李洪迪　李小盼　李泓锟

　　　　马　科　赵　锋　马丹妮　葛　坚

　　　　董　杰　刘　悦　王　璇　彭书萍

　　　　陈　立　陈婧怡　邵　蔚　吴卓然

　　　　王肖飞　张　杰　张玉亮　徐永强

　　　　董可平　薛　松　翟向梅

序

互联网从诞生到现在已有 50 多年的时间了，依然是全球科技与经济发展的主要驱动力。随着互联网发展的"主战场"从消费型互联网转向产业型互联网，全球互联网发展进入泛在普及、深度融合、变革创新、引领转型的新阶段，互联网对经济社会运行、生产和生活方式、公共服务模式正产生根本性和全局性的影响。在此过程中，随着下一代互联网、5G、云计算、大数据、人工智能等新一代信息技术的推广应用，经济社会全面开启数字化转型升级的趋势愈发明显。世界主要国家纷纷做出加快网络演进创新的战略部署，力争在新一轮技术和产业竞争中占据优势。以印度为代表的互联网后发国家直接在 IPv6 新赛道上发力，拥有大量 IPv4 地址的美国也看重 IPv6 的优势，明确将向 IPv6 单栈发展。以互联网工程任务组、欧洲电信标准组织、国际电信联盟为代表的国际标准化机构持续开展新型网络技术的研究探索。

我国也高度关注并重视网络创新演进发展，2017 年 11 月，中共中央办公厅、国务院办公厅印发了《推进互联网协议第六版（IPv6）规模部署行动计划》。该计划的发布实施拉开了我国全面加速向 IPv6 演进的帷幕，政府部门、基础电信企业、互联网企业、设备制造企业、科研机构和高校等积极响应、通力协作、密切配合，我国 IPv6 发展在网络基础设施、应用基础设施、终端、应用、基础资源、用户数及流量等各个方面都取得了长足进步。经过 5 年多的时间，我国建成了全球规模最大的 IPv6 网络和应用基础设施，典型应用和特色服务不断增多，IPv6 用户数全球第一，规模部署工作取得了瞩目成就。

回顾过去 50 多年来互联网技术演进及产业发展的历程，创新是互联网发展的永恒主题，技术与市场双轮驱动是互联网发展的不竭动力。如今，高质量发展的目标要求企业进行数字化转型，通过 IPv6 上云打通数据采集、传送、计算、决策的全过程是数字化转型的有效途径，IPv6 展现了广阔的创新空间。积极开展以 IPv6 为起点的下一代互联网网络创新顶层设计，着重强调互联网的开放共享和跨界创新思维，加快推动信息通信技术与千行百业数字化进程深度融合，就成为推进 IPv6 规模部署工作的重中之重。2019 年，在推进 IPv6 规模部署专家委员会的指导下，我国产业界成立了"IPv6+"创新推进组，中国信息通信研究院、中国电信、中国移动、中国联通、华为、中兴、中国石油、中国石化、国家电网、中国工商银行、中国建设银行、中国银联、清华大学、北京邮电大学等单位积极参与其中。"IPv6+"创新推进组提出打造"IPv6+"网络技术创新体系的战略发展目标，确定用 10 年左右，以推进 IPv6 规模部署国家战略为契机，建立可演进创新、可增量部署的"IPv6+"网络技术创新体系，引领我国"IPv6+"核心技术、产业能力及应用生态实现突破性发展，并提供以"IPv6+"系列标准为代表的网络演进创新中国方案，打造赋能数字化转型发展的新型基础设施。

"IPv6+"是基于 IPv6 的下一代互联网的升级，是对现有 IPv6 的增强，是推动技术进步、效率提升、面向新一轮科技革命和产业变革的互联网创新网络技术体系。基于 IPv6 网络技术体系再完善、核心技术再创新、网络能力再提升、产业生态再升级，"IPv6+"可实现更加开放活跃的技术与业务创新、更加高效灵活的组网与业务服务提供、更加优异出众的性能与用户体验，以及更加智能可靠的运维与安全保障。针对当前云网融合、5G 承载及产业互联网灵活组网、快速部署、可靠传送、确定时延、简化运维、优化体验等新型承载需求，"IPv6+"创新推进组已经在"IPv6+"概念、内涵外延、核心技术、产业布局、发展阶段及路线图和时间表等问题上达成了初步共识，确定了技术研究和产业实践"三步走"的发展策略，分阶段推进。

第一阶段，构筑"IPv6+"网络编程基础能力。重点开展 SRv6 相关技术研究和产业实践，实现对传统 MPLS 网络基本功能的替代（包括虚拟专用网、流量工程及快速重路由等）。通过 SRv6 规模部署简化 IPv6 网络业务部署，使得 IPv6 网络基础设施具备业务快速发放、灵活路径控制等特性。

第二阶段，提升网络 SLA 体验保障能力。重点开展 IPv6 网络切片、随流检测、新型组播等技术研究和产业实践，在网络演进中引入 VPN+、IFIT、BIERv6 等特性，发展面向 5G 和云网融合的承载应用，包括面向 5G 行业使能、Cloud VR/AR 及业务链应用等。

第三阶段，发展网络应用感知能力。伴随云服务和网络演进的融合进程，重点研究云服务和网络之间的信息交互技术，探讨云服务应用感知、资源即时调用与网络能力开放之间的协调机制。可以预见，云网深度融合必将给下一代互联网产业的发展带来深远的影响。

"IPv6+"网络技术创新体系必将对推动我国互联网产业发展以及提升国家综合竞争力发挥关键作用。下一步，希望"IPv6+"创新推进组充分依托我国 IPv6 规模部署的发展成果，整合 IPv6 相关产业链力量，加强基于"IPv6+"的下一代互联网技术体系创新，从网络编程、网络切片、确定性路由、管理智能化、内生安全及融合创新应用等方面积极开展技术研究、试验验证、测试评估、应用示范，不断激发 IPv6 网络创新潜能，拓展业务支撑能力，完善"IPv6+"网络技术创新体系。与此同时，加大"IPv6+"应用推广力度，促进传统产业转型、培育新兴业态、增强公共服务能力，加快互联网与实体经济更广范围、更深程度、更高层次的融合创新，构建新格局、打造新动能、壮大新经济。

本书的作者是"IPv6+"创新推进组的组织者和"IPv6+"国际标准化的重要贡献者，长期从事 IPv6 项目开发研究与应用试验及监测评估工作，对国内外 IPv6 发展动态和国际标准化进展有深入的了解，有较为丰富的 IPv6 推广应用的经验。本书从"IPv6+"网络技术创新体系的顶层设计出发，面向泛在物联网、云网融合、产业互联网等发展需求，注重网络运营、业务开发及垂直行业工程实践，学术性与实用性并重。本书的出版正值我国积极推动 IPv6 规模部署与过渡演进的关键时期，希望本书能激发更多有志之士在我国 IPv6 规模部署行动中产生更多创新成果，本书值得向从事互联网技术研究工作的工程师、科技工作者、高校师生推荐，是为序。

邬贺铨

中国工程院院士

推进 IPv6 规模部署专家委员会主任

前　言

2018年12月19日至21日，中央经济工作会议在北京召开，提出"加快5G商用步伐，加强人工智能、工业互联网、物联网等新型基础设施建设"，首次提出新型基础设施建设（简称新基建）这一概念。新基建是国家"十四五"的重点投资领域，以信息网络为基础，以技术创新为驱动，提供数字转型、智能升级、融合创新等方面的基础性、公共性服务，其内涵随着新技术的成熟应用而不断拓展。新基建当前包括信息基础设施、融合基础设施和创新基础设施三大类。其中，信息基础设施主要是指基于新一代信息技术演化生成的基础设施，包括物联网、5G网络、固定宽带网络、空间信息、数据中心等；融合基础设施主要是指深度应用信息技术，促进传统基础设施转型升级，进而形成的基础设施新形态，包括工业互联网、智慧交通物流设施、智慧能源系统等；创新基础设施主要是指支撑科学研究、技术开发、产品及服务研制的基础设施，包括科学研究设施、技术开发设施、试验验证设施等。

互联网是关系国民经济和社会发展的重大信息基础设施，深刻影响全球经济格局、利益格局和安全格局。IP（Internet Protocol，互联网协议）网络是信息基础设施的基础，物联网、5G网络、固定宽带网络的发展都离不开IP网络。同时，IP网络也是融合基础设施（如工业互联网、智慧能源系统）及创新基础设施的基础。可以说，IP网络是新基建基础之基础，非常关键。

IP网络技术作为互联网的技术基础，需要实现从万物互联向万物智联的演进。IPv4（Internet Protocol version 4，第4版互联网协议）虽然自20世纪80年代初一直沿用至今，但随着互联网的迅猛发展，IPv4地址短缺的问题日益凸显。2016年11月，IETF（Internet Engineering Task Force，互联网工程任务组）最高领导层IAB（Internet Architecture Board，互联网架构委员会）发表了关于IPv6（Internet Protocol version 6，第6版互联网协议）发展的重要声明。声明表示，希望IETF能够在新RFC（Request For Comments，征求意见稿）中，停止要求新设备和新的扩展协议兼容IPv4，未来的新协议全部在IPv6基础上进行优化。

IPv6是目前全球公认的、唯一可以规模商用部署的互联网升级演进方案，是下一代互联网发展的起点和不可逾越的阶段。IPv6具备拥有海量地址空间、端到端透明性、移动性支持、内嵌安全等优势，为简化网络结构、优化用户体验和提升网络智能化奠定了良好的基础，满足了5G、云网融合、工业互联网、物联网等应用对网络承载的需求，为进一步开展网络和业务创新提供了广阔的空间。发展基于IPv6的下一代互联网，不仅是互联网演进升级的必然趋势，更是助力互联网与实体经济深度融合、支撑数字经济高质量发展的迫切需求，对提升国家网络空间综合竞争力、加快建设网络强国具有重要意义。

当今世界，网络空间日益成为赢得国家竞争优势的战略焦点，抢占下一代互联网发展机遇成为世界主要国家的战略选择。我国迫切需要抓住全球互联网升级演进的重要机会窗，加快实施部署，打造发展新优势、赢得竞争主动权。IPv6为我国网络设施升级、技术产业创新、经济社会发展提供了重大契机，加快推进IPv6规模部署是我国新一代信息基础设施升级的必然要求，也是下一代互联网产业发展的必由之路。

我国一直高度重视IPv6和下一代互联网发展，党中央、国务院在"十三五"和"十四五"规划纲要、《国家信息化发展战略纲要》和《"十三五"国家信息化规划》等战略规划中均做出相关部署。2017年11月，中共中央办公厅、国务院办公厅印发《推进互联网协议第六版（IPv6）规模部署行动计划》，明确了"十三五""十四五"期间我国IPv6规模部署的总体目标、路线图、时间表和重点任务，为加快推进IPv6规模部署工作提供了方向指引和根本遵循。

为了确保《推进互联网协议第六版（IPv6）规模部署行动计划》取得实效，中共中央网络安全和信息化委员会办公室（中央网信办）、中华人民共和国国家发展和改革委员会（国家发展改革委）、中华人民共和国工业和信息化部（工信部）等单位组织成立了推进IPv6规模部署专家委员会，务实开展一系列重点推进IPv6规模部署的工作。

2019年10月底，推进IPv6规模部署专家委员会批准立项成立"IPv6+"

创新推进组，其工作目标为依托我国 IPv6 规模部署的成果，加强基于 IPv6 下一代互联网技术的体系创新，整合 IPv6 相关技术产业链（产、学、研、用等）力量，从网络路由协议、管理自动化、智能化及安全等方向积极开展"IPv6+"网络新技术、新应用的验证与示范，不断完善 IPv6 技术标准体系，提升我国在 IPv6 领域的国际竞争力。

概括来说，IPv6 可解决网络连接数量问题，能够满足万物互联的需求。但是千行百业的数字化转型发展，不仅增加了网络连接数量，对网络连接质量也有很高的要求。优化网络连接的质量，需要在 IPv6 的基础上进行增强创新，即发展"IPv6+"网络技术创新，为运营商和企业提供高度自动化、智能化的网络，支撑海量连接和各种业务。"IPv6+"网络技术创新可从超宽、广连接、安全、自动化、确定性和低时延 6 个维度提升 IP 网络能力。

2021 年 7 月，中央网信办、国家发展改革委、工信部等联合发布了《关于加快推进互联网协议第六版（IPv6）规模部署和应用工作的通知》，明确提出"加强基于 IPv6 的新型网络体系结构技术研究。开展'IPv6+'网络产品研发与产业化，加强技术创新成果转化，不断展现 IPv6 技术优势"。

自《推进互联网协议第六版（IPv6）规模部署行动计划》发布以来，经过几年持续不懈的努力，我国 IPv6 产业发展环境日趋成熟，当前 IPv6 规模部署工作重点已经从"好用"向用户"爱用"迈进。我们应该充分认识到，"爱用"不是简单地用 IPv6 替代 IPv4，不仅要深入挖掘内生驱动要素，发挥 IPv6 规模部署优势，实现业务创新和产业赋能，还要继续加快基于 IPv6 下一代互联网的升级，发展"IPv6+"网络，通过 IPv6 规模商用部署和"IPv6+"创新实现网络能力提升，驱动网络和业务融合发展，赋能行业数字化转型，全面建设数字经济、数字社会和数字政府的"新基座"。

"IPv6+"产业方兴未艾，已经成为数据通信产业界的创新热点，但是目前业界关于"IPv6+"的系统性介绍材料还比较少，面对庞大的"IPv6+"网络技术创新体系，很多从业者会感到无从下手，难见全貌。作为 IPv6 和"IPv6+"产业的深度参与者，我们系统回顾了 IPv6 的发展历史，深入分析了"IPv6+"蕴藏的丰富内涵，认真研究了"IPv6+"体系的各项关键技术，广泛调研了"IPv6+"产业应用现状，汇编成此书。适逢我国推进 IPv6 规模部署和应用创新的关键时期，希望本书对读者深入了解"IPv6+"能提供较大的帮助。

本书主要包括如下几部分内容。

趋势篇：第 1～5 章，主要介绍 IPv6 对全球数字经济发展和数字化转型的重要促进作用，介绍 IPv6 在全球的发展概况和部署经验，阐述"IPv6+"的产生过程及其丰富内涵，揭示"IPv6+"是 IPv6 网络发展的必然趋势。

总体篇：第 6～8 章，重点介绍我国"IPv6+"体系全景布局，对"IPv6+"发展程度的评估指标体系，以及"IPv6+"在国内外的发展现状。

技术篇：第 9～11 章，主要围绕"IPv6+"的内涵，详细介绍网络技术创新、智能运维创新和安全技术创新。本篇主要介绍相关技术的原理和价值。

产业篇：第 12～15 章，主要从运营商和行业两大维度揭示 IP 网络面临的发展问题、共性需求、发展趋势，介绍"IPv6+"的成功应用案例。通过这些案例，我们可以深刻感受到"IPv6+"正在重塑产业经济，对社会发展产生巨大的促进作用。

展望篇：第 16 章，主要对"IPv6+"产业的未来发展提出一些建议，并展望"IPv6+"产业令人欣喜的前景。

"IPv6+"作为新兴技术体系，还处于不断变化的过程中，内涵在不断丰富，技术在不断扩展，场景在不断更新，加之我们能力有限，书中难免存在疏漏，敬请各位专家及广大读者批评指正，在此表示衷心的感谢。

致 谢

　　"星多夜空亮，人多智慧广"，独智不如众智。一个产业的培育和壮大，需要无数人为之付出大量的心血，"IPv6+"产业的发展也离不开"政产研学用"各界同人的共同努力。在本书的编写过程中，我们得到了众多领导、专家以及同行们的关心支持。没有大家的帮助，本书难以问世。本书也是我们作为业界一员对"IPv6+"产业发展的阶段性总结。

　　借本书出版的机会，我们衷心地对以下人员表示最真诚的感谢（按姓名音序排列）：敖立，曹畅，曹蓟光，柴瑶琳，陈吉宁，陈建刚，陈运清，成诚，程伟强，程源，代晓慧，丁宏庆，杜大海，段晓东，范大卫，方新平，付静，古锐，郭岳，韩淑君，胡克文，黄韬，纪德伟，姜林涛，金梦然，金闽伟，李鹏飞，李彤，李巍，李扬，李震，林迁，刘金玉，刘郁林，路阳，梅杰，穆琙博，潘霄宁，强斌，秦壮壮，瞿洁武，阮小星，沈筱彦，宋平，孙建平，谈超洪，唐雄燕，田竑，王晨曦，王皓，王力，王志刚，王志勤，韦乐平，魏政，温锐松，文慧智，闻库，邬贺铨，吴局业，解冲锋，徐春学，许青邦，鱼亚锋，袁广翔，原全新，曾金，张庚，张建东，张文强，赵策，赵慧玲，赵进延，赵志鹏，钟世龙，朱刚，朱科义，朱占军，邹洪强，左萌。

　　特别感谢以下单位提供的材料支持（排名不分先后）：

推进 IPv6 规模部署专家委员会

中国信息通信研究院

中国电信股份有限公司

中国移动通信集团有限公司

中国联合网络通信集团有限公司

广西壮族自治区信息中心

广东省政务服务数据管理局

中国建设银行

中国工商银行

中国农业银行

国家电网有限公司

国家石油天然气管网集团有限公司

中国电信股份有限公司上海分公司

中国电信股份有限公司江苏分公司

中国电信股份有限公司四川分公司

中国电信股份有限公司安徽分公司

中国电信股份有限公司宁夏分公司

中国移动通信集团有限公司天津分公司

中国联合网络通信有限公司北京市分公司

中国联合网络通信有限公司广东省分公司

上海汽车集团股份有限公司乘用车公司

华为技术有限公司

目 录

趋势篇

总体篇

技术篇

产业篇

展望篇

趋势篇

第 1 章

IPv6 保障数字经济发展

数字经济是继农业经济、工业经济之后的主要经济形态，是以数据资源为关键要素，以现代信息网络为主要载体，以信息通信技术融合应用、全要素数字化转型为重要推动力，促进公平与效率更加统一的新经济形态。IPv6 是通信网络的核心组成部分，是信息网络基础设施升级的必然选择，是保障数字经济发展的重要基石。

1.1　数字经济是经济发展的新引擎

1.1.1　数字经济成为全球经济增长的关键力量

数字经济发展速度之快、辐射范围之广、影响程度之深前所未有，它正推动生产方式、生活方式和治理方式的深刻变革，成为重组全球要素资源、重塑全球经济结构、改变全球竞争格局的关键力量。

根据 2021 年 10 月 IMF（International Monetary Fund，国际货币基金组织）发布的《世界经济展望报告》，2020 年世界经济同比深度下滑 3.1%[1]。但数字经济持续呈现良好的发展势头，成为疫情冲击下世界主要国家推动经济稳定发展的关键动力。

2021 年，中国信息通信研究院发布《全球数字经济白皮书》，该白皮书对全球数字经济发展新态势进行了分析，研究了全球主要国家数字经济发展模式，对数字经济典型领域的全球发展格局进行探索。2020 年，在测算的 47 个国家中，有 35 个国家的 GDP（Gross Domestic Product，国内生产总值）呈现负增长，47 个国家的 GDP 平均同比名义增速为 −2.8%。在此背景下，47 个国家数字经济增加值规模达到 32.6 万亿美元，占 GDP 比重高达 43.7%，同比名义增长 3.0%，显著高于 GDP 增速[2]。

2020 年，在全球主要国家中，约半数国家的数字经济规模超过 1000 亿美元。如表 1-1 所示，美国数字经济以约 13.6 万亿美元的规模蝉联全球第一；中国数字经济规模接近 5.4 万亿美元，保持全球第二大数字经济体的地位；德国、日本、英国和法国依次位居第三位至第六位 [2]。

表 1-1　2020 年全球主要国家数字经济规模

国家	2020 年数字经济规模 / 亿美元
美国	135 997
中国	53 565
德国	25 398
日本	24 769
英国	17 884
法国	11 870

注：2022 年，中国信息通信研究院发布《中国数字经济发展报告》，将中国 2020 年数字经济规模修订为 5.65 万亿美元，合人民币 39.2 万亿元 [3]。

各国数字经济已成为国民经济的重要组成部分。同时，数字经济在国民经济中的占比显著提升，数字化已成为一国经济现代化发展的重要标识。德国、英国、美国的数字经济在 GDP 中占主导地位，比重超过 60%，韩国、日本、爱尔兰、法国、新加坡的数字经济占比超过 40%，中国、芬兰、墨西哥的数字经济占比也都超过 30%。在世界经济增速放缓的背景下，数字经济为带动全球经济复苏贡献了巨大力量。

1.1.2　数字经济是我国国民经济发展的"稳定器"和"加速器"

2021 年，我国数字经济发展取得新突破，数字经济规模达到 45.5 万亿元（编辑注：因小数点进位问题，数字略有出入，下同），较"十三五"初期（2016 年）增长了 1 倍多 [3]，如图 1-1 所示。数字经济规模同比名义增长 16.2%，高于同期 GDP 名义增速 3.4 个百分点，占 GDP 比重达到 39.8%，较"十三五"初期提升了 9.6 个百分点。数字经济在国民经济中的地位更稳固、支撑作用更明显，下面从数字产业化和产业数字化两方面进行说明。

第一，我国数字产业化基础实力持续巩固。2021 年，我国数字产业化规模达到 8.4 万亿元，同比名义增长 11.9%，占 GDP 比重为 7.3%，与 2020 年基本持平。其中，ICT（Information and Communication Technology，信息通信技术）服务部分在数字产业中的主导地位更加稳固，软件产业和互联网行业在其中的占比持续小幅提升。

第二，我国产业数字化的发展已进入加速轨道。2021 年，我国产业数字化规模达到 37.2 万亿元，同比名义增长 17.2%，占 GDP 比重为 32.5%。各行各业已充分认识到发展数字经济的重要性，工业互联网成为制造业数字化转型的核心方法论，服务业数字化转型持续活跃，农业数字化转型初见成效。

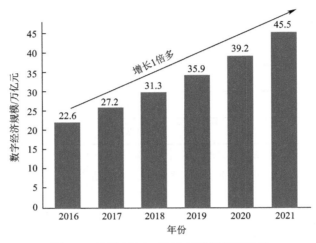

图 1-1　我国 2016—2021 年数字经济规模

1.2　新基建打造我国数字经济基座

2020 年 4 月，国家发展改革委对新基建给出初步定义："以新发展理念为引领，以技术创新为驱动，以信息网络为基础，面向高质量发展需要，提供数字转型、智能升级、融合创新等服务的基础设施体系。"新型基础设施更侧重于以信息网络为基础，综合集成新一代信息技术，围绕数据的感知、传输、存储、计算、处理和安全等环节，所形成的基础设施体系对经济社会数字化发展至关重要，亦有利于加快推动形成以国内大循环为主体、国内国际双循环互相促进的新发展格局。

1.2.1　新基建构筑数字经济基础

新基建是数字经济发展的基座。从范围上来讲，数字经济中"数字产业化"对应新基建中的"信息基础设施"，数字经济中的"治理数字化""产业数字化""数据价值化""资产数字化"对应新基建中的"融合基础设施"。

在数字经济浪潮下，ICT 为庞大数据量和信息量的传递提供了高速传输信道，补齐了制约人工智能、大数据、工业互联网等在信息传输、规模连接、通信质量上的短板。新基建将为数字经济的发展和产业转型升级提供底层支持。

一是 5G 成为数字经济建设关键领域。一方面，5G 时代把移动通信提到新高度，5G 不仅服务个人用户，还将更多地服务企业用户，即从消费端向生产端转移。另一方面，5G 将加快与其他技术融合，推动云网融合发展。

二是人工智能构建第一生产力。新基建浪潮下人工智能的重要性不容小觑，例如，腾讯公司与商飞公司打造的复合材料检测系统，可让检测过程从几小时缩短至几分钟，同时整体缺陷检出率提高到 99%。

三是工业互联网支撑制造强国发展。例如，在新冠疫情期间，腾讯公司开放了工业互联网公共服务平台，用于满足企业复工复产、人员防控、医疗物资救助、在线培训需求。4 天时间，"WE 智造"小程序帮助西安航空基地 60 多家企业解决了 160 多个复工过程中的棘手问题。

四是行业协同加速落地。新基建的快速普及，将加快数据流动，加速行业协同，促进数字经济发展。如"乘车登记码"的推出，联动全国各地方政府和地铁、公交、出租车公司，实现"数据多跑路，用户少跑路"。

1.2.2　新基建释放数字经济新动能

在新基建中，数字基建是非常重要的组成部分。数字基础设施是新基建的关键内容和重要领域。数字基础设施主要指的是以信息网络为基础，以新一代 IT（Information Technology，信息技术）与经济社会各领域融合创新为驱动力，为社会生产和生活提供数字能力，对各行各业进行数字化赋能的新型基础设施。

数字基建主要包含两个部分：一是信息网络融合创新演进形成的新型基础设施，如 5G、工业互联网、卫星互联网、物联网、数据中心、云计算等；二是信息技术赋能传统基础设施转型升级形成的新型基础设施，如智慧交通基础设施、智慧能源基础设施等新型经济性基础设施，以及智慧校园、智慧医院等新型社会性基础设施。

随着整个社会向信息化、数字化、智能化的方向发展，数字基建的赋能效应日渐凸显。数字基建在助推产业转型和经济增长上的乘数倍增效应更强，通过与传统基础设施深度融合，数字基建能够助力交通、电力、水利、管网、市政等领域向数字化和智能化转型，打造经济发展新动能。

数字基建带动、引领上下游产业发展。在上游产业，带动智能终端、通信和 IT 设备、基础软件和应用软件以及芯片、器件等发展，培育我国自己的技术和企业。在下游产业，挖掘新型设施应用场景，形成更多新模式、新业态、新产业，促进经济转型升级。

数字基建对稳定投资、扩大内需、拉动经济增长的作用正在逐渐显现。中国信息通信研究院的测算显示，预计 2020—2025 年，5G 商用将带动 1.8 万亿元的移动数据流量消费、2 万亿元的信息服务消费和 4.3 万亿元的终端消费。

1.3 IPv6 是新基建发展的重要基石

1.3.1 IPv6 是通信网络和算力设施的核心组成

加强新基建是党中央、国务院站在历史和时代高度做出的一项重大战略部署，对稳投资、扩内需，强基础、促转型，激活经济发展新动能、实现经济高质量发展具有重要意义。IPv6 既是通信网络、算力设施等新兴信息基础设施的核心组成，也是智能制造、智慧交通等融合基础设施的关键支撑，还是科学研究、技术开发、产品研制等创新基础设施的重要基础。推进 IPv6 规模部署是新形势下加快新基建的重要内容和关键支撑。加快推进 IPv6 规模部署，有助于夯实新基建基础，助力经济高质量、可持续发展。

IPv6 作为新基建的重要使能技术，全面优化了现代化基础设施技术体系。新基建是以技术融合创新为驱动的。IPv6 技术具有海量的地址容量、强大的业务承载能力、巨大的安全保障潜力，与 5G、大数据、人工智能、工业互联网等新基建技术一样具有广阔的创新空间。IPv6 与新型基础设施关键技术的融合创新，将极大激发新的技术需求、不断催生新的技术方向，开辟融合创新的新赛道，推动我国 ICT 从单点、局部优势向体系化、综合化优势转变，极大提升现代化基础设施技术创新能力和特色竞争实力。

作为新基建的关键基础，IPv6 全面赋能现代化基础设施承载能力。新基建要以信息通信网络为基础。IPv6 是万物互联时代的网络基石，能够很好地满足新型基础设施对网络"一物一址、安全可信、万物互联"的承载需求，是新基建基础中的基础、关键中的关键。加快构建以 IPv6 为起点的下一代互联网，将提升信息网络的综合承载能力和端到端安全保障水平，提升智能制造、智慧交通等融合基础设施的网络支撑能力，夯实科学研究、技术开发、产品研制等创新基础设施的网络基础，全面提升新型基础设施的承载效率和服务水平。

IPv6 是新基建的核心产业生态，全面支撑现代化基础设施产业体系。新基建要以先进产业生态为支撑。推进 IPv6 规模部署是网络技术产业生态的一次全面升级，深刻影响着 ICT、产业、应用的创新和变革，拉动芯片、软件、整机、网络以及相关应用的全面发展，帮助我国实现网络信息技术自主创新能力和产业高端发展水平的提升。基于 IPv6 的下一代互联网技术产业生态的构建，将筑牢新基建的产业支撑基础，深刻改变新基建模式，催生融合性新产品、新应用和新模式，培育壮大新动能。

1.3.2　IPv6 与新基建融合发展

在国家大力推动新基建政策的引领下，深入推进 IPv6 规模部署将成为加快 5G、工业互联网、人工智能、物联网等新基建的关键战略举措，使之成为集约高效、经济适用、智能绿色、安全可靠的现代化基础设施体系的基石。

结合新基建推动 IPv6 规模部署，可以考虑从如下几方面入手。

第一，实现"IPv6+"与 5G 网络建设的融合发展。建设基于端到端 IPv6 的 5G 承载网，利用"IPv6+"网络切片、应用感知和内生安全等功能，解决 5G 行业应用差异化和精细化不足的问题，提升服务品质和安全保障能力。基于以"IPv6+"为核心的 5G 承载方案，解决目前 5G 物联网应用中地址空间不足和身份溯源困难等问题。利用"IPv6+"网络编程、SFC（Service Function Chaining，服务功能链）等能力，解决 5G 行业用户在上云场景下业务开通不顺、资源调度不畅的问题，提供灵活组网的云网融合承载方案。利用 IPv6 技术可以解决 5G 网络创新应用中存在的网络和终端等瓶颈问题。

第二，开展网络及应用基础设施 IPv6 单栈建设。向 IPv6 单栈过渡是确保互联网技术及服务未来增长和创新的不二选择。开展网络 IPv6 单栈商用部署试点，推动基础电信企业 5G SA（Standalone，独立）网络优先采用 IPv6 单栈建设，实现网络控制和管理层面的 IPv6 单栈部署。逐步对数据中心、云服务平台进行 IPv6 单栈改造，推动应用基础设施新增网络地址时不再使用 IPv4 私有地址，逐步实现 IPv6 单栈化，支撑带动互联网应用实现 IPv6 单栈化改造。

第三，开展工业互联网网络及应用的 IPv6 改造。推进典型行业、重点企业开展工业园区网络、工业互联网企业内网的 IPv6 改造。推动地方和龙头企业建设、开展支持 IPv6 的工业互联网园区网络试点示范，推动工业企业在工业互联网场景下的企业内网改造过程中同步实施 IPv6 改造。推动工业互联网标识解析体系和工业互联网平台全面实施 IPv6 升级改造。

第 2 章

IPv6 促进数字化转型

当前,新一轮科技革命和产业变革不断深入,数字化转型已经成为大势所趋。产业的数字化升级带来了新需求,5G、云计算、大数据、物联网和工业互联网等新业务对网络提出了更高的要求,而算网融合、企业分支协同、远程办公等新模式的出现同样要求网络能够提供支撑。这些都对网络的灵活敏捷、高效部署、安全可靠提出了更高要求,大力发展 IPv6 网络正是促进数字化转型的好抓手。

2.1 世界各国的数字化转型战略

全球主要国家高度重视数字化发展,目前有 170 多个国家陆续发布了数字国家相关战略。图 2-1 展示了部分国家的数字化转型战略。

中国 • 第十四个五年规划和2035年远景目标 • 新基建	日本 社会5.0:改善人类生活的解决方案(大数据、物联网、人工智能覆盖每一个角落)
印度尼西亚 • 信息通信技术战略计划(2020—2024年) • 包容性基础设施,数字扫盲	马来西亚 • MyDIGITAL计划 • 东盟数字中心 • 目标是让100%的家庭能够上网
英国 • 数字战略 • 世界级基础设施和网络安全。数字产业最佳落脚地,政务转型领导者	德国 • 数字战略2025 • 工业4.0,创新型和中小型企业,信息自治
摩洛哥 • 摩洛哥数字2025 • 数字行政,数字生态系统和创新性、包容性社会和人类发展	南非 • 2030年国家发展计划 • 国家数字和未来技能战略:原创性、数据性、批判性思维和数字包容问题解决

图 2-1　部分国家的数字化转型战略

智利
- 国家智慧产业战略计划
- 提高生产力和效率，数字语言

巴西
- 数字化转型战略（电子数字）
- 生产数字化进程，促进数字环境的教育和培训

泰国
- 数字经济与社会发展战略
- 东盟互联互通和数据交换中心

新加坡
- 智慧国家，前进之路等
- 数字政务、数字包容性、全行业转型

沙特阿拉伯
- 愿景2030、智慧政府战略（2020—2024年）等
- ICT产业、发达的数字基础设施

阿联酋
- 2071百年战略：世界上最好的国家之一（经济、政府、社会、教育）
- 人工智能战略2031，世界领先

法国
- 国际数字战略
- 开放治理：使法国成为数字卓越中心，数字自治

俄罗斯
- 国家数字经济计划
- 监管和信息安全

肯尼亚
- 信息通信技术部战略计划（2020—2024年）
- 数字营商环境、数字能力、应用创新

埃及
- 数字埃及
- 政务转型、人才和就业、ICT创新创业

图 2-1　部分国家的数字化转型战略（续）

各国都在积极探索与自身情况相适应的发展道路。GCI 2020 分析了 79 个国家的数字化发展历程，总结一下，大致可以将它们分为领跑者、加速者、起步者 3 类 [4]。

领跑者主要是关注提升用户体验的发达国家，这些国家聚焦于投资大数据、AI（Artificial Intelligence，人工智能）、物联网、5G 等技术，以发展智能化水平更高、创新能力更强的经济体。领跑者的 ICT 成熟度更高，而且据调查，与非 IT 预算相比，数字基础设施成熟度更高的国家，其企业更倾向于保留 IT 预算。

加速者聚焦提升高速连接和云服务的需求，以促进行业数字化转型和经济增长。

起步者主要是数字经济起步国家，这些国家处于 ICT 基础设施建设的早期阶段，依托移动宽带覆盖率和可支付能力的提升来努力缩小数字鸿沟。

起步者正在积极追赶加速者和领跑者。起步者的宽带指标得分的提升比其他两类国家都要快。在 5 年的时间里，起步者的移动宽带普及率提升了 2.5 倍以上，其中几个起步者的宽带覆盖率已经接近 100%。起步者的 4G（4th Generation，第四代移动通信技术）用户平均占比也从 2014 年的 1% 提升到 2019 年的 19%。部分起步者的移动宽带支付能力（移动宽带成本 / 人均国民收入）提升了 25%。网络普及率的提高带来了新的经济发展机遇，消费者网购支

出自 2014 年到 2019 年几乎翻了一番，2019 年的人均网购支出已超过 2000 美元。

GCI 2020 首次提出了行业数字化的 5 个阶段。

第一阶段：提升任务效率。即通过基础连接、提升沟通效率，来跟踪单项任务的完成率。

第二阶段：提升功能效率。即利用 ICT 实现计算机化或自动化，可同时处理多项任务，促进信息的共享。

第三阶段：提升系统效率。即推动核心系统功能数字化，实现系统高效运作。在这一阶段，企业需要更广的连接，并对云服务提出需求。

第四阶段：提升组织效率与敏捷性。即企业的内部流程实现数字化，应用普遍上云，且所有的系统都能有效集成，并能够借力高覆盖的网络、云应用的普及，以及人工智能和物联网的部署，实现实时的数据分析与洞察。

第五阶段：提升生态系统效率与韧性。即整个生态系统都会实现数字化，并能快速响应市场变化，且支持利益相关方的自动协调与跨界合作。5G、物联网、机器人等技术将成为这一转型阶段的典型代表，为新商业模式、新工作方式和新产品创造新的机会。

2.2 部分行业的数字化转型趋势

2021 年 10 月，华为发布《2021 数字化转型，从战略到执行》报告。该报告指出，数字化将深度改造行业的生产系统，带动产业优化、收入提升、成本节约，到 2025 年可创造 27 万亿美元的潜在价值，主要行业的具体情况介绍如下 [5]。

数字政府：利用数据和分析技术，国家政府将节省 15%～20% 的行政费用。

金融数字化：全球 2020 年实时支付交易超过 703 亿笔，比 2019 年增长 41%。

能源数字化：数字技术，如先进的地震数据处理、传感器的使用和增强的油藏建模等的广泛使用可以使生产成本降低 10%～20%，并有望将光伏发电、风力发电的弃电率降至 1.6%，从而实现到 2040 年减少 3000 万吨二氧化碳排放。数字化有每年节省约 800 亿美元的潜力，节省的费用大约占全年发电成本的 5%。

智能制造：2021—2025 年复合成长率达 15.35%。2020—2021 年，智能制造市场规模保持 10% 的增速。未来 5 年投资年均复合增长率提高到 15%。试点示范项目生产效率平均提高 45%、产品研制周期平均缩短 35%、产品不良品率平均降低 35%。

数字交通：截至 2020 年底，中国共有 241 家机场开展航班运营，其中有 233 家（96.7%）机场和主要航空公司可实现国内航班旅客"无纸化"便捷出行，

112 家机场具备国际及地区航班全流程无纸化通关能力。无纸化出行可以为旅客总体节约 1/3 的操作时间。

报告分析认为，席卷全球的数字化转型大概分为 3 个波次，具体如图 2-2 所示。

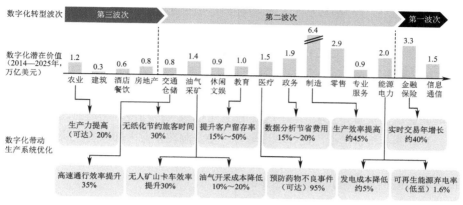

图 2-2　全球的数字化转型波次

第一波次主要是信息密集型行业，其中信息通信与金融保险最为领先。金融保险行业和信息通信行业的 IT 投入起步早，同时日常运营产生大量数据，是大数据和人工智能等技术的"天然试验田"，通常行业内会吸纳大量善用数字技术的高素质人才。因此，处于这个阶段的企业数据基础好，数字化亲和力高。

第二波次是支柱型工业和消费与服务行业，如零售、制造、医疗等。支柱型工业降本增效、转型诉求强。行业的制造、运输、管理等多个环节数字化应用快速发展，同时转型重心转向更优产品、更佳服务和更完善的客户体验。消费与服务行业受 C 端（客户端）需求驱动，数字化意识强，创新应用场景多。近几年，娱乐、教育、医疗、出行等场景加速线上化，催生众多领域开始商业模式变革。同时，AI/VR（Virtual Reality，虚拟现实）/AR（Augment Reality，增强现实）/ 云等技术融合应用场景，从突破性创新到落地应用的进程显著加快。

第三波次是属地型行业，如农业、房地产等。这些行业多为区域型，深耕本土，较少受到国际竞争影响，数字化动力较弱，起步偏晚。该行业中的企业多为分散的中小型企业，预算有限且数字化技能不足，政府可通过建立国家产业数据平台等数字基础设施，通过政策引导、补贴激励、产业基金等形式拉动这类企业数字化转型。目前头部企业已经开始转型，行业数字化深度有望在 3～5 年显著提升。

2.3 数字化发展对互联网的要求

20国集团（G20）在杭州峰会上发布的《二十国集团数字经济发展与合作倡议》明确指出，"数字经济是指以使用数字化的知识和信息作为关键生产要素、以现代信息网络作为重要载体、以信息通信技术的有效使用作为效率提升和经济结构优化的重要推动力的一系列经济活动"[6]。从以上表述可以看出，网络是数字经济的重要载体，为数字经济向纵深发展提供新动能。比如，目前很多国际企业为适应瞬息万变的市场变化而将生产制造的设计都放在云端，使得市场的变化需求能够通过互联网实时传递到智能设计制造上，以最快速度完成制造并在第一时间送达消费者。互联网与制造的融合可以极大推动传统制造业优化升级。

互联网与传统产业广泛、深度融合，使资源在企业内部以及在跨企业、跨行业、跨产业的过程中进一步优化配置，促进社会效率提升，同时还能节省中间成本，创造新供给，具体如图2-3所示。

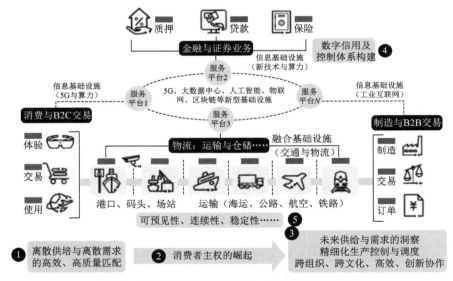

图 2-3 跨行业数字化"连接"促进社会效率提升

20世纪90年代，PC（Personal Computer，个人计算机）发展史上出现了3个里程碑事件：一是1992年英特尔公司发布了奔腾处理器；二是1993年微软公司推出首个服务器操作系统Windows NT；三是1994年思科公司推出第一款面向客户端/服务器式工作组的交换机Catalyst 1200。这3个重要产品的问世，构成了过去约30年来企业的传统IT架构和网络服务的提供模式，即应用和服务部署在本地服务器，网络负责提供连接，将服务器上的应用和园区内的办公PC连接起来，满足企业正常办公的需求。

而今天，一切正在发生变化。如图 2-4 所示，随着企业数字化转型深入，互联网的使用者、连接对象、业务类型不断丰富，企业的 IT 架构和网络连接等主要发生了 3 个方面的变化。

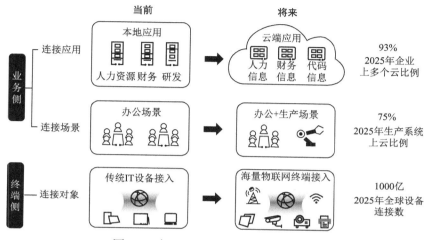

图 2-4　企业 IT 架构和网络连接的变化

第一，从终端侧看，连接对象从传统 IT 设备接入向海量物联网终端接入演进。以前接入网络的主要是办公电脑、打印机等传统 IT 设备，而未来，接入网络的终端数量呈爆发式增长，手机、便携式 PC、智慧家居、物联网等都会进入企业、家庭和个人生活中。越来越多的具备智能系统和联网能力的设备接入网络，催生了更复杂的连接需求，也对网络承载能力提出更高要求。

第二，从连接场景来看，连接的场景从办公场景深入生产场景。以前的连接场景以办公为主，更多是支撑办公业务，相对来说，对网络要求较低，人对时延、抖动的变化并不十分敏感。而未来数字化将深入生产场景，2025 年将有 75% 的企业生产系统上云。此时，对各类生产设备来说，一旦网络时延变长，很容易导致生产设备出现偏差。以制造行业运送钢水的天车为例，一旦网络不稳定，天车倾倒钢水的位置就会产生偏差，造成安全事故，所以生产场景对网络的质量要求大大提升。

第三，从连接应用来看，云化应用牵引千行百业的核心业务上云。连接的应用从本地逐步迁移至云端。据 2021 年国际知名软件资产管理商 Flexera 发布的《2021年云计算市场发展状态报告》，92% 的企业在 IT 架构上选择多云战略 [7]。OA（Office Automation，办公自动化）/OT（Organizational Training，组织培训）业务陆续从本地服务器迁移到云端，企业在业务迁移到云平台时，对云计算有更优服务的追求，快速入云、高质量差异化业务体验、云安全和数据安全等成为入云后的迫切需求。由于云业务变化快速，网络需要具备快速开通和多业务承载的能力。

2.4 IPv6 为互联网换上高效引擎

依托飞速发展的各种通信技术，互联网已经成为网络空间最重要的信息基础设施和网络信息体系最基础的承载平台。

互联网的核心基础就是 IP，从互联网出现到今天已有 50 余年，IPv4 是目前使用最为广泛的协议。IPv4 凭借其"以端为中心，尽力而为"的思想，对互联网的蓬勃发展起到了举足轻重的作用。现今互联网已经成为世界各国的重要基础设施，互联网用户数量不断攀升。截至 2021 年 1 月，全球互联网用户数量为 46.6 亿，这个数字已经超过了 IPv4 所能提供的最大地址数量（大约 43 亿个）。

然而，IPv4 标准制定的时间较早，无法预料到当今企业的革命式变化，处理很多问题时显得捉襟见肘。从 IPv4 网络架构与实践来看，主要面临的问题与挑战有如下几点。

- 公有 IP 地址数量不足：IPv4 地址由全球 5 个互联网地址分配机构管理、负责区域的地址分配，实际可用 IPv4 地址约 36.47 亿个，已在 2019 年全部分配完毕，这意味着没有更多的 IPv4 地址可以分配给网络服务提供商或企业。作为严重稀缺资源，用户申请固定公有 IP 地址的困难加大，并且费用十分昂贵。

- 私有地址交流效率低：在 IPv4 地址枯竭阶段和 IPv6 过渡工作未完成之前，通过 NAT（Network Address Translation，网络地址转换）技术暂时解决了地址匮乏和爆炸式增长的入网需求问题，但 NAT 技术本身也存在不足，如增加了网络的复杂度。维护 IP 地址及端口号映射关系而增加了网络设备工作负担，使网络整体结构变得脆弱。互联网的本质是提供人与人之间的连接，NAT 破坏了这个原则。

- 设备维护的路由表表项数量过大：IPv4 发展初期的分配规划问题造成许多 IPv4 地址的分配不连续，不能有效聚合路由。日益庞大的路由表耗用大量内存，对设备成本和转发效率产生影响。

- 不易进行自动配置和重新编址：IPv4 地址只有 32 bit，并且地址分配不均衡，导致在网络扩容或重新部署时，经常需要重新分配 IP 地址，故维护工作量较大。

- 远程访问无法保证业务质量：在传统的企业组网配置中，对于移动用户（移动办公人员）、远端用户和合作伙伴的联网需求，一般会通过 VPN（Virtual Private Network，虚拟专用网）技术以专用软件、专用 / 集成硬件或搭建 VPN 服务器等方式实现。由此带来了软件开发运维复杂度高、硬件产品方案兼容性差、IT 投入成本大、安全风险高等问题，并且企业无法预料基于公共互联网传输的可靠性，在面对大流量传输时无法实现差异化保证业务质量。

- 安全溯源困难：IPv4 制定时缺乏针对安全性的系统设计，因此固有的框架结构不能支持端到端的安全。企业正在使用的 IPv4 网络，由于其在设计时几乎没有考虑安全性，随着地址枯竭和分配严重不平衡，NAT 方式成为主流选择。即 NAT 背后的终端用户分配到的一般都是私有地址，网络中一旦有非法信息发布或者病毒传播，是难以追溯到源地址的，这大大加剧了网络安全问题。

企业要解决体验、效率和速度的问题，对应的网络也需要具备相应的能力，以便满足企业业务转型的需要。建设具备相应能力的网络，需要全新的技术标准与架构，业界一致认为 IPv6 是下一代互联网的起点和必然趋势。相对 IPv4 来讲，IPv6 的优势不仅是拥有充足的 IP 地址，更是针对性地解决了 IPv4 的一些弊端。IPv6[8] 为互联网换上了一个简捷、高效的引擎，可以使互联网摆脱日益复杂和难以管控的局面，从而变得更加稳定、可靠、高效和安全。IPv6 与 IPv4 的对比具体如表 2-1 所示。

表 2-1　IPv6 与 IPv4 的对比

对比维度	IPv4 的特点	IPv6 的特点
地址空间	IPv4 地址采用 32 bit 标识，理论上能够提供的地址数量约为 43 亿个。另外，IPv4 地址的分配也很不均衡	IPv6 地址采用 128 bit 标识。128 bit 的地址空间使 IPv6 理论上可以拥有约 43 亿 × 43 亿 × 43 亿 × 43 亿个地址
报文处理效率	IPv4 报文头包含的字段更多，转发处理复杂	IPv6 和 IPv4 相比，报文头去除了多个字段，只增加了流标签字段，因此 IPv6 相比 IPv4，极大地简化了对报文头的处理，提高了处理效率
可扩展性	IPv4 报文头通过可选字段 Options 实现功能扩展，内容涉及 Security、Timestamp 和 Record route 等，这些 Options 可以将 IPv4 报文头长度从 20 Byte 扩充到 60 Byte。携带这些 Options 的 IPv4 报文在转发过程中往往需要中间路由转发设备进行软件处理，会造成很大的性能消耗，因此实际上也很少使用	IPv6 提出了扩展报文头的概念，新增选项时不必修改现有 IPv6 报文头的结构，体现了优异的可扩展性

对比维度	IPv4 的特点	IPv6 的特点
地址维护	IPv4 地址只有 32 bit，并且地址分配不合理，导致在网络扩容或重新部署时，经常需要重新分配 IP 地址，维护工作量较大	IPv6 地址通常不需要重新分配或调整，另外，IPv6 内置的地址自动配置方式使主机可自动发现网络并获取 IPv6 地址，大大提高了内部网络的可管理性
路由聚合	IPv4 发展初期的地址分配规划问题，造成许多 IPv4 地址分配不连续，不能有效聚合路由。日益庞大的路由表耗用大量内存，对设备容量和转发效率产生影响，这一问题促使设备制造商不断升级其产品，以提高路由寻址和转发性能	IPv6 巨大的地址空间使得 IPv6 可以方便地进行层次化网络部署。层次化的网络结构使路由聚合更为容易，提高了路由转发效率
端到端安全	IPv4 制定时缺乏针对安全性的系统设计，因此固有的框架结构不能支持端到端的安全	IPv6 中，网络层支持 IPsec（Internet Protocol Security，互联网络层安全协议）的认证和加密，支持端到端的安全
QoS 保证	IPv4 只有基于 DSCP（Differentiated Services Code Point，区分服务码点）的粗粒度 QoS（Quality of Service，服务质量）保证机制	IPv6 不仅支持 DSCP，还新增了流标记字段，可以用于提供细粒度 QoS 保证机制
移动性支持	移动 IPv4 存在一些问题，比如三角路由 [9]、源地址过滤等。三角路由是移动 IP 中的一个问题，当移动主机（Mobile Node）离开家乡网络（Home Network）时，保持其家乡 IP 地址不变；但是其他设备并不知道移动主机的具体位置，若通信主机向移动主机发送数据包，需要先发送给家乡代理（Home Agent），再由家乡代理发送给外地代理（Foreign Agent），即转交地址（Care-of Address），最终到达移动主机。这样在通信主机、家乡代理和移动主机之间存在三角路由，这个路由并不一定是通信主机到移动主机之间的最优路由，所以三角路由是低效的，会导致传输时延增大和网络资源浪费	IPv6 规定其必须支持移动性。与移动 IPv4 相比，移动 IPv6 使用邻居发现功能可直接实现外地网络的发现并得到转交地址，而不必使用外地代理。同时，利用路由扩展报文头和目的选项扩展报文头，移动节点和对等节点之间可以直接通信，解决了移动 IPv4 的三角路由、源地址过滤问题，使得移动通信处理效率更高且对应用层透明

第 3 章
全球 IPv6 发展概况

目前主流的网络还是 IPv4/MPLS（Multi-Protocol Label Switching，多协议标签交换）网络，随着物联网、工业互联网和人工智能等产业的迅速布局，日益枯竭的 IPv4 地址资源已严重阻碍了互联网的蓬勃发展。此外，对网络安全及网络服务质量的要求也在不断提升，世界各国已充分意识到建设 IPv6 网络的重要性，纷纷出台推进 IPv6 发展的战略规划和经济政策，并取得了明显的进展。

3.1 全球 IPv6 发展综述

近年来，随着各国政府的大力提倡和支持，加上运营商、内容提供商以及设备商的共同努力，IPv6 部署在全球推进迅速。

主要发达国家依然高位平稳推进 IPv6 部署，部分发展中国家的 IPv6 部署发展势头迅猛。基于 2022 年 7 月 APNIC（Asia-Pacific Network Information Center，亚太互联网络信息中心）的统计数据，全球的 IPv6 部署率已达 31.86%。在亚洲，印度的 IPv6 部署率为 76.54%，高居榜首；马来西亚、沙特阿拉伯、缅甸、斯里兰卡、越南、日本、以色列、阿联酋和泰国的 IPv6 部署率等都跻身全球前 20 位。欧洲和北美发达国家保持了一贯的高部署率，比利时的 IPv6 部署率为 65.15%，排名第二；美国的 IPv6 部署率为 51.80%；德国的 IPv6 部署率为 56.12%；法国的 IPv6 部署率为 46.78%。中国的 IPv6 部署率为 26.20%，位列全球第 43 位，相比 2019 年初的 6.92%，有了很大的提升。

另外，根据谷歌截至 2022 年 7 月 25 日统计的全球 IPv6 网络的普及情况，可以看出，全球的 IPv6 普及率已经接近 37.78%，相比 2019 年底的 28.46% 有了很大提升，而且这种向 IPv6 的迁移还在不断加速，可以预见全 IPv6 网络离我们越来越近。

政府积极倡导、专家工作组有力支撑和运营商大力推进是 IPv6 得以快速部署的首要前提条件。各国 IPv6 部署的推进模式各有千秋。比如，美国的《政府 IPv6 应用指南 / 规划路线图》、印度的《国家 IPv6 部署路线图》、越南的《国家 IPv6 行动计划》等，均有力地引导和支持了本国的 IPv6 规模部署；日本的 JPNIC（Japan Network Information Center，日本网络信息中心）和 IPv6 推进委员会，越南的 VNNIC（Vietnam Internet Network Information Center，越南互联网网络信息中心）和国家 IPv6 工作组等，通过大力倡导组织协调产业各界通力合作，以及提供技术支持，在本国 IPv6 规模部署方面发挥了重要的推动和支撑作用；日本运营商 KDDI 的 IPv6 部署率已达 50% 左右，美国移动运营商 Verizon Wireless（VZW）、AT&T 和 T-Mobile 等在 VoLTE（Voice over LTE，基于 LTE 的语音传输）部署时均设置 IPv6 优先，由此构建了庞大的 IPv6 用户规模和完善的 IPv6 网络，IPv6 部署率快速上升也是自然而然的。

各国抓住技术升级换代和网络设备更新的机会，更为经济高效地推动 IPv6 规模部署。日本 KDDI 的 FTTH（Fiber to the Home，光纤到户）自 2014 年 9 月以来全面支持 IPv6。越南 FPT Telecom 和 VNPT（Vietnamese Posts & Telecommunications Group，越南邮政通信集团）是固定网络宽带领域 IPv6 部署的先锋，VNPT 更是积极布局 4G LTE（Long Term Evolution，长期演进技术）提供 IPv6 服务，并提出未来仅支持 IPv6 的部署计划。印度移动运营商 Reliance JIO，自部署之初就全面支持 IPv6，大力发展 IPv6，IPv6 部署率超过 90%。在 5G 时代即将来临、物联网技术日臻成熟、信息安全需求愈发迫切之际，抓紧技术升级换代和网络设备更新，无疑是推动 IPv6 规模部署的明智之举。

IPv6 部署率经过快速提升后，IPv6 内容应用改造成为各国 IPv6 推进焦点，双栈运营将成为过渡期必由之路。美国部署 IPv6 较早且部署率遥遥领先，据美国政府成立的 USGv6（U.S. Government Standards with IPv6 Conformity，美国政府 IPv6 一致性认证）发展监控项目显示，目前企业和研究机构等网站对 IPv6 的支持度还与政府网站相去甚远。越南积极推动政府机构网站对 IPv6 的支持，对支持 IPv6 的网站标记 IPv6 就绪标识，推广 IPv6 应用。日本各界也在积极开展关注 IPv6 应用普及的推进研究工作。

综上，IPv6 规模部署推进需要综合考量技术成熟度、资金储备以及人力资源等多种因素。在确保服务质量稳定的情况下，IPv6 改造需要平衡长远利益与改造投入的眼前成本之间的矛盾，实现 IPv6 规模部署高效、经济、科学推进，平滑过渡。

1. 全球研究与创新情况

全球研究与创新情况主要用 IPv6 专利数量和 IETF 文稿数量两个指标来衡量。

专利数据来源为采用 IPv6 为关键词在全球专利数据库中检索出的各国专利数据。截至 2019 年底，全球 IPv6 专利公开数据统计如表 3-1 所示。

表 3-1　全球 IPv6 专利公开数据统计

国家	专利数量 / 个	指标（已做归一化处理）/%	国家	专利数量 / 个	指标（已做归一化处理）/%
中国	4965	100.0	英国	309	6.2
美国	4049	81.6	韩国	2020	40.7
德国	438	8.8	以色列	80	1.6
日本	2091	42.1	法国	445	9.0
俄罗斯	1	0	印度	203	4.1

资料来源：全球专利数据库。

从专利申请情况来看，中国、美国、日本、韩国、欧洲是下一代互联网 IPv6 技术领域研究的主要国家 / 地区。对下一代互联网 IPv6 技术相关专利申请的申请者的统计分析的结果表明，ICT 公司是进行下一代互联网 IPv6 技术研究的主力军，前十大申请者中，通信公司占 8 席，这些公司正在争抢下一代互联网技术研究的领先位置。

对相关专利申请所在的主要技术领域进行统计，目前 IPv6 相关专利申请主要分布在 H04L29（涉及通信控制、通信处理、传输协议、传输控制规程等）、H04L12（涉及数据开关网络）、H04W8（涉及无线网络协议或对于无线操作的协议适应方法 / 涉及无线通信网络数据管理）、H04W36（涉及通信技术中的切换及策略选择）、H04L9（涉及数字信息传输中保密或安全通信装置）等领域。可以看出，下一代互联网技术相关专利申请主要集中在数据开关网络和通信控制、传输等领域。从专利技术聚类分析看，专利技术创新主要围绕地址分配、移动 IPv6、移动节点优化、切换、漫游、智能组网、家庭网络等领域。

IETF 文稿数据来源为 IETF 中以作者国籍分类的文稿数量，文稿包含所有标准和草案。截至 2022 年 3 月，IETF 中各国的文稿数量统计如表 3-2 所示。

表 3-2　各国的文稿数量统计

国家	标准实力（文稿数量 / 份）	指标（已做归一化处理）/%	国家	标准实力（文稿数量 / 份）	指标（已做归一化处理）/%
中国	1035	13.3	英国	896	11.5
美国	7775	100.0	韩国	117	1.5
德国	806	10.4	以色列	187	2.4
日本	427	5.5	法国	688	8.8
俄罗斯	58	0.7	印度	319	4.1

资料来源：IETF。

以作者的国籍区分，IETF 所有文稿来自 88 个不同的国家。其中，7775 份文稿的作者来自美国，占有量为 72.18%，居第一位；1035 份文稿的作者来自中国，占有量为 9.61%；896 份文稿的作者来自英国，占有量为 8.32%。由此可看出，虽然中国在标准研究方面排名第二，但是同排名第一的美国相比，仍然存在很大的差距，当前美国在标准研究方面还占有绝对的优势。

2. 产业发展基础部署情况

IPv6 领域的产业发展基础可用于衡量一个国家 IPv6 资源的拥有及使用情况，是 IPv6 发展的基础，该指标由申请地址占比和 AS（Autonomous System，自治系统）通告占比两个二级指标构成。

申请地址占比指各国已拥有 IPv6 地址数量在全球 IPv6 地址资源池中的占比，数据来源于 APNIC 每月对外公布的全球 IPv6 资源报告。截至 2022 年 7 月，各国已拥有 IPv6 地址占比统计如表 3-3 所示。

表 3-3　各国已拥有 IPv6 地址占比统计

国家	申请 IPv6 地址占比 /%	指标（已做归一化处理）/%	国家	申请 IPv6 地址占比 /%	指标（已做归一化处理）/%
中国	16.70	88.7	英国	6.26	33.3
美国	18.82	100.0	韩国	1.46	7.8
德国	6.44	34.2	以色列	0.22	1.2
日本	2.82	15.0	法国	4.08	21.7
俄罗斯	4.70	25.0	印度	1.82	9.7

资料来源：APNIC。

美国作为全球拥有最多 IPv4 地址资源的国家，很清楚地址资源的战略意义，积极储备 IPv6 地址资源，且其 IPv6 地址申请量全球排名第一，占全球已申请 IPv6 地址资源的 18.82%。

我国已申请的 IPv6 地址资源总量达到 60029（/32）块，仅次于美国，位居全球第二位。

欧洲国家由于 IPv6 部署起步较早、政策辅助较好、推行难度小等，其 IPv6 地址拥有量情况比亚洲国家好。

AS 通告占比指各国已通告的 AS 中支持 IPv6 的占比，该占比可间接体现各国运营的基础网络支持 IPv6 的情况。已通告的 AS 数据与支持 IPv6 的 AS 数据源自中国信息通信研究院在线监测统计数据。截至 2022 年 7 月，各国支持 IPv6 的 AS 通告占比统计如表 3-4 所示。

表 3-4　各国支持 IPv6 的 AS 通告占比统计

国家	支持 IPv6 的 AS/ 个	已通告的 AS/ 个	AS 通告占比 /%	指标（已做归一化处理）/%
中国	4810	6451	74.56	100.00
美国	4490	30 958	14.50	19.45
德国	1515	3319	45.65	61.22
日本	404	1173	34.44	46.19
俄罗斯	926	6744	13.73	18.42
英国	991	3554	27.88	37.40
韩国	43	1048	4.10	5.50
以色列	63	393	16.03	21.50
法国	614	2154	28.51	38.23
印度	600	5382	11.15	14.95

资料来源：中国信息通信研究院。

在互联网中，一个 AS 是一个有权自主决定在本系统中应采用何种路由协议的小型单位，它是一个单独可管理的网络单元。一个 AS 有时也被称为一个路由选择域。在已通告的 AS 中监测到已支持 IPv6 的 AS 占比能够客观地反映出一个国家 IPv6 的实际使用情况。

从 APNIC 发布的数据可知，截至 2022 年 7 月，我国已通告 AS 数量为 6451 个，支持 IPv6 的 AS 数量为 4810 个，占比为 74.56%。支持 IPv6 的 AS

数量反映了目前我国网络发展程度，这表明，随着支持 IPv6 的 AS 数量不断提升，我国越来越多的网络完成了 IPv6 改造，近 3 年来我国 IPv6 规模部署成果显著。

美国支持 IPv6 的 AS 数量为 4490 个，排名第二，但是由于自身已通告的 AS 数量也非常庞大，所以此指标的排名并不靠前。

欧洲国家 IPv6 发展趋势一直良好，再加上欧洲发达国家的网络规模及复杂程度相对较低，因此 AS 通告占比普遍较高，德国使用 IPv6 的 AS 数量超过 45%，位居表中所列 10 个国家中的第三位，英国、法国支持 IPv6 的 AS 占比均超过 27%。

3. IPv6 应用水平持续上升

IPv6 的应用水平反映了一个国家 IPv6 市场规模及网站应用的部署情况。该指标由用户普及水平和网站支持水平两个二级指标构成。

IPv6 用户普及水平直接反映一个国家 IPv6 发展的总体情况，指各国 IPv6 用户在其互联网用户中的占比，IPv6 用户普及水平数据来源于 APNIC 每月对外公布的全球 IPv6 资源报告。APNIC 采用的关于 IPv6 用户普及水平的测量方法是将测量脚本随着广告嵌入普通网页，每个网页的点击都会触发该测量脚本在用户浏览器里自动运行，测量脚本会发起 URL（Uniform Resource Locator，统一资源定位符）的连接，连到 APNIC 的测量 Web 服务器，对该服务器的 DNS（Domain Name System，域名系统）解析和 IPv6 网络可达性都会影响测量结果。

截至 2022 年 7 月，各国 IPv6 用户普及水平统计如表 3-5 所示。

表 3-5　各国 IPv6 用户普及水平统计

国家	用户普及水平 /%	指标（已做归一化处理）/%	国家	用户普及水平 /%	指标（已做归一化处理）/%
中国	26.20	34.2	英国	39.53	51.6
美国	51.80	67.7	韩国	10.79	14.1
德国	56.12	73.3	以色列	42.36	55.3
日本	43.95	57.4	法国	46.78	61.1
俄罗斯	4.51	5.9	印度	76.54	100.0

资料来源：APNIC。

印度的 IPv6 用户超过 4.75 亿，用户普及水平高达 76.54%，高居榜首；其次是德国，用户普及水平为 56.12%；美国虽然近几年数据有下降趋势，但是 IPv6 用户普及水平依然以 51.80% 位居第三；法国、日本、以色列、英国分居第四位至第七位，IPv6 普及水平均已达到 39% 以上。总体来看，国外发达国家 IPv6 用户普及水平大幅度提高，这与政府的政策引导，以及网络运营商、互联网公司的创新推动息息相关。以色列和中国作为亚洲 IPv6 发展较快的国家，近 3 年 IPv6 用户普及水平的增速显著。

我国有超过 8.2 亿的互联网用户群体，全球规模最大。根据 APNIC 统计方法，截至 2022 年 7 月，IPv6 用户已达到 2.16 亿，占比超过 26.20%，增长势头强劲，一方面说明自《推进互联网协议第六版（IPv6）规模部署行动计划》发布以来，我国推进 IPv6 规模部署的举措是行之有效的，另一方面说明，我国的 IPv6 用户普及水平与其他发达国家相比仍偏低，还需要加大产业链各环节协同推进的力度，形成可持续发展的 IPv6 生态环境，从用户渗透率上得到有效的提升。

IPv6 网站支持水平指各国 Top 500 网站（Alexa 按网页浏览量的排名）中支持 IPv6 访问的网站加权比例。截至 2022 年 7 月，各国 IPv6 网站支持水平统计如表 3-6 所示。

表 3-6　各国 IPv6 网站支持水平统计

国家	网站支持水平 /%	指标（已做归一化处理）/%	国家	网站支持水平 /%	指标（已做归一化处理）/%
中国	27.24	39.84	英国	68.13	99.63
美国	63.65	93.08	韩国	48.09	70.33
德国	62.08	90.79	以色列	64.01	93.61
日本	49.80	72.83	法国	63.10	92.28
俄罗斯	37.03	54.15	印度	68.38	100.00

资料来源：思科实验室（Cisco 6lab）。

全球主流的商业网站包括脸书（Facebook，Meta 前身）、谷歌（Google）、推特（Twitter）、优兔（YouTube）和领英（LinkedIn）等全面支持 IPv6，特别是脸书数据中心内部已部署纯 IPv6 的网络，90% 的流量通过 IPv6 承载，通过 IPv6 网络访问脸书的流量已经超过 IPv4 网络。这些主流网站创造了 IPv6 发展的良好生态环境，因此能够很好地访问这些主流网站的国家，在 IPv6 网站支持水平上排名靠前。由思科实验室监测数据得知，印度在 IPv6 网站支持水平上排名最高，支持水平超过 68%；其次是英国、以色列、美国、法国，IPv6 网站支持水平都超过了 63%，这与 IPv6 用户普及水平的排名基本吻合，这也进一步说明应用的升级改造是用户向 IPv6 转化的"催化剂"。

近两年，我国在网站及移动应用 IPv6 改造方面有了量的飞跃，Top 100 网站及应用已经全部支持 IPv6 访问，但改造范围也仅限排名前 100 的网站和应用，国内其他能够提供 IPv6 接入服务的商业网站数量还比较少，IPv6 还未成为国内互联网企业的首选。

3.2　各国／地区 IPv6 发展情况

1.　美国

美国一直视互联网为国家的核心战略资源，因此美国政府高度重视 IPv6 发展。美国的 IPv6 发展在全球处于领先地位。从 2005 年开始，连续几届美国联邦政府的 IPv6 计划对 IPv6 技术的商业开发推广起到了重要的催化作用。近年来，出于国家安全和物联网发展等的需要，美国加快了向 IPv6 过渡的步伐，通过出台 IPv6 应用指南和规划路线图，明确提出了时间表并专门设定预算，支持国防部和政府网站全面升级为 IPv6，同时建立监控项目对全网 IPv6 使用情况进行监测。2022 年 7 月的 APNIC 统计数据显示，美国 IPv6 用户数约为 1.32 亿，比 2019 年底（1.2 亿）增长了约 10%，IPv6 部署率达到 51.8%，一直遥遥领先。

美国 IPv6 的主要发展历程介绍如下。

2005 年 8 月 2 日，美国行政管理和预算局发布了 M-05-22《互联网协议第 6 版（IPv6）过渡规划》，要求各机构在 2008 年 6 月 30 日前在其骨干网上启用 IPv6，该政策概述了部署和采购要求。

2010 年 9 月 28 日，美国行政管理和预算局发布了题为"向 IPv6 过渡"的备忘录，要求联邦机构为公共互联网服务器和与公共互联网服务器通信的内部客户端应用程序实际部署"原生 IPv6"（Native IPv6，指在系统或服务中直接支持 IPv6，而无须通过 IPv4 进行基本通信）。具体而言，2010 年备忘录要求各机构在 2012 财政年度结束前，将面向公众／外部的服务器和服务（如网络、电子邮件、DNS、ISP 服务）升级为实际使用原生 IPv6；并在 2014 财政年度结束前，将与公共互联网服务器通信的内部客户端应用程序和企业支撑性网络升级为实际使用原生 IPv6。

2020 年 11 月 19 日，美国行政管理和预算局签发了关于全面过渡到 IPv6 的备忘录（M-21-07），旨在推进联邦机构的 IPv6 全面升级。该备忘录从基础设施、采购要求、USGv6 计划、网络安全等角度介绍了联邦政府对 IPv6 业务部署和使用的指导，其战略意图是让联邦政府使用纯 IPv6（IPv6-only）提供信息服务、运营网络和访问其他服务。该备忘录特别指出，IPv4/IPv6 双栈方案由于运维过于复杂，从长远来看是不必要的路径。该备忘录为美国联邦政府网络的纯 IPv6 升级设置了行动计划和时间表，备忘录要求 2023 年前实现至少 20% 的纯 IPv6 网络升级，2024 年前实现至少 50% 的纯 IPv6 网络升级，2025 年前实现至少 80% 的纯 IPv6 网络升级，无法升级的基础设施将逐年淘汰。

总结起来，美国 IPv6 发展具有如下一些经验。

第一，政府重视，先行带动。出于安全和产业发展的考虑，美国政府认准 IPv6 是必由之路，积极推出政策引导 IPv6 部署，并且在政府网络中积极推进 IPv6 迁移，起到了很好的示范作用。早在 2003 年，美国国防部就宣布将 300 亿美元 IT 设备预算用于采购支持 IPv6 的网络软硬件设备，要求到 2008 年国防部的主要网络过渡到 IPv6。2012 年 7 月，美国政府更新《政府 IPv6 应用指南/规划路线图》，明确要求到 2012 年末，政府对外提供的所有互联网公共服务必须支持 IPv6。为推进 IPv6 全面部署，美国还成立了 USGv6 发展监控项目，对政府、高校和企业网站以及 DNS 进行长期跟踪监测。目前，美国政府网站对 IPv6 的支持度相对企业和研究机构遥遥领先。

2020 年 3 月 2 日，美国联邦政府发布了"完成向 IPv6 迁移"的最新指南草案，计划在 5 年内将大多数美国政府网络和服务过渡到纯 IPv6。联邦政府认为全面过渡到 IPv6 是确保互联网技术和服务未来增长、创新的唯一可行性选择。联邦政府必须扩大和增强其向 IPv6 过渡的战略承诺，以跟上并利用行业趋势，在先前 IPv6 推进举措的基础上，继续致力于完成向纯 IPv6 的过渡。新政策草案的目标是在所有联邦信息系统和服务中贯彻完成 IPv6 业务部署的要求，并帮助各机构部门克服迁移到纯 IPv6 的困难。该政策草案对每个联邦机构均提出了明确的时间节点和指标体系的过渡计划要求，同时还包括对国土安全部、总务管理局等政府部门的推进职责划分，以及 USGv6 规范和测试计划指南等过渡保障措施的更新扩展与落实要求。

第二，移动运营商 4G VoLTE 部署带动 IPv6 发展。基于 VoLTE 对 IPv6 的天然依赖，AT&T、Verizon Wireless（VZW）和 T-Mobile 等美国移动运营商在 VoLTE 部署时均设置 IPv6 优先，由此带来的庞大的 IPv6 用户规模和完善的 IPv6 网络，为 IPv6 流量快速上升奠定了坚实的基础。以美国最大的移动电话服务商 VZW 为例，其早在 2010 年开始部署 4G 网络之际就强制要求设备供应商提供 IPv6，在 LTE 核心网中仅使用 IPv6 单栈协议，在接入网部署双栈协议，用户语音业务使用纯 IPv6 网络，用户互联网业务、网络管理业务使用双栈网络，且 IPv6 优先。VZW 不仅在 LTE 网络上全面部署 IPv6，同时也加大对 3G（3rd Generation，第三代移动通信技术）网络的改造力度，增加了对 IPv6 的支持。此外，VZW 还提出了手机终端软硬件支持 IPv6 的要求。2016 年 9 月，VZW 的 IPv6 流量比例就已经超过了 75%，有力地推动了 IPv6 的全面部署。目前 VZW 的 IPv6 部署比例已超过 82%。

第三，美国大型网络内容提供商主动布局 IPv6。美国虽然拥有全球最多的 IPv4 地址，但分配却并不均衡，地址匮乏的羁绊、NAT 投资管理的沉重负担、物联网等产业蓬勃发展的吸引、雄厚资本积累的信心和崇尚技术创新的硅谷情结，使得互联网公司义无反顾地主动布局 IPv6。以谷歌、脸书为首的互联网公司自 2012 年起即全面支持 IPv6。以脸书为例，脸书在 2010 年的世界 IPv6 日开始启动 IPv6 试验，在内部网络中部署 IPv6 单栈网络，边缘节点支持 IPv4/IPv6 双栈，2014 年脸书已将几乎所有内部网络迁移至 IPv6。此外，谷歌、微软、苹果 3 家公司主导的终端操作系统率先开启了对 IPv6 的全面支持，并且实现了双栈环境下 IPv6 的访问优先。当用户、网络和应用全部就绪后，IPv6 规模部署稳步推进。目前谷歌的全球访问用户中已有约 40.78% 通过 IPv6 完成，比 2019 年底（25%）增长了约 63.12%。

第四，智能终端厂商主动拥抱 IPv6。以微软、苹果为代表的美国 IT 终端厂商，一直以来非常重视技术创新，对 IPv6 的创新和部署同样主动积极，不遗余力。以苹果公司为例，苹果从 iOS 版本 4 开始就已经将 IPv6 添加到移动操作系统 iOS 中。2015 年开始，苹果在 IPv6 领域加速推进，不仅在 2015 年的 WWDC（Worldwide Developers Conference，全球开发者大会）上宣布从 2016 年开始实施应用商店 App 的 IPv6 强制准入规则，还推出了支持纯 IPv6 的 macOS 和 iOS 系统，系统支持 DNS64/NAT64 过渡技术，用户可以在纯 IPv6 的环境下访问纯 IPv4 的互联网资源。同时，苹果公司改进了 Happy Eyeballs 双栈选择算法，使 IPv6 连接时延相比 IPv4 减少 25 ms，创造了 IPv6 优先的机会，使得在双栈情况下通过 IPv6 的访问量从 50% 提升到 99%，极大地减小了 IPv4 NAT/CGN（Carrier-Grade NAT，运营商级网络地址转换）的流量压力。2017 年 12 月，该公司工程师又发布了用于延迟 IPv4 通信的算法 Happy Eyeballs Version 2（RFC 8305），建议时延增加 50 ms。

2. 欧洲

欧洲的移动通信事业比较发达，因此欧洲在 IPv6 的研究和商业化应用方面更注重移动通信领域的扩展，采取的是"先移动，后固定"的基本战略，在第三代移动网络中率先引入 IPv6。

2008 年 5 月，欧洲议会、经济和社会委员会、地区委员会共同发布《欧洲部署 IPv6 行动计划》，要求在欧洲范围内采取及时、高效、协调一致的行动，实现部署目标。当时计划到 2010 年底，实现 25% 的企业、政府机构和家庭用户迁移至 IPv6。但是这一目标未能实现，欧盟范围内 IPv6 的使用率约为 8%。

2012 年，利用欧盟统一协调的优势，由欧洲 IP 资源协调中心发布指导文件，欧洲各国政府发布《政府部门 IPv6 迁移指南》，引导政府电子政务网站向 IPv6 迁移，用政府采购促进和带动 IPv6 的发展等，使政府率先全面使用 IPv6。为推动欧洲 IPv6 网络研究，欧盟投入约 1 亿欧元资金。

在欧洲 IPv6 发展的过程中，比利时的发展特别值得关注。比利时的 IPv6 部署起步于 1998 年，早期主要由研究机构 BELNET（Belgian Research Network，比利时研究网络）和一些小的 ISP（Internet Service Provider，互联网服务提供方）推动，如 Maehdros 和 AWT。2010 年比利时全国 IPv6 用户占全部互联网用户数的比例还远小于 1%，自 2013 年起比利时 IPv6 部署进入快车道，2016 年比利时 IPv6 的部署率达到 50%。据 2020 年 8 月 APNIC 统计数据，比利时 IPv6 用户数约为 617.05 万，IPv6 用户占比约为 58.82%，近年来一直稳居全球 IPv6 部署排行榜首位，2019 年首次被印度超越。

比利时 IPv6 规模部署离不开其联邦经济部（SPF Economie）积极的政策引导，政策和支持部（SPF BOSA）扎实的组织落实和 IPv6 理事会长期的研究推进。联邦经济部负责比利时 IPv6 规模部署的倡议、研究和相关政策的发布，政策和支持部负责公共采购服务以及联邦经济部 IPv6 相关政策的实施。比利时还成立了 IPv6 理事会，其目的是提高人们对 IPv6 的重要性和必要性的认识、交换 IPv6 的应用经验、提高对 IPv6 的技术认识。理事会每年举办两次，每次参加人员约 40 位，借以分享资讯，会后的社交活动都会更强地凝聚理事会精神。

2011 年，联邦经济部就发布了 IPv6 的第一份报告，介绍了向 IPv6 过渡所面临的挑战。2012 年 6 月，比利时部长理事会（Council of Ministers）出台了支持 IPv6 发展的国家计划，明确了联邦经济部推进 IPv6 部署的权利和责任。

自 2013 年 9 月起，比利时就已为本国有线电视公司提供 IPv6。2015—2016 年间，比利时政府通过推动更多的内容网站、CDN（Content Delivery Network，内容分发网络）、政府和学术网站采用 IPv6 后，比利时的 IPv6 部署率达到了 50%。近年来，比利时则主要致力于推动大型联邦网站和一些关键的小型政府网站的 IPv6 迁移。

2014年，比利时政策和支持部编制了一份公共采购规则，要求在未来的公共采购合同中使用IPv6兼容设备，在采购的软件和服务上也要求支持IPv6。比利时政府还加强了对ISP等CGN的限制，例如规定单一IPv4地址只能带16个用户等。这种对CGN的限制，加之宽带接入永远在线、移动和物联网的海量接入对IP地址的需求量激增，成了推动IPv6部署的重要技术因素。

2015年，联邦经济部发布了一份关于在比利时采用IPv6的报告，该报告指出，2014年的计划出现了重大延迟，并非所有公共行政部门都已过渡至IPv6，主要原因是向IPv6过渡需要更换设备，而设备预算却不足以支付相关费用。目前大多数主要的公共管理网站包括电子政务服务（如税务申报服务）已迁移至IPv6，大量联邦层面的网站迁移过渡尚未完成，当前策略是在设备发生变更或升级换代时进行网站迁移，即当公共行政部门需要采购新设备或更新设备时采用IPv6更适合当前的经济形势。

比利时作为欧洲经济高度发达的国家，其IPv6的移动通信业务也相当发达。欧洲在IPv6的研究和商业化应用方面更重视移动通信领域的扩展，采取的基本战略是"先移动、后固定"。在第三代移动网络中，欧洲率先引入IPv6，互联网和移动运营商都一致同意率先使用IPv6。2012年之前，比利时IPv6部署率不足1%，通过2013—2014年间ISP IPv6的大规模部署，到2014年底，比利时的IPv6部署率就提高到了30%。按照IPv6部署率，比利时排名前三的是两家有线电视电缆ISP（VOO、Telenet，部署率超过70%）和比利时最大的电信服务运营商Proximus（部署率超过50%）。目前，三大ISP一方面通过发展新用户和更换用户终端设备来发展IPv6，另一方面在移动业务中积极测试和部署IPv6。

德国联邦内政部于2013年发布了《政府部门IPv6迁移指南》，旨在支持IPv6在政府部门的使用。该文件分析了IPv6技术、过渡技术及应用场景，针对网络基础设施、网站服务器及政府应用给出了相应的迁移建议。该文件不仅对引入和采购支持IPv6的设备提出了建议，也对现有设备针对IPv6的兼容性改造提出了建议。

德国电信运营商Deutsche Telekom AG是德国第一大电信公司，是德国联邦邮政的电信部门私有化后分离出来成立的，其所经营的电信业务包含固定接入网络及移动网络等多项业务。在推动IPv6的计划上，德国电信为了整合所有运营的网络系统，包括维护原本的IPv4网络系统、运营Non-IP设备联网及搭建新的IPv6网络系统，因此推出"TERASTREAM"网络架构，希望能将公司所有运营的网络系统迁移到Native IPv6网络架构。凡是联网的设备，包含需要 IP 或 Non-IP 设备（物联网设备），不论设备是通过移动网络、DSL（Digital Subscriber Line，数字用户线）还是光纤网络上网，都将转换成 IPv6 封装格式，经由 Native IPv6 封装进行数据转发。通过转换机制对不同地址格式进行地址转换后再转发，让所有设备能在同一网络系统上传输，让网络架构更简化，以满足运营的需求，降低运维的成本，并创造更高的效率。

从 2014 年开始，德国电信在 7 年时间内将 IPv6 部署率提高到了 70%。

3.　日本

日本虽然是互联网的后起国家，但由于电子设备和信息家电产业高度发达，对 IP 地址有迫切需要。此外，出于争夺未来产业竞争优势的需要，日本把 IPv6 作为一个制胜的"法宝"，因此一直以来行动都非常积极，在 IPv6 研究和应用方面，其步伐大、速度快，而且在 IPv6 商业化推广方面一直走在世界前列。

2000 年 9 月，日本政府把 IPv6 技术的确立、普及与国际贡献作为政府的基本政策公布；同年 11 月，将现有网络推进、过渡到 IPv6 网络作为"IT 基本战略"中的重点政策"超高速网络建设和竞争政策"的具体目标。

2001 年 3 月，在"e-Japan 重点计划"中，明确设定在 2005 年完成互联网向 IPv6 的过渡，投巨资支持 IPv6，全面部署实施 IPv6 的网络环境，让所有家庭与光纤网连接，让所有家电产品都能上网，使日本的网络普及率提高到全球最高水平。2001 年，日本就已推出了纯 IPv6 实验业务，同年 NTT（Nippon Telegraph & Telephone，日本电报电话公司）在全球第一个推出了 IPv6 商用服务。

2006 年，在"新 IT 改革战略"中，日本确定了 IPv6 过渡时间表，并提出"到 2008 年，新的设备要兼容 IPv6，每个政府部门和机构都要实现 IPv6-ready"。

2009 年 10 月，日本发布"IPv6 行动计划"，决定从 2011 年 4 月全面启动 IPv6 服务。截至 2017 年底，日本已经有 11 家 ISP 提供 IPv6 商用服务，IPv6 用户超过 2500 万。

日本 IPv6 部署的稳步推进，同样离不开电信运营商对基础设施的积极改造和升级。目前，日本光纤通信的基础设施是由纯 IPv6 构成的骨干网，而 IPv4 仅仅是一项增值业务。日本 4 家国有的电信运营商也已经开始对手机提供日常 IPv6 服务，IPv6 基础设施已经基本建设完成。许多 ISP 不仅提供 IPv4/IPv6 双栈服务，也已将现有的 IPv4 客户自动迁移到 IPv4/IPv6 双栈环境。据日本 IPv6 推进委员会提供的数据，2018 年 3 月，NTT East 的 FTTH 互联网服务 IPv6 比例已超过 48%；第二大 FTTH 网络运营商 KDDI 自 2014 年 9 月以来就已全面支持 IPv6。3 家移动运营商 NTT DoCoMo、KDDI 和 SoftBank，已全面提供 IPv4/IPv6 双栈互联网接入服务，从 2017 年开始，新的智能手机也都启用了 IPv6 接入服务。

总结起来，日本 IPv6 发展具有如下一些经验。

第一，政府战略目标明确，各组织通力协作。基于 IPv6 是 IoT（Internet of Things，物联网）和 5G 重要资源的考虑，日本政府积极推进 IPv6 的相关研究和部署工作。日本 IPv6 推进委员会和 JPNIC 等各界通力协作，在倡导和协助运营商在日本部署 IPv6 方面发挥了重要作用。日本 IPv6 推进委员会更以"在互联网领域树立日本的国际领导地位；为了信息社会的关键基础设施的持续发展，培养和开发人力资源；促进新业务发展，为现有的网络设备的硬件、软件和服务业注入新的活力"为己任，设立工作组，积极开展推进 IPv6 部署工作。

第二，运营商不遗余力积极推进。2009 年，日本最大的 FTTH 网络运营商 NTT 建立了全国性 NGN（Next Generation Network，下一代网络），这是互联网用户通过 ISP 连接的第一个 IPv6 网络，在早期，网络上 IPv6 的采用率不超过 1%。2013 年开始，NTT 决定将其现有的 FTTH 网络迁移到 NGN，并在 2015 年开始提供 IPv6 作为标准服务。日本 IPv6 推进委员会数据显示，截至 2018 年 3 月，NTT East 的 FTTH 互联网服务超过了 48%。

KDDI 公司是日本第二大 FTTH 网络运营商，自 2014 年 9 月以来全面支持 IPv6。日本中部地区的接入网运营商之一 Chubu Telecommunications 在 APNIC 36 上宣布了其全面支持 IPv6 的计划。相比之下，许多提供 CATV（Cable Television，有线电视）互联网连接服务的运营商尚未完全部署 IPv6；由于规模很小，这些较小的运营商部署新设备和培训员工的成本更高，它们使用 CGN 技术作为向用户提供 IPv6 服务的一种方式。

2011 年，NTT DoCoMo 在其 LTE 网络上提供了一种名为"Mopera U"的 IPv6 互联网接入服务，而 KDDI 提供了一种名为"LTE NET for DATA"的 IPv6 互联网接入服务，但用户数量并不大。随着全球 IPv6 支持率的不断提高，这 3 家移动运营商开始提供 IPv4/IPv6 双栈互联网接入服务，2017 年所有接入的新智能手机已启用 IPv6。近年来，MVNO（Mobile Virtual Network Operator，移动虚拟网络运营商）使用三大公司的基础设施提供蜂窝服务的数量不断增加，MVNO 的用户总数也一直在快速增长，但是支持 IPv6 的 MVNO 却数量稀少。

第三，以过渡到 IPv6 单栈为目标。虽然日本的 IPv6 部署推进稳健，但公共无线 LAN（Local Area Network，局域网）、MVNO、物联网相关行业的

IPv6 部署依然进展缓慢。虽然谷歌、脸书等内容提供商一直致力于提供内容层的 IPv6 支持，但日本国内网站、面向消费者的应用，以及一些公司内部系统对 IPv6 的改造依然工程巨大。因为 IPv6 的普及依赖于所有通信设备、通信基础设施和内容层的共同支持。目前，运营商正对通信基础设施（IPv4/IPv6 双栈）进行双重投资，并以双倍的成本运营，但是如果内容层 IPv6 应用不足，那么通信基础设施的投资就会毫无价值。对内容层运营商而言，迁移到 IPv6 非常重要，因为也将同样面临对提供内容进行 IPv4/IPv6 双重投资的沉重压力。从长远来看，迁移到 IPv6 单栈有助于降低用户费用。只有应用普及，才能实现 IPv6 单栈的最终目标。日本各界目前正积极开展 IPv6 持续推进的研究工作。

4.　印度

印度政府 10 年前开始 IPv6 部署，积极制定 IPv6 规划路线图，成立了监督委员会、指导委员会和工作组三级 IPv6 推广行动小组进行推进，这让原本在 IPv6 应用方面相对落后的印度一跃成为全球领先者。

近年来印度 IPv6 用户数增长迅猛，根据 2022 年 7 月 APNIC 的统计数据，印度 IPv6 用户数已达到 4.75 亿，比 2019 年底（3.4 亿）增长了约 39.71%，IPv6 用户占比超过 70%，跃居比利时之上。特别是考虑到印度的人口和用户基数，随着 5G 的出现、物联网的普及以及智能手机数量的增加，IPv6 用户数量将会持续增长。

2010 年 6 月，印度政府、电信部、交通部共同通过一项 Roadmap V-I 专项计划，明确以下几点：主要服务提供商将在 2011 年 12 月前提供 IPv6 服务；所有政府机构应在 2012 年 3 月前开始使用 IPv6 服务；成立印度 IPv6 工作组，在监督委员会和指导委员会管理下开展工作。印度制定了全国 IPv6 部署路线图 Roadmap V-II，按照服务提供商、内容提供商、设备厂商、政府组织制定不同的时间表，并在 2016 年 5 月 25 日发布了修改后的路线图和时间表，增加了对云计算/数据中心的要求。2018 年 7 月，印度电信委员会批准了一项名为《2018 年国家数字通信政策》的新电信政策，该政策明确提出印度在 2020 年"实质性"向 IPv6 过渡的目标。

总结起来，印度 IPv6 发展具有如下一些经验。

第一，政府重视，预期明确。印度成功部署 IPv6 主要有两大因素。首先，印度由于早期互联网发展缓慢，反而后来居上，由于 IPv4 地址严重供不应求，在 IPv4 地址"蓄水池"整体枯竭的状态下，印度不得不直接拥抱 IPv6，可以说，这是印度能够发展 IPv6 的内生需求。另外，政府推动起到关键作用，促使印度在此领域从众多国家中脱颖而出。

印度政府早在 2010 年就出台了国家 IPv6 部署蓝图，并于 2013 年 3 月出台国家 IPv6 部署路线图，针对服务提供商、内容和应用程序提供商、设备制造商、政府组织、政府项目的公共接口、云计算、数据中心等，提供了相关的政策指南。总体上，印度政府部门对 IPv6 的部署分为 3 个阶段，并制定每个阶段的目标：阶段一，让组织的总部和主要办事处支持 IPv6，并实现安全的全球连通性；阶段二，让组织的区域办事处和其他办事处支持 IPv6，并实现全球的连通性；阶段三，主要是应用程序的转换，最大限度地利用 IPv6 功能，提高其稳定性和安全性。

第二，顺应趋势，宣传引导。印度各界达成共识，认为 IPv6 是未来发展的趋势和方向，以后的技术研究和演进将围绕 IPv6 进行，IPv4 早晚会被淘汰，要"投资未来"。通过在脸书等社交媒体上广泛宣传，同时通过各种培训、研讨班、新闻快报等方式增加业界共识和公众感知，宣传 IPv6 的先进性和优越性。

- "IPv6 是未来"，其后所有在互联网标准、协议和安全上的提升都是围绕 IPv6 来进行的。
- "晚转不如早转"，随着构成物联网的联网设备和智慧城市的到来，只有 IPv6 能满足如此大规模的地址需求和应用场景。

IPv6 带来的好处是显而易见的，例如 IPv6 巨大的免费地址空间；更快的路由交换，IPv6 采用新的格式，将最大限度地减少路由器的处理；IPv6 提供更好的 QoS 保证；IPv6 提供组播服务，有助于服务提供商减少网络中的广播。

第三，务实推进，以移动网络为突破口。对于印度 IPv6 部署率的异军突起，网络运营商起了至关重要的推动作用，特别是主要移动运营商 Reliance JIO，从部署初期就完全兼容 IPv6，目前网络 IPv6 部署率已达到 89.81%，同时也带动了其他运营商对 IPv6 技术的采用。

印度政府通过路线图、工作组等方式务实推进相关工作，一方面做好政府该做的事情，另一方面做好公共服务和监督工作，主要包括以下几点：印度的互联网交换中心率先支持 IPv6，所有的路由器都支持双栈；加强与 APNIC 的合作，加强培训服务商 / 政府 IT 工程师、网络配置管理，共同举办论坛等；加快域名 ccTLD、DNS、AAAA 认证、Whois 服务等的双栈改造，几乎免费分配 IPv6 地址；与 IPv6 论坛（IPv6 Forum）签署战略合作备忘录；在印度电信工程中心设立 IPv6 测试床；建立 IPv6 一致性测试的 NGN 实验室和测试床；采用 IPv6 Ready Logo 认证。

同时，政府引导运营商成为推动 IPv6 规模部署的主体，特别是移动运营商、宽带运营商，例如新兴的移动运营商 Reliance JIO。

5.　越南

据 APNIC 的统计数据，越南 IPv6 部署增长良好，截至 2022 年 7 月，越南 IPv6 用户占比达到 48.8%，相比 2019 年初的 39.54%，增长了约 9.26 个百分点，名列世界前茅。

总结起来，越南 IPv6 发展具有如下一些经验。

第一，政府高度重视，阶段目标明确。2021 年 1 月，越南公布了 2021—2025 年阶段 IPv6 For Gov 计划，要求在 2021—2025 年间，所有的部委、行业及地方政府将发布 IPv6 规模部署计划并完成其门户网站、公共服务门户网站、网络和服务的 IPv6 部署工作，并准备运行纯 IPv6。

第二，政府引导，多方位务实推进。越南政府高度重视 IPv6 的推进部署，主要通过两方面的工作进行：一是以身作则，从技术层面推动 IPv6 发展；二是提供有力的政策支持，制定优惠政策，拉动运营商、设备商、内容商主动向 IPv6 迁移。

技术层面的主要措施包括：积极推动政府机构网站对 IPv6 的支持，推广 IPv6 的应用；对支持 IPv6 的网站标记 IPv6 就绪标识，然后在 Vietnam IPv6 Ready 网站发布；VNNIC、越南 IPv6 工作组常务委员会（VNIPv6tf）等组织举办了一系列会议和讲习班，以促进在 4G LTE、政府机构网络中部署 IPv6。

政策层面的措施主要有：部署 IPv6 和投资物联网技术的本地企业前 4 年免征公司税，以及未来 9 年公司税减免 50%；对用于制造 IPv6 产品的所有材料、备件和部件免征进口税；用于 IPv6 部署的进口货物和设备免征增值税等。

第三，发挥运营商的主体责任。越南 IPv6 的快速普及还有赖于 FPT Telecom、VNPT、Viettel、FPT Online Service 和 Mobifone 等主流运营商的大力推进。

越南 IPv6 的迅猛发展同样离不开 FTTH 宽带服务和移动互联网的支持。FPT Telecom 和 VNPT 是固定网络宽带领域 IPv6 部署的"先锋"。以 FPT Telecom 为例，FPT Telecom 一直积极参加国家 IPv6 工作组的会议、VNNIC 举办的 IPv6 培训课程，每年都有大量资金用于 IPv6 部署，推进 IPv6 基础设施升级；网络、网站、服务、应用程序、软件和设备的改造，能够确保越南互联网完全具备 IPv6 能力，实现用户到 IPv6 的平稳过渡及 IPv6 用户数的不断增长。截至 2018 年，VNPT 已为超过 100 万 FTTH 住宅用户部署了 IPv6 双栈网络，同时正在主动尝试 4G LTE 网络，努力成为越南首家为 4G LTE 客户正式提供 IPv6 业务的移动服务提供商。截至 2018 年 5 月初，VNPT 的网络已经测量到超过 2025.208 kbit/s 的 IPv6 流量，为 134 164 个 4G LTE 用户提供了

IPv6 服务，并提出未来仅支持 IPv6 的部署计划。近年来，越南最大的移动运营商 Viettel 公司的 IPv6 用户数增长迅猛，成为推动 IPv6 发展的主要力量。

同时，越南网站的 IPv6 支持率也在逐渐上升。FPT Online 已将其所有网站（包括越南最受欢迎的在线报纸 VnExpress）内容转换以支持 IPv6；政府和信息内容提供商网站正在积极改造，以支持 IPv6。

6. 其他国家

2016 年，巴西已开始对终端的 IPv6 可用性进行论证。在巴西，当地最大的运营商 Vivo 于 2015 年 10 月开始推行 IPv6，6 年内 IPv6 部署率从 0 增长至接近 70%。

2020 年 7 月，马来西亚根据《MCMC MTSFB TC T013:2019》规定，开始对终端设备、网络设备和网络安全类设备实施强制 IPv6 认证。

2021 年 4 月，尼日利亚 IPv6 委员会与 ATCON 联合举办 IPv6 部署网络研讨会，明确表示要通过部署 IPv6 实现数字尼日利亚和尼日利亚国家宽带计划（NNBP 2020—2025）。

此外，澳大利亚、加拿大、新加坡等国也各自提出 IPv6 发展战略规划，推动 IPv6 的商用部署。

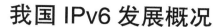
第 4 章

我国 IPv6 发展概况

回顾我国 IPv6 的发展历程，可以看出，IPv6 规模部署和应用是互联网演进升级的必然趋势，是网络技术创新的重要方向，是网络强国建设的关键支撑。为深入贯彻落实中共中央办公厅、国务院办公厅印发的《推进互联网协议第六版（IPv6）规模部署行动计划》，2018 年以来，工信部持续组织开展 IPv6 规模部署专项行动，推动我国 IPv6 网络"高速公路"全面建成，我国 IPv6 发展进入了全新阶段。

4.1　我国 IPv6 的发展历程

我国是 IPv6 研究启动较早的国家，中国教育和科研计算机网（China Education and Research Network，CERNET）在 1998 年建立了国内第一个 IPv6 试验床 CERNETv6，我国的 IPv6 研究工作从此进入实质阶段。1999 年，国家自然科学基金联合项目"中国高速互联研究试验网"（NSFCNET）启动。2002 年，信息产业部"下一代 IP 电信试验网（6TNet）"项目启动，科技部 863 信息领域专项"高性能宽带信息网（3Tnet）"启动。

2003 年之后，从发展历程来看，我国 IPv6 发展可以划分为 5 个阶段。

1.　阶段一：CNGI 示范工程启动

2003 年，抓住互联网技术变革的重要历史机遇，国家发展改革委联合教育部、科技部、信息产业部、国务院信息化工作办公室、中国科学院、中国工程院、国家自然科学基金委员会等单位组织产学研各界启动了 CNGI（China's Next Generation Internet，中国下一代互联网）示范工程，目的是搭建以 IPv6 为核心的下一代互联网试验平台，开始了我国下一代互联网的发展历程。以此项目的启动为标志，我国的 IPv6 进入了实质性发展阶段。

此项目得到 8 个单位的联合支持，五大全国性电信运营商和教育科研网、

100多所高校和科研机构、几十个设备制造商共同承担，上万人参与，产学研用合作，在我国通信网络科技工程建设史上是第一次，对我国下一代互联网技术和产业的发展具有深刻影响。该工程如图4-1所示。项目部署建设了6个主干网（覆盖全国22个城市、连接59个核心节点）、2个国内/国际交换中心（北京和上海）、273个驻地网。2005年和2006年，我国共设立103个CNGI技术试验及产业化项目，其中技术实验、应用示范和标准研究项目共56个，系统研发及产业化项目共47个。

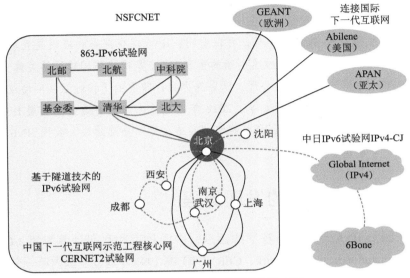

图4-1　中国下一代互联网示范工程

2.　阶段二：下一代互联网业务试商用及设备产业化专项实施

为积极、稳妥推动我国下一代互联网业务应用和产业发展，按照CNGI示范工程总体安排，2008年，国家发展改革委办公厅组织实施CNGI试商用及设备产业化专项项目，包括列入国家拉动内需计划的"教育科研基础设施IPv6技术升级和示范应用"重大项目，以及46个业务试商用及产业化项目。

此阶段CNGI的建设，旨在为我国科技创新提供重要信息基础设施，为下一代互联网及其重大应用的关键技术研究与产业化提供试验环境；提升我国发展下一代互联网的核心竞争力，确立我国在下一代互联网标准、技术和产业上的国际重要地位；推动我国的信息化建设和应用，增强我国的综合国力和可持续发展能力。

3. 阶段三：下一代互联网技术研发、产业化和规模商用专项实施

2012 年，国家发展改革委组织实施下一代互联网技术研发、产业化和规模商用专项，进一步加快我国下一代互联网发展的工作部署。国家推动下一代互联网和 IPv6 不再只是规划和概念，而是落实到实实在在、可操作层面的产业化政策，专项对我国如何从 IPv4 向 IPv6 平滑过渡提出了具体目标和支持重点，项目的启动意味着 IPv6 即将展开规模商用。

此次专项提出了非常明确的网络建设与用户规模、业务应用与终端、技术突破与产业带动专项目标（例如，全部骨干网和约 10% 城域网支持 IPv6、800 万 IPv6 宽带接入用户、100 家具有重要影响力的商业网站支持），并针对运营商网络 IPv6 改造、企业网络 IPv6 改造、技术研发产业化和新兴应用示范、下一代互联网标准体系建设等 4 个重点支持方向都提出明确要求，这些都表明对下一代互联网和 IPv6 持续推进的扶持政策逐渐加码。

4. 阶段四：开展"国家下一代互联网示范城市"建设

2014 年，在 CNGI 项目实施的基础上，国家发展改革委、工信部、科技部、国家新闻出版广电总局等 4 部门联合开展"国家下一代互联网示范城市"建设工作，选择北京、上海、南京、苏州、无锡、杭州、郑州、武汉、广州、成都、西安、克拉玛依、厦门、青岛、深圳等 15 个城市开展国家下一代互联网示范城市建设工作；同意长沙、株洲、湘潭 3 个城市联合开展国家下一代互联网示范城市群建设，并建立相关工作机制，统筹协调推进，确定了包括加强基础设施建设、推动业务全面升级、开展行业特色应用、健全产业支撑体系、提高安全保障能力等主要建设任务，推动我国下一代互联网产业加快发展。

"国家下一代互联网示范城市"建设工作着力探索解决我国下一代互联网发展遇到的突出矛盾和问题；创新发展模式，突出特色应用，树立样板工程，形成有利于更大规模应用的示范效应，促进信息消费；加快基础设施建设和升级改造，为完成我国下一代互联网"十二五"发展目标奠定基础。

5. 阶段五：印发《推进互联网协议第六版（IPv6）规模部署行动计划》

通过前期 CNGI 建设、相关试商用 / 商用专项实施以及下一代互联网示范城市建设等工作部署，我国建成了大规模下一代互联网 CNGI 示范网络，提供了重大科研和新兴业务的试验床，推动了标准制定和国产网络设备产业化，取得了大量示范性应用成果，增强了下一代互联网领域的自主创新能力，锻炼和培养了一批下一代互联网专业人才。CNGI 项目推出后，其核心成果及建设路

线为我国下一代互联网更大范围的规模部署打下了坚实的基础。我国政府陆续出台多项国家政策，以 CNGI 项目为基础进行延伸演进，全面推进以 IPv6 为基础的下一代互联网发展，实现我国从"互联网大国"向"互联网强国"的迈进。

2017 年 11 月，中共中央办公厅、国务院办公厅印发《推进互联网协议第六版（IPv6）规模部署行动计划》（后简称《行动计划》），明确提出了我国基于 IPv6 的下一代互联网发展的总体目标、路线图、时间表和重点任务，给出了加快推进我国 IPv6 规模部署、促进互联网演进升级和健康创新发展的行动指南。《行动计划》的发布实施拉开了我国全面加速向 IPv6 演进的帷幕。

4.2 我国 IPv6 的发展举措

总结一下，我国 IPv6 的发展举措主要包括 3 个方面。

第一，国家高度重视，各方形成联动机制。我国高度重视下一代互联网发展，把超前布局下一代互联网向 IPv6 演进升级，作为重点任务部署实施。2017 年 11 月，《行动计划》明确提出了 3 个阶段目标：一是到 2018 年末，市场驱动的良性发展环境基本形成，IPv6 活跃用户数达到 2 亿；二是到 2020 年末，市场驱动的良性发展环境日臻完善，IPv6 活跃用户数超过 5 亿，新增网络地址不再使用私有 IPv4 地址；三是到 2025 年末，我国 IPv6 网络规模、用户规模、流量规模位居世界第一位，网络、应用、终端全面支持 IPv6，全面完成向下一代互联网的平滑演进升级。《行动计划》还部署了"加快互联网应用服务升级""开展网络基础设施改造"等重点任务，确定了 2017—2018 年与 2019—2020 年两个阶段实施步骤，为推进 IPv6 规模部署提供了时间表和路线图，如图 4-2 所示。

《行动计划》实施以来，各地各部门各单位加强统筹协调、密切协作配合、措施到位，社会各界高度关注、广泛参与、积极行动。中央网信办、国家发展改革委和工信部组织成立了推进 IPv6 规模部署行动计划部际协调工作组和专家组，明确了各部门、各地方、各单位责任分工。中央国家机关按照部门分工，研究制定了本部门、本系统的 IPv6 规模部署实施方案。地方政府结合本地实际，研究出台了《行动计划》的具体实施意见。重点企业纷纷制定本企业 IPv6 升级改造计划，细化时间表和路线图，明确任务目标。各方协同推进的合力不断增强，政企联动、多方参与的良好局面初步形成，加快 IPv6 发展成为社会各界的共识。

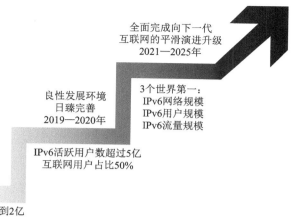

图 4-2　IPv6 技术研究和产业实践"三步走"发展战略

第二，政府部门、中央企业发挥示范先行和引领作用。各级政府部门强化责任担当，采取了一系列行之有效的措施，督促其管辖范围内的网站、对外公众服务平台等加快 IPv6 升级改造。

工信部连续 3 年在《关于贯彻落实〈推进互联网协议第六版（IPv6）规模部署行动计划〉的通知》《关于开展 2019 年 IPv6 网络就绪专项行动的通知》《关于开展 2020 年 IPv6 端到端贯通能力提升专项行动的通知》中对部署单位网站、行业网站及 App 的 IPv6 改造提出明确的要求，即要求各省（自治区、直辖市）通信管理局、部属各单位、部属各高校、基础电信企业深化门户网站 IPv6 改造，基础电信企业集团及下属省级公司稳步提升门户网站、网上营业厅、自营移动互联网应用的 IPv6 流量占比。

国务院国有资产监督管理委员会办公厅在相关通知中要求中央企业扩大 IPv6 改造广度和深度，确保 IPv6 环境下网络安全保障，加大 IPv6 部署应用支持保障力度。

在政府各部门的大力督促下，省部级政府网站、央企网站，金融、教育、医疗、社保等公共管理和民生公益服务平台的 IPv6 改造工作取得了重大进展，全面推进、支持 IPv6 访问，较好地完成了《行动计划》要求的年度工作任务，切实发挥政府部门和央企的先行示范、引领带动作用。

第三，移动网络先行，重点企业协同推进。从我国电信行业近十年的工作经验总结来看，我国 IPv6 部署面临的最大挑战不仅在于涉及环节众多，更在于实际操作中"网络等应用、应用等网络"，陷入了"鸡生蛋、蛋生鸡"的困局，即运营商、内容服务商和 IPv6 用户出现了相互等待的情况，采用 IPv6 新技术的积极性不高，如图 4-3 所示，说明如下。

- 运营商认为只有内容服务商（网站等）都支持了才能部署 IPv6，否则只有网络（管道），没有内容流量，投资 IPv6 无法快速收回成本。

- 内容服务商则认为应该是运营商先支持 IPv6 网络建设，有了管道才能提供内容，否则有了 IPv6 网站用户也无法访问，同样在短期内无法带来足够的收益。

- IPv6 用户在等待运营商建设好网络、内容提供商提供足够丰富的内容，但是运营商和内容服务商也在等待用户需求。

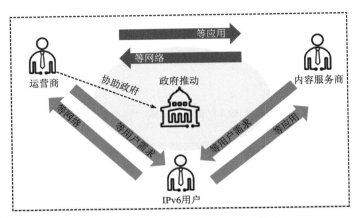

图 4-3　运营商和内容服务商相互等待

为了打破此僵局，《行动计划》提出"通盘布局"的策略方针，促进网络、应用、终端各环节相互配合，打破行业壁垒，各环节协同发力，建立互联互通、高效运转的协作机制。同时以改造难度小、效果明显的 LTE 网络为突破口，率先推进 LTE 网络的 IPv6 端到端贯通，即"移动先行"。将 LTE 网络 IPv6 改造作为首要任务，主要是基于两方面考虑，一是 LTE 网络与固定网络相比，其网络结构、技术协议、基础设施及网络终端具备支持 IPv6 的良好基础，4G 全新产业链也能够较好地支撑 IPv6，在 LTE 网络中推进 IPv6 规模部署涉及环节较少、实施难度较小；二是我国已建成全球最大的 4G 网络，手机 App 成为用户接入互联网的首要途径，移动互联网已成为"万物互联"的重要基础。完成 LTE 网络端到端 IPv6 改造后，4G 用户将迅速向 IPv6 迁移，IPv6 用户规模和网络流量将明显增长。

4.3　我国 IPv6 的发展指标

为了综合、全面反映我国 IPv6 发展状况，国家 IPv6 发展监测平台按三级架构和八大基础维度构建了 IPv6 发展指标体系。

八大基础维度涵盖活跃用户、分配地址、流量、基础资源、云端、网络、终端、应用，每个基础维度又按照三级架构分为一级指标、二级指标和三级指标，下一级指标是对上一级指标的细化分解。通过各领域企业上报及 IPv6 发展监测平台监测等多种统计方式，获得覆盖八大基础维度的指标监测数据，运用科学的方法计算得出相应的维度指标，综合 8 个一级指标，最终计算得出我国 IPv6 发展指标。

IPv6 发展指标体系架构如图 4-4 所示。

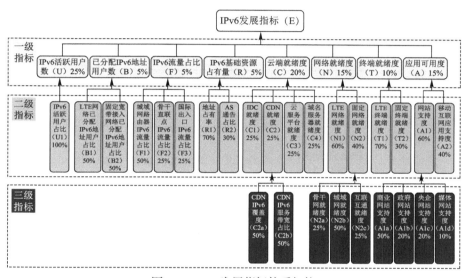

图 4-4　IPv6 发展指标体系架构

IPv6 发展指标体系监测数据及来源如表 4-1 所示。

表 4-1　IPv6 发展指标体系监测数据及来源

一级指标（权重）	二级指标（一级指标下的权重）	三级指标（二级指标下的权重）	指标监测数据	数据来源
IPv6 活跃用户数（U）25%	IPv6 活跃用户占比（U1）100%	—	采样获取的网站和移动互联网应用的 IPv6 活跃用户数	2019 年前企业上报数据，2019 年及之后 IPv6 发展监测平台监测数据
已分配 IPv6 地址用户数（B）5%	LTE 网络已分配 IPv6 地址用户占比（B1）50%	—	LTE 网络已分配 IPv6 地址用户数	

续表

一级指标 （权重）	二级指标 （一级指标下 的权重）	三级指标 （二级指标下 的权重）	指标监测数据	数据来源
已分配 IPv6 地 址用户数（B）5%	固定宽带接入 网络已分配 IPv6 地址用户 占比（B2） 50%	—	固定宽带接入网 络已分配 IPv6 地 址用户数	2019 年前企业上 报数据，2019 年 及之后 IPv6 发 展监测平台监测 数据
IPv6 流量占比 （F）5%	城域网路由器 IPv6 流量占比 （F1）50%	—	采样获取的城域 网路由器 IPv6 流量	IPv6 发展监测平 台监测数据
	骨干直联点 IPv6 流量占比 （F2）25%	—	采样获取的骨干 直联点 IPv6 流量	
	国际出入口 IPv6 流量占比 （F3）25%	—	采样获取的国际 出入口 IPv6 流量	
IPv6 基础资源占 有量（R）5%	地址占有率 （R1）70%	—	IPv6 地址拥有量	APNIC 统计数据
	AS 通告占比 （R2）30%	—	IPv6 AS 数量	
云端就绪度（C） 20%	IDC 就绪度 （C1）25%	—	面向公众提供服 务的已支持 IPv6 的 IDC（Internet Data Center，互联 网数据中心） 数量	2019 年前企业上 报数据，2019 年 及之后 IPv6 发 展监测平台监测 数据
	CDN 就绪度 （C2）25%	CDN IPv6 覆盖 度（C2a）50%	Top 5 CDN 企业 开通 IPv6 服务的 省级行政区数量	
		CDN IPv6 服务 带宽占比（C2b） 50%	Top 5 CDN 企业 IPv6 服务带宽	
	云服务平台就 绪度（C3） 25%	—	Top 10 面向公 众提供服务的云 服务平台已完成 IPv6 改造的云产 品数量	

一级指标 （权重）	二级指标 （一级指标下的权重）	三级指标 （二级指标下的权重）	指标监测数据	数据来源
云端就绪度（C） 20%	域名服务器就绪度（C4） 25%	—	支持 IPv6 的域名解析服务器数量	2019 年前企业上报数据，2019 年及之后 IPv6 发展监测平台监测数据
网络就绪度（N） 15%	LTE 网络就绪度（N1）60%	—	已开通 IPv6 业务的地市级 LTE 网络数量	2019 年前企业上报数据，2019 年及之后 IPv6 发展监测平台监测数据
	固定网络就绪度（N2）40%	骨干网就绪度（N2a）25%	已开通 IPv6 业务的骨干网数量	
		城域网就绪度（N2b）50%	已开通 IPv6 业务的城域网数量	
		互联互通就绪度（N2c）25%	已支持 IPv6 的骨干网互联互通直联点数量	
终端就绪度（T） 10%	LTE 终端就绪度（T1）70%	—	现网支持 IPv6 的 LTE 终端数量	工信部电信进网统计数据，实验室测试数据
	固定终端就绪度（T2）30%	—	现网支持 IPv6 的固定终端数量	
应用可用度（A） 15%	网站支持度（A1）60%	商业网站支持度（A1a）50%	Top 100 商业网站支持 IPv6 的数量	IPv6 发展监测平台监测数据
		政府网站支持度（A1b）20%	省部级以上政府网站支持 IPv6 的数量	
		央企网站支持度（A1c）20%	央企网站支持 IPv6 的数量	
		媒体网站支持度（A1d）10%	中央媒体网站支持 IPv6 的数量	
	移动互联网应用支持度（A2）40%	—	Top 100 移动互联网应用支持 IPv6 的数量	

1.　IPv6 活跃用户数（U）

IPv6 活跃用户数可反映我国网站和移动互联网应用 IPv6 用户发展总体情

况，客观体现我国网站和移动互联网应用 IPv6 改造的整体效果。该一级指标指我国具备 IPv6 网络接入环境，已获得 IPv6 地址且在近 30 天内有使用 IPv6 访问网站或移动互联网应用的互联网用户数量。

IPv6 活跃用户数在 IPv6 发展指标中权重为 25%。该一级指标包含 IPv6 活跃用户占比这个二级指标。

二级指标 IPv6 活跃用户占比（U1）：指我国网站、移动互联网应用中 IPv6 活跃用户的占比。

计算公式如下。

$$IPv6 \text{ 活跃用户数} = IPv6 \text{ 活跃用户占比} \times \text{我国网民数}$$

2. 已分配 IPv6 地址用户数（B）

已分配 IPv6 地址用户数可反映 LTE 网络和固定宽带接入网络已分配 IPv6 地址（不考虑物联网）的情况，客观体现我国 IPv6 的普及成果。该一级指标指我国 LTE 网络和固定宽带接入网络已分配 IPv6 地址的用户数量。

如图 4-5 所示，该一级指标包含 LTE 网络已分配 IPv6 地址用户占比、固定宽带接入网络已分配 IPv6 地址用户占比 2 个二级指标。已分配 IPv6 地址用户数在 IPv6 发展指标中权重为 5%。

二级指标 LTE 网络已分配 IPv6 地址用户占比（B1）：指 LTE 网络已分配 IPv6 地址的用户数量占比。该二级指标在已分配 IPv6 地址用户数指标中权重为 50%。

二级指标固定宽带接入网络已分配 IPv6 地址用户占比（B2）：指固定宽带接入网络已分配 IPv6 地址的用户数量占比。该二级指标在已分配 IPv6 地址用户数指标中权重为 50%。

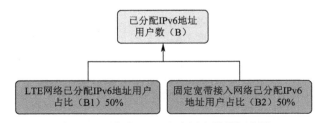

图 4-5　已分配 IPv6 地址用户数指标度量

计算公式如下。

已分配 IPv6 地址用户数 = LTE 网络已分配 IPv6 地址用户占比 × 50% + 固定宽带接入网络已分配 IPv6 地址用户占比 × 50%

3.　IPv6 流量占比（F）

IPv6 流量占比是反映我国 IPv6 流量情况的指标，客观体现 IPv6 在我国基础网络中的实际使用情况。该一级指标指我国城域网路由器、骨干直联点、国际出入口所转发的全部网络流量中 IPv6 流量的占比。纳入监测的同一城域网、同一骨干直联点或同一国际出入口节点，其路由器（包含只转发 IPv4 流量的路由器、只转发 IPv6 流量的路由器和同时转发 IPv4/IPv6 双栈流量的路由器）应该全部纳入监测且监测时间点保持一致。

如图 4-6 所示，该一级指标包含城域网路由器 IPv6 流量占比、骨干直联点 IPv6 流量占比和国际出入口 IPv6 流量占比 3 个二级指标。IPv6 流量占比在 IPv6 发展指标中权重为 5%。

二级指标城域网路由器 IPv6 流量占比（F1）：指我国城域网路由器转发的全部网络流量中的 IPv6 流量占比。城域网路由器 IPv6 流量占比在 IPv6 流量占比指标中权重为 50%。

二级指标骨干直联点 IPv6 流量占比（F2）：指我国骨干直联点转发的全部网络流量中的 IPv6 流量占比。骨干直联点 IPv6 流量占比在 IPv6 流量占比指标中权重为 25%。

二级指标国际出入口 IPv6 流量占比（F3）：指我国国际出入口转发的全部网络流量中的 IPv6 流量占比。国际出入口 IPv6 流量占比在 IPv6 流量占比指标中权重为 25%。

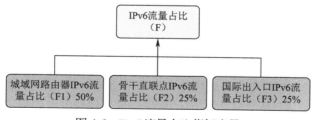

图 4-6　IPv6 流量占比指标度量

计算公式如下。

IPv6 流量占比 = 城域网路由器 IPv6 流量占比 × 50% + 骨干直联点 IPv6 流量占比 × 25% + 国际出入口 IPv6 流量占比 × 25%

4.　IPv6 基础资源占有量（R）

IPv6 基础资源占有量可反映我国 IPv6 资源的拥有及使用情况，是我国 IPv6 发展的基础。该一级指标指我国拥有 IPv6 地址在全球 IPv6 地址资源中的数量占比，以及我国已通告的 AS 中支持 IPv6 的 AS 数量占比。

如图 4-7 所示，该一级指标包含地址占有率、AS 通告占比 2 个二级指标。IPv6 基础资源占有量在 IPv6 发展指标中权重为 5%。

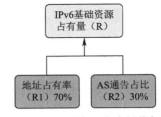

图 4-7　IPv6 基础资源占有量指标度量

二级指标地址占有率（R1）：指我国拥有 IPv6 地址在全球 IPv6 地址资源中的数量占比。地址占有率在 IPv6 基础资源占有量指标中权重为 70%。

二级指标 AS 通告占比（R2）：指我国已通告的 AS 中支持 IPv6 的 AS 数量占比。AS 通告占比在 IPv6 基础资源占有量指标中权重为 30%。

计算公式如下。

IPv6 基础资源占有量 = 地址占有率 × 70% + AS 通告占比 × 30%

5.　云端就绪度（C）

云端就绪度反映我国应用基础设施的 IPv6 支持就绪程度。该一级指标指我国 IDC、CDN、云服务平台和域名服务器中已支持 IPv6 的数量占比。

如图 4-8 所示，该一级指标包含 IDC 就绪度、CDN 就绪度、云服务平台就绪度、域名服务器就绪度 4 个二级指标和 CDN IPv6 覆盖度、CDN IPv6 服务带宽占比 2 个三级指标。云端就绪度在 IPv6 发展指标中权重为 20%。

二级指标 IDC 就绪度（C1）：指我国面向公众提供服务的 IDC 中支持 IPv6 的数量占比。数据中心支持 IPv6 是指出口和内部网络支持 IPv6，包括采用双栈技术和 NAT64 技术。IDC 就绪度在云端就绪度指标中权重为 25%。

二级指标 CDN 就绪度（C2）：指我国 Top 5 CDN 中已开通 IPv6 的占比。CDN 已开通 IPv6 是指支持基于 IPv6 的业务调度，以及支持面向用户的 IPv6 业务推送。CDN 就绪度在云端就绪度指标中权重为 25%，下分 2 个三级指标。

- CDN IPv6 覆盖度（C2a）：指我国 Top 5 CDN 企业开通 IPv6 服务的省级行政区数量与该企业运营覆盖省份总数的比值权重和。CDN 企业在 1 个省（自治区、直辖市）只开通 1 个运营商的 IPv6 服务覆盖度取 50%，开通 2 个运营商的 IPv6 服务覆盖度取 80%，全部开通的 IPv6 服务覆盖度取 100%。CDN 企业在 IPv6 覆盖区域内须提供与 IPv4 覆盖相同的服务质量。初定每个 CDN 企业权重为 20%。CDN IPv6 覆盖度在 CDN 就绪度指标中权重为 50%。

- CDN IPv6 服务带宽占比（C2b）：指我国 Top 5 CDN 企业服务总带宽中开通 IPv6 服务带宽的占比。对于双栈的服务带宽，在总带宽中只累计一次。CDN IPv6 服务带宽占比在 CDN 就绪度指标中权重为 50%。

二级指标云服务平台就绪度（C3）：指我国 Top 10 面向公众提供服务的云服务平台中完成 IPv6 改造的云产品占比。云产品完成 IPv6 改造是指云服务平台支持用户通过 IPv6 访问并使用云产品。云服务平台就绪度在云端就绪度指标中权重为 25%。

二级指标域名服务器就绪度（C4）：指我国基础电信企业递归域名解析服务器中支持 IPv6 的数量占比。递归域名解析服务器支持 IPv6 是指支持 AAAA 记录的解析。域名服务器就绪度在云端就绪度指标中权重为 25%。

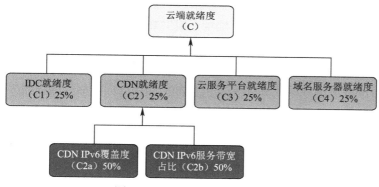

图 4-8　云端就绪度指标度量

计算公式如下。

云端就绪度 = IDC 就绪度 × 25% +（CDN IPv6 覆盖度 × 50% + CDN IPv6 服务带宽占比 × 50%）× 25% + 云服务平台就绪度 × 25% + 域名服务器就绪度 × 25%

6. 网络就绪度（N）

网络就绪度可反映我国网络基础设施的 IPv6 支持就绪程度。该一级指标指我国市地级行政区的 LTE 网络和固定网络中开通 IPv6 业务的数量占比。

如图 4-9 所示，该一级指标包含 LTE 网络就绪度、固定网络就绪度 2 个二级指标和骨干网就绪度、城域网就绪度、互联互通就绪度 3 个三级指标。网络就绪度在 IPv6 发展指标中权重为 15%。

二级指标 LTE 网络就绪度（N1）：指我国市地级行政区的 LTE 网络中开

通 IPv6 业务的数量占比。LTE 网络已开通 IPv6 业务是指能够为移动用户分配 IPv6 地址，并为用户提供 IPv6 业务访问通道。LTE 网络就绪度在网络就绪度指标中权重为 60%。

二级指标固定网络就绪度（N2）：指我国市地级行政区的固定网络中开通 IPv6 业务的数量占比。固定网络就绪度在网络就绪度指标中权重为 40%，下分 3 个三级指标。

- 骨干网就绪度（N2a）：指我国基础电信企业骨干网（含互联网和承载网络）中已开通 IPv6 业务的数量占比。骨干网已开通 IPv6 业务是指支持 IPv6 路由分发和支持 IPv6 业务流量转发。骨干网就绪度在固定网络就绪度指标中权重为 25%。
- 城域网就绪度（N2b）：指我国基础电信企业城域网中已开通 IPv6 业务的数量占比。城域网已开通 IPv6 业务是指完成网络改造，并为固定宽带接入用户分配 IPv6 地址，提供 IPv6 业务访问通道。城域网就绪度在固定网络就绪度指标中权重为 50%。
- 互联互通就绪度（N2c）：指我国基础电信企业骨干直联点中已完成 IPv6 改造并实现 IPv6 业务互通的数量占比。互联互通就绪度在固定网络就绪度指标中权重为 25%。

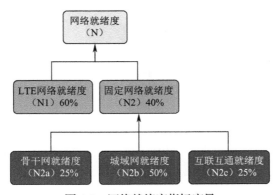

图 4-9　网络就绪度指标度量

计算公式如下。

网络就绪度 = LTE 网络就绪度 × 60% +（骨干网就绪度 × 25% + 城域网就绪度 × 50% + 互联互通就绪度 × 25%）× 40%

7. 终端就绪度（T）

终端就绪度可反映我国 LTE 终端和固定终端 IPv6 支持就绪程度。该一级指标指我国现网 LTE 终端和固定终端中支持 IPv6 的数量占比。

如图 4-10 所示，该一级指标包含 LTE 终端就绪度、固定终端就绪度 2 个二级指标。终端就绪度在 IPv6 发展指标中权重为 10%。

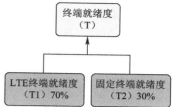

二级指标 LTE 终端就绪度（T1）：指我国现网 LTE 终端中支持 IPv6 的数量占比。LTE 终端支持 IPv6 是指终端操作系统支持 IPv6，在 Wi-Fi 和移动数据网络环境下都能够获得 IPv6 地址，并能够访问 IPv6 业务。LTE 终端就绪度在终端就绪度指标中权重为 70%。

图 4-10　终端就绪度指标度量

二级指标固定终端就绪度（T2）：指我国现网固定终端中支持 IPv6 的数量占比。固定终端支持 IPv6 是指支持获取 IPv6 地址，并能够访问 IPv6 业务。固定终端就绪度在终端就绪度指标中权重为 30%。

计算公式如下。

终端就绪度 = LTE 终端就绪度 × 70% + 固定终端就绪度 × 30%

8.　应用可用度（A）

应用可用度可反映我国 IPv6 网站和移动互联网应用部署的情况。该一级指标指我国 Top 100 商业网站、政府网站、央企网站、媒体网站，以及 Top 100 移动互联网应用中支持 IPv6 的数量占比。网站支持 IPv6 是指网站使用 IPv4 和 IPv6 统一域名，具有 AAAA 记录，公众递归服务器能够得到解析，用户能够通过 IPv6 网络访问网站首页及二级、三级页面。

如图 4-11 所示，该一级指标包含网站支持度、移动互联网应用支持度 2 个二级指标和商业网站支持度、政府网站支持度、央企网站支持度、媒体网站支持度 4 个三级指标。应用可用度在 IPv6 发展指标中权重为 15%。

二级指标网站支持度（A1）：指我国 Top 100 商业网站、政府网站、央企网站、媒体网站中支持 IPv6 的数量占比。网站支持度在应用可用度指标中权重为 60%，下分 4 个三级指标。

- 商业网站支持度（A1a）：指我国 Top 100 商业网站中支持 IPv6 的数量占比。商业网站支持度在网站支持度指标中权重为 50%。
- 政府网站支持度（A1b）：指我国省部级以上政府网站中支持 IPv6 的数量占比。政府网站支持度在网站支持度指标中权重为 20%。
- 央企网站支持度（A1c）：指我国央企网站中支持 IPv6 的数量占比。央企网站支持度在网站支持度指标中权重为 20%。
- 媒体网站支持度（A1d）：指我国中央媒体网站中支持 IPv6 的数量占比。

媒体网站支持度在网站支持度指标中权重为 10%。

二级指标移动互联网应用支持度（A2）：指我国 Top 100 的移动互联网应用中支持 IPv6 的数量占比。移动互联网应用支持 IPv6 是指客户端能够通过 IPv6 网络访问服务器端，以及通过 IPv6 网络实现客户端之间的互访问。移动互联网应用支持度在应用可用度指标中权重为 40%。

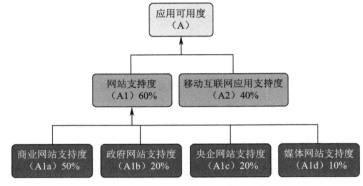

图 4-11　应用可用度指标度量

计算公式如下。

应用可用度 =（商业网站支持度 × 50% + 政府网站支持度 × 20% + 央企网站支持度 × 20% + 媒体网站支持度 × 10%）× 60% + 移动互联网应用支持度 × 40%

9. IPv6 发展指标

结合前述各个指标，最终可以得出 IPv6 发展指标，计算公式如下。

IPv6 发展指标 = IPv6 活跃用户数 × 25% + 已分配 IPv6 地址用户数 × 5% + IPv6 流量占比 × 5% + IPv6 基础资源占有量 × 5% + 云端就绪度 × 20% + 网络就绪度 × 15% + 终端就绪度 × 10% + 应用可用度 × 15%

4.4　我国 IPv6 的发展现状

《行动计划》发布以来，各部委加强统筹协调，按照职责分工，协同推进《行动计划》的落地实施；各地、各部门、各相关企业通力协作、密切配合，为推动 IPv6 的全面实施而不懈努力。我国 IPv6 发展在应用、网络基础设施、应用基础设施、终端、基础资源、用户数及流量等各个方面都取得了显著的成效。

1. IPv6 改造取得阶段性成果

我国 IPv6 规模部署工作呈现加速发展态势，取得了积极进展[10]。

我国 IPv6 规模部署工作的广度不断拓展，IPv6 活跃用户数逐步上升。截至 2022 年 6 月，我国排名前 100 位的商用网站 / 应用已经支持 IPv6 访问，我国 IPv6 活跃用户数为 6.83 亿，占全部网民数的 66.18%。

IPv6 规模部署工作不断推进，IPv6 流量总体呈上升趋势。政府和央企网站发挥示范作用，加大对网站二、三级链接的改造；排名前 100 位的商用互联网应用积极响应，加大对应用核心功能的改造力度。我国城域网络 IPv6 总流量接近 60 Tbit/s，移动网络 IPv6 总流量接近 30 Tbit/s。

IPv6 地址量能满足当前发展需求，IPv6 地址资源总量达到世界第二。IPv6 基础资源主要包括 IPv6 地址拥有量、AS 数量等。当前我国 IPv6 地址申请量保持较快增长，截至 2022 年 7 月，我国 IPv6 地址资源总量达到 60 029 块（/32），居世界第二位；支持 IPv6 的 AS 数量占比超过 74%，我国超过七成的网络已经完成 IPv6 改造。

网络全面支持 IPv6，移动网络和宽带接入网络大规模分配 IPv6 地址。基础电信企业积极推进网络基础设施改造，骨干网、移动网络、城域网络基本完成改造。IPv6 国际出入口带宽已开通 2.91 Tbit/s；全国 14 个骨干直联点已经全部实现了 IPv6 互联互通，中国电信、中国移动、中国联通、中国广电、教育网和科技网累计开通 IPv6 网间互联带宽 14.6 Tbit/s。截至 2022 年 6 月，我国已分配 IPv6 地址用户数达到 16.99 亿。

云端就绪度明显提升，CDN 和云改造速度提升明显。截至 2022 年 6 月，全国已经有超过 95% 的 CDN 节点支持 IPv6。云服务企业加快 IPv6 改造，国内主要有 13 家云服务企业，接近 90% 的云主机 IPv6 访问质量与 IPv4 访问质量趋同。

移动终端瓶颈基本消除，家庭无线路由器支持度较低。我国市场占比较大的移动终端均已支持发起 IPv6 地址请求，获得 IPv6 地址，并能支持 IPv6 应用。国内市场的家庭无线路由器 IPv6 支持率偏低，极大制约了城域网络 IPv6 流量的提升。

2. 网络基础设施已经实现全面 IPv6 就绪

推进网络基础设施 IPv6 改造，是实现 IPv6 用户规模和流量增长的前提和基础。《行动计划》发布以来，中国电信、中国移动、中国联通 3 家基础电信企业承担起 IPv6 规模部署的国家队、主力军职责，为全面建成我国 IPv6 网络

"高速公路"不懈努力。

IPv6 网络改造全面完成。我国 LTE 网络、骨干网和城域网的 IPv6 升级改造全面完成，并开启 IPv6 承载服务。

IPv6 和 IPv4 网络质量基本趋同。根据国家 IPv6 发展监测平台最新监测数据，IPv6 网络平均网间时延 46.7 ms，平均网间丢包率 0.09%；平均网内时延 38.1 ms，平均网内丢包率 0.06%，基本趋同于 IPv4 网络（IPv4 网络平均网间时延 44.8 ms，平均网间丢包率 0.09%；平均网内时延 37.6 ms，平均网内丢包率 0.05%）。截至 2022 年 6 月，3 家基础电信企业的递归服务器 IPv6 域名记录解析支持度均为 100%。

IPv6 专线业务已具备全国范围内的服务能力。3 家基础电信企业均推出了 IPv6 专线业务，在全国范围内为有需求的政企客户提供 IPv4/IPv6 双栈专线、IPv6 单栈专线、IPv6 代播等专线产品，对新开通的 IPv6 单栈专线给予资费优惠。

3. 应用基础设施具备 IPv6 服务能力

应用基础设施主要包括 CDN、云服务平台和 IDC。推进应用基础设施 IPv6 改造，是保障各类应用在 IPv6 高速公路上畅行的"加油站"。

CDN 资源 IPv6 支持能力持续提升。2020 年 9 月底，阿里云、腾讯云、网宿科技等 12 家大型 CDN 企业支持 IPv6 的节点占比达到 82.69%，平均 IPv6 带宽资源占比达到 84.70%，按地市计算的 IPv6 覆盖率达到 82.85%，平均 IPv6 运营商覆盖率为 90.36%。其中，中国移动、帝联科技、华为云的 CDN 改造进度相对领先，上述各项指标均超过 95%，详见表 4-2。

表 4-2 Top 12 CDN 企业改造情况

排名	企业名称	IPv6 节点占比 /%	IPv6 带宽资源占比 /%	IPv6 地域覆盖率 /%	IPv6 运营商覆盖率 /%
1	中国移动	100.00	100.00	100.00	100.00
2	帝联科技	100.00	100.00	100.00	100.00
3	华为云	95.41	96.70	95.46	100.00
4	腾讯云	91.01	91.01	91.01	100.00
5	白山云	79.58	88.36	79.58	93.28
6	百度智能云	84.88	86.43	83.70	93.06
7	网宿	76.06	81.07	76.06	93.33

排名	企业名称	IPv6 节点占比 /%	IPv6 带宽资源占比 /%	IPv6 地域覆盖率 /%	IPv6 运营商覆盖率 /%
8	UCloud	82.13	82.05	83.35	83.33
9	七牛云	78.57	78.57	78.57	80.42
10	阿里云	74.50	74.29	74.50	76.13
11	京东云	81.10	83.88	81.10	82.26
12	金山云	49.01	54.01	49.01	84.41

资料来源：国家 IPv6 发展监测平台，数据截至 2020 年 9 月底。

主要云产品初步具备 IPv6 服务能力。2020 年 9 月，阿里云、天翼云、腾讯云等国内主要的 10 家云服务企业的云主机、容器引擎、负载均衡、域名解析等产品的平均 IPv6 支持率达到 95.37%，可用域的平均 IPv6 改造率达到 100%。其中，移动云、天翼云、京东云、金山云的全部云产品、全部可用域均已完成 IPv6 升级改造，详见表 4-3。

表 4-3　国内主要的 10 家云服务企业 IPv6 改造情况

排名	云服务平台	IPv6 支持率 /%	所有云服务 IPv6 支持率 /%	可用域 IPv6 改造率 /%
1	移动云	100.00	100.00	100.00
2	天翼云	100.00	100.00	100.00
3	京东云	100.00	100.00	100.00
4	金山云	100.00	100.00	100.00
5	腾讯云	100.00	97.62	100.00
6	百度智能云	90.00	98.33	100.00
7	阿里云	90.00	97.26	100.00
8	青云	88.89	91.67	100.00
9	华为云	89.47	85.33	100.00
10	UCloud	80.00	80.00	100.00

资料来源：国家 IPv6 发展监测平台，数据截至 2020 年 9 月底。

数据中心 IPv6 改造成效显著。3 家基础电信企业已完成 907 个超大型、大型、中小型数据中心的全部 IPv6 改造。阿里云、腾讯云、百度智能云等大型数据中心企业的 IPv6 改造加快推进。初步统计，全国超过 1000 个数据中心已支持 IPv6。

截至 2022 年 6 月，国内用户量排名前 100 位的商业网站及应用，均可通过 IPv6 访问，但改造深度还有待提升。

政府、央企网站、中央重点新闻媒体和高校改造进度较好，IPv6 网站支持度高，充分发挥了示范引领作用；商业网站及应用 IPv6 改造明显加速，带动了流量的增长。截至 2022 年 6 月，63 家国务院部门网站和 32 家省级地方政府网站中，主页全部可通过 IPv6 访问；97 家中央企业的 92 家网站中（部分企业暂无门户网站），主页可通过 IPv6 访问的网站有 87 个，占比为 94.57%；16 家中央重点新闻网站中，网站及互联网应用都可通过 IPv6 访问，占比为 100%；教育部公布的 147 所"双一流"高校网站中，主页可通过 IPv6 访问的网站共有 145 家，占比为 98.64%。

4. 终端 IPv6 支持度显著提升

终端就绪度是指我国现网移动终端和固定终端中支持 IPv6 的数量占比，可反映我国移动终端和固定终端 IPv6 支持就绪程度。移动终端支持 IPv6 是指移动终端操作系统支持 IPv6，在 Wi-Fi 和移动数据网络环境下都能够获得 IPv6 地址，并能够访问 IPv6 业务。固定终端支持 IPv6 是指支持获取 IPv6 地址，并能够访问 IPv6 业务。

网络设备和市场主流移动终端均已支持 IPv6。通信设备的制造企业、移动终端、厂商加快了产品的迭代升级，网络设备和终端设备 IPv6 的支持度也得到了大幅度提升。2019 年，市场上所有新申请进网的移动终端已出厂默认配置支持 IPv4/IPv6 双栈。

固定终端 IPv6 支持度持续提升。固定终端包括智能家庭网关及家庭无线路由器。

在智能家庭网关方面，三大基础电信企业自 2018 年以来集采的机型已全面支持 IPv6，目前正在逐步开展在网存量家庭网关的升级工作。

在家庭无线路由器方面，目前市面在售的主流无线路由器对 IPv6 的支持程度较差。中国信息通信研究院选取了普联、小米及网件 3 个品牌共 12 款 2020 年新上市的样品进行了 IPv6 支持度评测，测试结果详见表 4-4。新产品全部支持 IPv6，地址获取及分配正常；但全部需要手动配置后才能开启 IPv6，未做到默认开启。

表 4-4 部分家庭无线路由器 IPv6 支持情况

生产单位	设备型号	软件版本	前置家庭网关部署方式——桥接模式	前置家庭网关部署方式——路由模式
普联	TL-XDR1860 易展版	1.0.6	配置后支持	配置后支持
	TL-XDR6060 易展 Turbo 版	1.0.6	配置后支持	配置后支持
	TL-WDR7632 千兆易展版	2.0.8	配置后支持	配置后支持
	TL-WDR5660 千兆易展版	1.0.4	配置后支持	配置后支持
	TL-WDR8690 易展版	1.0.0	配置后支持	配置后支持
	TL-WDR8661 易展版	1.0.3	配置后支持	配置后支持
	TL-WDR5650 易展版	1.0.7	配置后支持	配置后支持
	TL-WDR8670 易展版	1.0.9	配置后支持	配置后支持
	TL-WDR5620 千兆易展版	1.0.0	配置后支持	配置后支持
小米	小米 AIoT 路由器 AX3600（R3600）	1.0.20	配置后支持	配置后支持
	小米路由器 AX1800	1.0.34	配置后支持	配置后支持
网件	Nighthawk MR60	V1.0.3.86_2.0.34	配置后支持	不支持

资料来源：国家 IPv6 发展监测平台。

5. IPv6 关键发展指标取得突破

IPv6 用户数、IPv6 流量、IPv6 基础资源等关键发展指标取得突破，表现在如下几个方面。

IPv6 用户数是反映我国 IPv6 发展状况的核心指标，包括 IPv6 活跃用户数和已分配 IPv6 地址用户数。IPv6 活跃用户数是指我国具备 IPv6 网络接入环境，已获得 IPv6 地址，且在近 30 天内使用过 IPv6 访问网站或移动互联网应用的互联网用户数量，其直观反映了我国网站和移动互联网应用 IPv6 改造情况。已分配 IPv6 地址用户数指基础电信企业在 30 天内为用户分配 IPv6 地址的数量，反映移动网络和固定宽带接入网络 IPv6 的改造情况。截至 2022 年 6 月，我国 IPv6 活跃用户数为 6.83 亿，占我国全部网民数的 66.18%。三大基础电信企业加快改造进度，为全国移动网络用户和固定宽带接入用户分配 IPv6 地址。2022 年 6 月，我国已分配 IPv6 地址用户数达到 16.99 亿，其中移动网络已分配 IPv6 地址的用户数为 13.48 亿，固定宽带接入网络已分配 IPv6 地址的用户数为 3.52 亿。随着移动网络端到端改造进程的加速，目前呈现出移动网络 IPv6 用户数发展速度大幅领先固定网络的趋势。

IPv6 流量客观体现了 IPv6 在我国基础网络中的实际使用情况。截至 2022 年 6 月，城域网 IPv6 总流量达 55.42 Tbit/s，占全网总流量的 10.55%。城域网的 IPv6 流入流量达 37.44 Tbit/s，IPv6 流出流量达到 17.99 Tbit/s；移动网络流量包括 LTE 及 5G 网络流量，移动网络 IPv6 总流量达 28.66 Tbit/s，占全网移动网络总流量的 40.56%。移动网络 IPv6 流入总流量达 25.98 Tbit/s，IPv6 流出流量达到 2.68 Tbit/s；骨干直联点 IPv6 总流量达 1545.27 Gbit/s，占全网流量的 8.80%；我国国际出入口 IPv6 总流量达 477.26 Gbit/s，其中 IPv6 流入总流量达 380.15 Gbit/s，IPv6 流出总流量达 97.11 Gbit/s，三大基础电信企业已开通 IPv6 国际出入口带宽 6.58 Tbit/s，极大地缓解了带宽紧张的问题。

IPv6 基础资源可反映我国 IPv6 资源的拥有及使用情况，主要包括 IPv6 地址拥有量和 AS 数量。

截至 2022 年 7 月，我国已申请 IPv6 地址资源总量达到 60 029 块（/32），位居世界第二。《行动计划》发布以来，我国 IPv6 地址储备量大幅增长。随着 5G 产业化进程的加快，以及工业互联网和物联网的发展，垂直行业和基础电信企业纷纷加大了地址储备。2018 年 8 月，中国石油为推动工业互联网发展，申请了一段 /20 的 IPv6 地址；2018 年 12 月，中国电信分别申请了 /19、/20 两段 IPv6 地址，为 5G 商用化储备地址；2019 年 1 月和 2 月，中国教育网分别申请了 /20 和 /21 两段 IPv6 地址，以满足日益增长的地址需求；2022 年 7 月，国家石油天然气管网集团有限公司（简称国家管网集团）申请了 /22 地址段，以满足日益增长的地址需求。从我国申请 IPv6 地址数量统计趋势分析可知，近几年我国 IPv6 部署取得了很大的成效，增速显著，为下一代互联网可持续发展奠定了基础。

截至 2022 年 7 月，我国已在互联网中通告的 AS 数量为 6451。在已通告的 AS 中，支持 IPv6 的 AS 数量为 4810 个，占比 74.56%。AS 数量可反映目前我国网络发展水平。随着支持 IPv6 的 AS 数量不断提升，我国越来越多的网络完成了 IPv6 改造。

4.5　我国 IPv6 的发展不足

自《行动计划》发布以来，各部委也陆续出台了一系列相关实施文件和政策文件，开展政策引领、平台督导、产业协同、技术支撑和宣传推广等针对性工作。目前我国的 IPv6 规模部署工作推进扎实，成效显著，形成了网络和终端全面就绪、应用改造逐步推进、用户流量稳步提升的良好局面，但各环节支持 IPv6 的现状仍存在诸多问题。

第一，IPv6 流量占比偏低。虽然基础电信企业完成了固定网络和 LTE 移动网络的 IPv6 升级改造，IPv6 流量取得了快速增长，但与 IPv4 流量相比，IPv6 的占比仍然很低。监测数据显示，基础电信企业国际出入口、骨干直联点、城域网 IPv6 平均流量占比不足 5%，说明大部分应用尚未真正在 "IPv6 通道" 上跑起来。在基础网络设施已经取得阶段性成果的背景下，网站及互联网应用的 IPv6 能力提升显得尤为重要。尽管国内越来越多的互联网商业网站及应用中的首页已经支持 IPv4/IPv6 双栈访问，但在开通网站、上架应用的 IPv6 单栈访问中，部分网站和应用改造不彻底，出现二、三级深层次链接无法正常使用的情况，真正产生流量的流媒体、图片等仍然使用 IPv4 建立连接，尤其是视频、直播、游戏等流量集中的应用，核心内容支持 IPv6 访问的较少，改造力度与深度，以及对 IPv6 的支持度还远远不够。

第二，端到端 IPv6 网络质量较 IPv4 网络质量仍有差距。经过 2019 年基础电信企业对 IPv6 网络质量链路持续优化，现阶段骨干网层面 IPv6 网络性能与 IPv4 基本趋同，IPv6 已经从 "能用" 逐渐步入 "好用" 阶段，但是端到端监测的 IPv6 网络传输时延和丢包率与 IPv4 相比存在一定差距。据部分企业反映，使用 IPv6 地址的用户网络访问体验相比使用 IPv4 网络时并没有明显提高，甚至有时还会劣于使用 IPv4 网络；部分跨运营商网络的 IPv6 互通性还存在问题，影响用户访问体验。由于 IPv6 访问质量的稳定性低于 IPv4，互联网企业担心将业务全部切换到 IPv6 会影响业务使用的服务体验，多数企业表示希望能推动 IPv6 网间互联带宽的升级改造，与 IPv4 保持一样的互联节点数、长尾时延等性能指标。

第三，应用基础设施改造进度仍需加速。CDN、数据中心、云服务平台等应用基础设施是互联网内容和应用的重要载体，对于优化互联网流量、提高网络承载能力具有不可替代的作用。目前，云服务商和CDN提供商的IPv6升级改造仍在进行，CDN和云产品的支持情况较前期有一定的改善，但CDN在节点服务覆盖范围、IPv6服务带宽及服务性能方面仍显不足，云服务平台在业务类型、IPv6服务性能及服务创建易用性方面仍待改善。大部分互联网企业在IPv6升级改造过程中发现，CDN和云产品的IPv6服务在很多地区的时延、成功率以及稳定性劣于IPv4服务，对产品和用户体验产生负面影响，这些因素都从一定程度上制约了互联网企业IPv6升级改造。

第四，家庭无线路由器成为IPv6发展瓶颈。当前，移动终端对IPv6发展的瓶颈制约得到了改善，但固定宽带网络环境下获得IPv6地址的用户规模还有较大的提升空间，现网存量的智能家庭网关和市面上的主流家庭无线路由器设备普遍对IPv6的支持程度较差，且IPv4/IPv6双栈性能差距明显。2019年在对家庭无线路由器设备开展集中验证工作时，通过评测发现，市场上主流的家庭无线路由器大部分终端默认配置未开启支持IPv4/IPv6双栈。家庭无线路由器作为个人采购的终端设备，因客观上面临着改造范围量大且面广、品牌和型号繁多、市场占有率分散、升级时间周期长等现实问题，对IPv6的支持度较低，阻碍家庭宽带IPv6用户转化，影响固定网络的改造效果。作为重要的网络接入设备，家庭无线路由器在一定程度上制约了我国IPv6的发展，成为固定网络IPv6地址分配比例偏低的主要原因。随着我国推进IPv6规模部署工作的不断深入，IPv6接入的"最后一公里"已经成为决定IPv6用户和流量规模的重要环节，亟须重点关注。

4.6　对我国 IPv6 的发展建议

在我国规模部署取得阶段性进展、挑战与机遇并存的新形势下，基于IPv6端到端贯通能力的提升，把握新基建的有利时机，促进我国IPv6持续、健康、良性发展平稳过渡，对IPv6的发展建议如下。

第一，坚持以问题为导向，推进各项IPv6工作向纵深发展。抓住当前阻碍我国IPv6发展的主要矛盾，有针对性地加以解决。

- 引导更多互联网应用开展IPv6升级改造，带动IPv6流量提升。重点加强IPv6内容建设，扩大国内互联网应用IPv6上线范围，进一步实现网站、应用下层链接及核心业务对IPv6的支持，提升网站及应用支持IPv6链接的比例，实现覆盖用户与流量的双重提升。
- 持续优化IPv6网络质量，切实解决网络性能与应用需求之间的矛盾。以提升用户体验、满足应用需求为出发点，持续提升IPv6网络质量，确保 IPv6 网络高效、安全、稳定地运行，着力改善 IPv6 服务性能，扩大覆盖范围，支撑更多用户向 IPv6 迁移。

- 加快应用基础设施企业的改造步伐，扩大服务覆盖能力。CDN、IDC 和云服务企业要聚焦应用基础设施在 IPv6 环境下的覆盖能力、服务质量两大关键指标，加快自身 IPv6 改造进度，满足各类互联网应用在全国范围内大规模开展 IPv6 业务的需求。

- 增强固定终端 IPv6 支持能力，推进"最后一公里"网络的 IPv6 改造。为加快存量智能家庭网关 IPv6 升级改造，市面上主流家庭无线路由器制造企业着力提升终端产品 IPv6 支持能力并默认配置支持双栈，提高网络设备产品对 IPv6 的支持能力，希望为更多的家庭固定宽带用户同步分配 IPv6 地址。

第二，开展"IPv6+"创新应用研究，促进下一代互联网演进升级。

- 持续推动 IPv6 前沿技术创新，积极开展"IPv6+"网络新技术、新应用的试验验证与应用示范，发展增强型"IPv6+"网络提升网络能力，从而驱动网络和业务的融合创新。

- 加强 IPv6 新技术、安全等方面的研究工作，不断完善 IPv6 技术标准体系。

- 加大 IPv6 在新型智慧城市、工业互联网、车联网、物联网等垂直行业领域的应用推广力度，推动 IPv6 与 5G 等新技术新网络融合发展，不断增强网络信息技术应用能力。

第三，明确目标，加快向纯 IPv6 过渡的步伐。

从 IPv6 全球部署情况及美国政府 2020 年初释放的信号来看，IPv6 已成为各国政府及产业界的共同选择。加之移动互联网及物联网的蓬勃发展，面对激增的连接数量，同时还要兼顾节约成本、降低复杂性、提高安全性以及消除网络信息系统创新障碍等需求，纯 IPv6 俨然已是大势所趋。在当前我国 IPv6 端到端贯通能力稳步提升的基础上，要尽快着手制定纯 IPv6 过渡路线图和时间表，加快向纯 IPv6 过渡的步伐。

- 在新基建及政府采购等项目中，明确纯 IPv6 支撑能力，并制定相应的测试标准，委托第三方开展纯 IPv6 能力测试。据以往经验来看，抓住技术升级换代和网络设备更新的机会，可以更为经济、高效地推动 IPv6 规模部署。在 5G 和物联网等技术日臻成熟、信息安全需求愈发迫切之际，抓紧 5G 网络、大数据、人工智能以及工业互联网等新基建的最佳时机，在网络建设中积极进行纯 IPv6 技术部署，同步制定纯 IPv6 测试标准，开展第三方能力测试，确保新建

IT 资产的纯 IPv6 能力，无疑是推动我国向纯 IPv6 顺利过渡的明智之举。

- 鼓励围绕纯 IPv6 的技术创新和应用创新。设立专门的科技创新计划或重点研发专项，以支持围绕纯 IPv6 的技术创新和应用创新的课题研究，有效支撑物联网、云计算、5G、SDN（Software Defined Network，软件定义网络）、VR 等重大应用创新，解决安全性、可扩展性和服务质量保证等长期困扰传统互联网的问题，有效引导创新资源向以纯 IPv6 为基础的新一代信息网络基础设施聚集，营造开放、先进、创新的应用氛围。

- 制定专项鼓励政策，助力用户加速纯 IPv6 迁移。在 IPv6 端到端能力贯通的基础上，进一步鼓励 IDC、CDN、云服务平台、企业网以及 IPv6 具有先天技术优势的电商及视频类网站等业务积极向纯 IPv6 迁移，并对企业在资费、税收等方面给予适当优惠政策，既可降低企业的运营成本，又可顺利提早占领技术升级先机。在网络接入方面，继续丰富纯 IPv6 产品，在全国范围内为有需求的政企客户提供纯 IPv6 业务，并予以资费优惠，鼓励用户逐步向纯 IPv6 迁移。

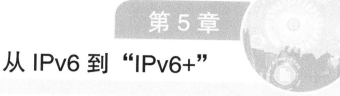

第 5 章

从 IPv6 到"IPv6+"

数字经济的蓬勃发展，带来网络流量的快速增长，5G 和云计算成为推动数字经济发展的重要引擎。5G 的可靠网络、云计算的海量算力渗入各行各业之中，创造出新的业务体验、新的行业应用以及新的产业布局，同时也对承载网络提出了更高要求。应对快速变化的 5G 2B（To Business，面向企业）、云网融合承载需求，现有互联网的技术体系也必须加快演进，并发展出相应的技术能力。

5.1　"IPv6+"的起源

IPv4 借助互联网的发展获得了广泛的应用。后来 MPLS 主要的工作是电信网络的 IP 化，原来传统的电信网络包括 ATM（Asynchronous Transfer Mode，异步转移模式）、帧中继、时分复用网络等电信网络技术，后来都被基于 IP/MPLS 的技术替代，现在电信运营商的骨干网、城域网和移动承载网都是承载综合业务的，都是基于 IP 的。2013—2014 年，SDN 技术兴起，数据中心网络获得了长足的发展。传统的数据中心网络用以太网来建设，规模虽可以扩大，但遇到了瓶颈。后来就把 IP 技术引入数据中心网络的建设中，其中最关键的一个技术是 VXLAN（Virtual eXtensible Local Area Network，虚拟扩展局域网）。现在数据中心网络变成基于 IP 来支持，IP 技术应用也扩展到了数据中心网络。

应用的发展促进了 IP 技术的发展，现在最重要的应用是 5G、云和物联网等。网络基础技术要满足这些应用的发展，IPv6 就成了首选。

业界常说，"5G 改变了连接的属性，云改变了连接的范围"。如何理解这句话呢？

首先解释一下"5G 改变了连接的属性"。以前 IP 连接基本上就是"尽力而为"地转发，后来发现这种方式不能满足业务 SLA（Service Level Agreement，服务等级协定），就做了差异化服务，再后来做了 MPLS 流量工程，这些技术都在一定程度上提高了 IP 连接的服务质量。5G 在连接的服务质量要求方面有了更高、更苛刻的要求，包括网络切片、确定性时延等。这也意味着对连接属性有了更高的要求，需要改变连接的属性，也就需要在网络的转发平面上封装更多的属性信息。IPv6 的扩展报文头机制可以灵活扩展，能够很好地达成这个目标。

再来解释一下"云改变了连接的范围"。原来的网络设备基本都是物理设备，这些设备的位置基本都是固定的。另一方面，处理基于 IP 应用的设备（包括 PC 和服务器等），其位置也是固定的，报文离开了网络设备，基本就到了业务应用处理的服务器。总结一下，就是组网设备和应用设备的位置都是固定的。随着云的发展，第一个变化是随 NFV（Network Functions Virtualization，网络功能虚拟化）等技术的发展，出现了大量的虚拟网络设备，因为这个变化，网络设备的位置变得非常灵活，这是云带来的第一个连接范围的变化。第二个变化是云计算的引入使得处理基于 IP 业务的应用的位置也变得非常灵活，其位置不再是固定的，对网络的连接也有了更高的要求，能够灵活地建立连接，满足服务处理的位置变化诉求。因为云打破了物理世界和虚拟世界的边界，所以需要在二者之间灵活地建立连接。采用传统的 MPLS 技术很难满足这个需求，MPLS 要延伸到数据中心和云侧，几乎是不可能的。

怎样才能更灵活地建立连接呢？这里就要回到 IP 本身。在 IP 网络里，不管是云上还是云下，不论是物理世界还是虚拟世界，都需要支持 IP，IP 能够更好地满足连接范围变化的需求。发展 5G 和云业务，IPv6 无疑是一个最适合的技术。

下面简单总结一下"IPv6+"的 3 个使命。

第一，基于对 IP 的可达性，使得不同网络间连接更容易。基于 IP 建立连接可以更好地实现穿越不同网络域，更加方便地建立连接，避免基于 MPLS 承载的网络孤岛问题。

第二，5G 改变了连接属性，需要更多信息的封装。IPv6 基于扩展报文头机制可以封装更多的信息，支持更多的连接属性，满足新业务的需求。

IPv4 也能达成第一个使命，但是无法达成第二个使命，MPLS 也不行。现在可用的技术是 IPv6，通过 IPv6 可以很好地达成这些目标。

第三，提升网络价值，把应用与网络更好地融合起来。IPv6 是实现网络和应用融合的一个很好的媒介。应用可以支持 IPv6，网络也可以支持 IPv6，这是 IPv6 可以很好地实现网络和应用融合的基础，可以在未来更好地提升网络的价值。

　　IPv6 已经诞生了 20 多年，但是地址空间扩大并没能强烈地驱动 IPv6 的部署，因为之前发展 IPv6 并没有带来新的应用，IPv6 的应用同样可以基于 IPv4 来支持，因此驱动力有限。现在 IPv6 创新的目标是通过 IPv6 扩展，支持 5G 和云等新应用，这些是真正属于 IPv6 的应用，是 IPv6 创新发展的新机会。

　　面向 5G 和云时代的商业场景创新需求，基于 IPv6 的下一代互联网创新成为业界热点，我国互联网产业界持续探索 IP 网络的发展演进。为了区分过去 20 多年 IPv6 的发展阶段，业界把面向 5G 和云时代的新的 IPv6 发展阶段称为 "IPv6+" 阶段。

　　与此同时，业界专家系统梳理了 IP 网络的发展代际，期望能够揭示这个时代的特征，更好地把握未来，如图 5-1 所示。

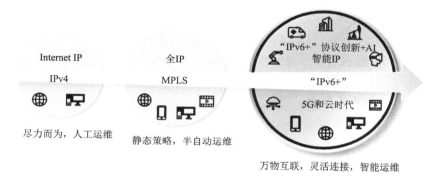

图 5-1　IP 网络迈向 "IPv6+" 智能连接时代

　　概括起来，IP 网络实际上经历了 3 个时代。

　　第一个时代是 Internet IP 时代，以 IPv4 为代表技术。IPv4 因其开放、轻量和易于扩展等特点，促进了互联网的快速发展和繁荣。

　　第二个时代是全 IP 时代，核心技术是 MPLS。通信网络从接入侧到核心侧全线 IP 化，第二代 MPLS 网络逐步发展成熟并得以广泛部署。

　　第三个时代是当前我们正在经历的万物互联的智能 IP 时代，核心技术是 "IPv6+"。"IPv6+" 是面向 5G 和云时代的 IP 网络技术创新体系。基于 IPv6 技术体系 "再" 完善、核心技术 "再" 创新、网络能力 "再" 提升、产业生态 "再" 升级，"IPv6+" 可以实现更加开放活跃的技术与业务创新、更加高效灵活的组网与业务实现、更加优异的性能与用户体验、更加智能可靠的运维与安全保障，进而支撑下一代互联网的升级演进与创新发展。

5.2 "IPv6+" 的内涵

"IPv6+" 体系具有丰富的创新内涵，其核心内容包括 3 点[11]。

第一，网络技术创新：以 SRv6（Segment Routing over IPv6，基于 IPv6 的段路由）、新型组播 BIERv6（Bit Index Explicit Replication IPv6 encapsulation，IPv6 封装的位索引显式复制）、网络切片、IFIT（In-situ Flow Information Telemetry，随流检测）、确定性 IP 和 APN6（Application-aware IPv6 Networking，应用感知的 IPv6 网络）等技术为代表。关于网络技术创新的详细介绍，请参考本书"技术篇"中的第 9 章。

第二，智能运维和安全技术创新：智能运维以实时健康感知、网络故障主动发现、故障快速识别、网络智能自愈、系统自动调优等技术为代表；安全体系逐步适配到 IPv6 网络，并且结合 SRv6、网络切片、APN6 等新兴技术的安全能力，保障"IPv6+"网络和业务的安全。关于智能运维创新和安全技术创新的详细介绍，请分别参考本书"技术篇"中的第 10 章和第 11 章。

第三，网络商业模式创新：以 5G 2B、云间互联、用户上云、网安联动等为代表。关于网络商业模式创新的详细介绍，请参考本书"产业篇"。

对于 5G 和云业务的发展给 IP 网络带来的挑战，"IPv6+"从广连接、超宽、自动化、确定性、低时延和安全 6 个维度持续提升 IP 网络能力[11]，如图 5-2 所示。

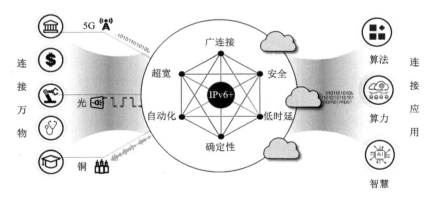

图 5-2 "IPv6+" 的 6 个维度

广连接能力提供了灵活多业务承载和网络服务化。利用 SRv6 智能选路等技术，实现端到端流量调度、协议简化、网络可编程和用户体验保障，满足多业务融合体验需求。

超宽能力持续释放超宽带力量，应对未来业务不确定性挑战。IP 承载网和数据中心网络实现 400GE 带宽覆盖，承载千亿连接和万物上云的数字洪流。

自动化能力使能自动、自愈、自优、自治的智能网络。结合人工智能、随流检测、知识图谱等关键技术,将故障恢复时间从小时级缩短到分钟级,并可实现异常智能预测。

确定性能力为 IP 网络打造可预期的确定性体验。利用网络切片技术提供高安全、高可靠、可预期的网络环境,实现抖动从毫秒级到微秒/纳秒级。利用无损网络技术提供高性能以太网,实现数据中心零丢包。

低时延打造人与虚拟世界实时交互沉浸式体验。端网协同实现静态时延从微秒级到百纳秒级,动态时延单跳从 $10 \sim 100~\mu s$ 到 $1~\mu s$,提供高效的数据通道,充分释放数据中心算力。

安全能力为 IP 网络打造内生安全体验。"IPv6+"零信任对所有访问进行认证和鉴权,并只提供最小访问权限。基于云网安(云、网络、安全设备)一体架构协同处置威胁,实现从小时级到分钟级的威胁遏制。

针对上述 6 个维度,表 5-1 展示了一些典型场景及这些场景对 IP 网络的指标要求。

表 5-1 "IPv6+"产业指标举例(2025 年)

维度	典型场景	典型指标
广连接	智慧城市、视频直播	业务上云:多跳入云 → 一跳入多云
超宽	高清视频、VR/AR、HPC(High Performance Computing,高性能计算)	城域、骨干、数据中心网络:100GE → 400GE
自动化	云专线,云服务	业务发放:天级 → 分钟级 故障恢复:天级 → 分钟级
确定性	智能制造、存储同步	抖动:无法保障 → $10~\mu s$(单跳) 丢包:有丢包 → 无丢包
低时延	远程医疗、证券交易	时延:尽力而为 → $30~\mu s$(单跳)
安全	政务大数据,城市物联	威胁遏制:天级 → 分钟级

1. "IPv6+"与 IPv6 的关系

IPv6 和 "IPv6+" 的本质区别如图 5-3 所示。

业界普遍认为 IPv6 不是下一代互联网的全部,而是下一代互联网创新的起点和平台。"IPv6+"体系正是基于 IPv6 网络技术体系的全面能力升级,主要体现在以下两个方面。

第一,由万物互联向万物智联的升级。IPv6 海量地址构建了万物互联的网络基础，"IPv6+"全面升级 IPv6 技术体系，可以满足数字化转型的多样化承载需求，必将推动万物互联走向万物智联，满足多元化应用承载需求，释放产业效能，支撑数字社会升级。

第二，由消费互联网向产业互联网的升级。IPv6 规模部署构筑了消费互联网的基座，面向 5G 和云时代千行百业的数字化转型，"IPv6+"全面升级各行业的网络基础设施和应用基础设施，必将赋能千行百业的数字化、网络化和智能化转型发展需求。

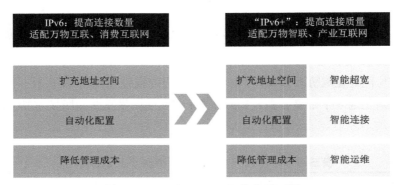

图 5-3　IPv6 和"IPv6+"的本质区别

2.　"IPv6+"与未来网络的关系

"IPv6+"是面向 5G 和云时代的网络技术体系创新，是当前数字化时代的"基石"和"底座"。而未来网络则是面向人类可持续发展目标，支持解决社会、经济和环境三大发展问题的新一代网络信息基础设施。如果说"IPv6+"着重关注中期、近期的网络发展演进，那么未来网络则将目标定位为远期网络发展，可以预见"IPv6+"与未来网络将持续接力，不断提升网络服务能力，全面支撑人类社会的可持续发展。

本篇参考文献

［1］国际货币基金组织.世界经济展望报告 2020[R/OL].（2020-04-14）[2022-07-15].

［2］中国信息通信研究院.全球数字经济白皮书[R/OL].（2021-08-02）[2022-07-15].

［3］中国信息通信研究院.中国数字经济发展报告[R/OL].（2022-07）[2022-07-15].

［4］华为技术有限公司.全球联接指数（GCI）2020[R/OL].（2021-01-25）[2022-07-15].

［5］华为技术有限公司.2021 数字化转型从战略到执行[R/OL].（2021-10-26）[2022-07-15].

［6］G20.二十国集团数字经济发展与合作倡议[EB/OL].（2016-09-04）[2022-07-15].

［7］Flexera.2021 年云计算市场发展状态报告[R/OL].（2021-05-07）[2022-07-15].

［8］DEERING S，HINDEN R. Internet Protocol, version 6（IPv6）specification[EB/OL].（2020-02-04）[2022-07-15]. RFC 8200.

［9］PERKINS C. IP Mobility support for IPv4[EB/OL].（2010-12）[2022-07-15]. RFC 5944.

［10］中国推进 IPv6 规模部署专家委员会.中国 IPv6 发展监测报告[R/OL].（2022-06）[2022-07-15].

［11］中国推进 IPv6 规模部署专家委员会."IPv6+"技术创新愿景与展望（白皮书）[R/OL].（2021-10-12）[2022-07-15].

总体篇

第 6 章

"IPv6+" 体系全景布局

"IPv6+" 不是某个协议或者某种组网，而是基于 IPv6 报文头的可扩展性衍生出的 IP 网络技术创新体系，是 IPv6 下一代互联网的全面升级。"IPv6+" 作为网络建设的基石，从广连接、超宽、自动化、确定性、低时延和安全等 6 个维度，大幅提升信息网络基础设施的整体服务能力。

6.1 "IPv6+" 的能力需求

1. 云网融合和 5G 承载业务需求

随着 5G 规模商用、企业全面上云、产业数字化的快速推进，互联网已经发展成为与国民经济和社会发展高度相关的信息基础设施。5G 的可靠网络、云计算的海量算力融合并应用到千行百业之中，创造出新的业务体验、新的行业应用以及新的产业布局。互联网用户使用模式从简单的点到点访问转变为对融合媒体的沉浸式体验，网络通信主体从人人通信加快向物物相联、人机交互模式转变，网络边界延伸进入移动互联网、云计算、物联网，甚至工业互联网等领域，这也急需网络能够为泛在、多元、异构的应用场景提供更加具有弹性、高效、可靠、安全的承载服务。

目前，云服务、移动承载、工业互联网、车联网、远程医疗以及全息通信等业务和应用场景都在讨论网络承载需求的议题，毫无疑问，最为迫切且最为明确的是 5G 承载和云网融合这两种场景。

5G 承载。 5G 是人类将数字化从个人娱乐为主，推向全连接社会的起点，5G 应用将带来更加丰富的沟通方式和更加真实的体验。与以往移动通信系统相比，5G 多样化的应用场景需要满足更加极致的性能挑战，更对承载网络提出了全新的挑战，主要体现在低时延、移动性和海量连接等方面。5G 通过将业务部署在靠近用户侧，可以在一定程度上缩短传输路径来减少链路时延，然而仅仅依靠业务的就近部署是不够的，除此之外，还需要能够在承载网络上提供低时延技术；5G 网关下沉部署可以有效优化时延问题，但同时也引入了终端在移动过程中可能会在网关之间频繁切换的问题，对移动性带来更大挑战；此外，5G 网络连接密度可能达到百万 / 平方千米，此时海量的上下文信息以及信令过程会给承载网络带来极大负担。

云网融合。随着云计算技术和产业的发展，越来越多的业务和数据被迁移到云端，网络上已经存在着大量可以提供计算功能、存储能力的 IT 基础设施资源。如果各个云彼此之间是碎片化的孤岛，不能作为一个整体的 IT 资源池为用户提供服务，便不能成为 ICT 基础设施的组成部分。云计算基础设施的承载网络主要包括云内网络、云间网络和用户上云。目前，这三部分网络尚不能构成整体，也无法实现对资源的端到端管控。云要发挥作用，最关键的是用户可以使用"云"，而云到用户网络的条件和能力是关键的关键。当前"不可知、不可管、不可控、不能保证安全、提供尽力而为的信息传输能力"的互联网基础设施，尚不能按照用户要求提供按需服务的能力。因此，云网融合旨在推进云与网络构成一个整体，实现按需的云资源分配能力，同时，网络能够保障云资源得到充分利用。

2.　业务对承载网络的总体需求

为应对快速变化的 5G 2B、云网融合承载需求，现有互联网的技术体系也必须加快演进，并发展出相应的技术能力，主要体现为以下需求。

无限连接扩展需求。随着移动互联网、工业互联网、物联网等业务的发展，海量异构终端将会接入网络，要求网络支持的连接数量可以无限扩展。此外，除了带宽、时延、抖动等指标要求以外，网络应尽量减少其他与业务特性无关的限制。

灵活流量疏导需求。云网融合的发展方向是云、网、边、端的协同一体，网络流量流向将发生显著变化，中心云、边缘云和边缘计算之间的东西向流量变得不可忽略，必然要求从以南北向传输为主的传统网络架构，向支持东西向流量疏导的网络兼容并蓄。

便捷网络服务需求。从云的视角来看，计算、存储、网络等功能都要实现便捷的服务化。网络服务化是云网融合对网络连接能力的内在要求，基本内涵包括简化接口、自动化部署、路由可编程、故障快速闭环等。

个性化服务质量需求。随着行业核心业务数字化转型的推进，面向智能制造、交通、物流等垂直行业应用，对承载网络提出毫秒级时延和 100% 可靠性保障等极致服务要求。应对这些确定性服务的挑战，与传统网络无差别的尽力而为服务、差异化服务有着根本不同。

可信安全保障需求。行业数字化也将数字空间的安全威胁带给了千行百业，使得传统行业面临安全风险，云服务自身虚拟化、数据开放化、松耦合的架构可能引入新的安全风险。因此有必要重建多层次、多维度、多领域的信任网络安全架构。

3. 业务对承载网络的功能要求

云网融合、5G 应用场景需要承载网络具备更强的吞吐能力和运行维护能力，也对承载网络提出了很多功能上的要求，主要包括如下几个方面。

客户 / 业务体验保障能力。网络层功能需针对 5G 和云服务场景提供相应的客户 / 业务体验保障策略，例如网络层切片、业务敏捷开通、优先级保证、带宽预留、可靠性保护等机制。承载网络设计需要针对普适场景的可靠 / 不可靠传输需求，支持上层应用参与应用业务特征和需求表征，确保网络层服务质量保障策略更好地匹配上层业务需求。

时延传输控制能力。对于时间敏感类业务，承载网络需要确保业务数据的精准到达，这不仅要求数据流的同步传送，还需要保证数据到达的时延上下限、传输抖动以及数据前后到达的顺序等。下一步承载网络需提供支持确定性和低时延两种时延类型服务，给网络设计带来巨大挑战。

海量连接管控能力。互联网基础设施不断扩建，更多的人接入互联网，享受互联网带来的便利。随着物联网、工业互联网、车联网等新型通信业务的发展，通信连接数量将呈现持续的爆炸式增长，通信网络将进入超大规模的"大连接"时代。承载网络需对海量连接进行接入管理、阻塞控制、查询检索、释放拆除和状态管理等，进一步对网络的可扩展性提出了严峻的挑战。

网络状态感知能力。网络状态感知是实现网络资源管控的前提。实时、精确、完整的网络状态监测感知，包括获取网络的可用性、利用率、吞吐量、链路拥塞、网元拥塞状态、流的真实传输路径等。传统探针系统主动测量只能获得时延、丢包等简单网络状态参数，尤其是如何针对真实用户流量、逐跳报文转发以及更多数据平面信息开展高效监测，对承载网络设计提出了新的挑战。

网络人工智能能力。5G 普及将带来数据计算和传输量的急剧上涨，企业业务全云化与传统行业的实质性融合，将带来更加复杂多样的上层业务支撑需求。为应对未来巨量流量和多样化业务需求的挑战，承载网络与人工智能的结合将成为必然趋势。虽然目前网络人工智能还处于初期探索阶段，但如何为网络引入更多智能性，通过人工智能手段提高业务调度、流量预测、行为分析的效率，以及降低人工成本和提升用户体验，已成为业界日益关注的热点问题。

4. 业务对承载网络的性能需求

对承载网络的性能需求,主要体现在带宽、时延、抖动、丢包率等方面。

带宽指标。工业互联网交互类业务需要保证 Gbit/s 级的高速传输。车联网中,传统娱乐系统 / 触屏等需要 1 Gbit/s 的带宽,高级信息娱乐(4K 视频)需要 12 Gbit/s 的带宽,L3 自动驾驶车辆则需要 24 Gbit/s 的带宽来发送无压缩的传感器数据。全息通信中,如果全息记录面为真人大小,单个数据流的动态传输数据量参考需求约为 2 Tbit/s。数据网络需要支持超高通量传输,以满足多种应用对超大带宽的需求。

时延指标。5G 场景中,eMBB(enhanced Mobile Broadband,增强型移动宽带)业务的用户平面时延需要小于 5 ms,控制平面时延需要小于 10 ms;URLLC(Ultra-Reliable Low Latency Communication,超可靠低时延通信)业务的用户平面时延需要小于 0.5 ms,控制平面时延需要小于 10 ms。工业互联网中,控制数据传输时延在 5~10 ms,运动控制时延需要小于 1 ms。车联网自动驾驶场景中,端到端时延需要小于 5 ms。

抖动指标。工业互联网中,控制业务要求微秒级时延抖动。继电保护要求单向时延的抖动不能超过 50 μs。专业音视频同步要求视频数据传输信道与音频数据传输信道的时延之差小于 1 ms,单信道上的抖动小于 250 μs。数据网络需要保证有界的时延抖动,以满足工业互联网、远程医疗、专业音视频同步等时延敏感型业务对端到端确定性时延的需求。

丢包率指标。工业互联网数据传输丢包率要低于 10^{-3},风力发电功能组件丢包率要求小于 10^{-6}。工业控制、智能电网继电保护等精细化控制类业务对网络丢包极其敏感,关键指令的丢失可能会产生严重的后果。为保证关键指令无丢失,数据网络需要提供业务无损传输。

6.2 "IPv6+"的关键技术

"IPv6+"是基于 IPv6 技术体系的全面演进与创新,从广连接、超宽、自动化、确定性、低时延和安全等 6 个维度,大幅提升信息网络基础设施的整体服务能力,必将有力支撑千行百业数字化转型与创新。"IPv6+"的关键技术创新可以分为以下 3 个方面。

第一,网络技术体系方面。针对 5G 承载、云网融合以及产业互联网提出的泛在、多元、弹性、高效、可靠、可信的承载需求,在 Native IPv6 基础上开展协议创新,研究多样灵活的段路由控制机制,实现业务的快速开通、跨域互通、业务隔离、可靠保护；研究简化控制的网络编程机制，提高协议运行效率，减小协议开销，降低维护复杂度；研究泛在连接的差异化 SLA 技术，提供有时延、抖动、丢包边界保障的确定性能力；研究大规模网络层切片技术，提供可交付、可测量、可度量、可计费的切片服务；研究带内遥测的随路测量技术，支持异构网络扩展、轻量开销、协议健壮的网络状态数据采集；研究应用特征的网络感知机制，根据用户、业务以及性能参数要求，进行无缝融合、后向兼容、可扩展性、无状态依赖的精细化运营。"IPv6+" 网络技术创新体系技术布局如图 6-1 所示。

图 6-1 "IPv6+" 网络创新体系技术布局

第二，智能运维体系方面。针对网络长期处于人工为主、半自动运维为辅，且对网络运行状态缺乏感知的现状，研究在"IPv6+"网络体系中以数据为核心，构建物理网络的数字孪生，支持基于模型驱动的网络服务创新；研究网络能力开放编程技术，将高度抽象的网络服务通过 API（Application Program Interface，应用程序接口）向用户开放，使得用户能够像调用计算存储资源一样方便地调用网络资源；研究在运维体系中引入人工智能技术，开展智能网络资源编排、流量预测分析、网络信息安全、用户行为分析，实现被动运维到主动运维的转变；研究网络故障智能发现、识别、定界的优化闭环技术，使能自动、自优、自愈、自治的智能网络。

第三，网络商业模式方面。借助"IPv6+"路径可规划、业务快速开通、运维自动化、质量可视化、SLA 可保障、应用可感知的特性，开展 5G、云计算及产业互联网融合应用场景创新，研究 5G 园区海量终端延伸到云端的场景，实现业务的高速接入、切片隔离、快速上云和业务质量保障；研究企业不同业务使用多云连接的场景，根据业务时延、带宽、可靠性等要求灵活选择网络路径，实现云网资源的统一调度；研究工业互联网全 IP 化场景需求，构建连接工业园区、工业云平台、工业内网的高质量网络设施，确保业务不绕路、不断网、不丢包、不延误，满足确定性服务需求。"IPv6+"典型融合应用场景如图 6-2 所示。

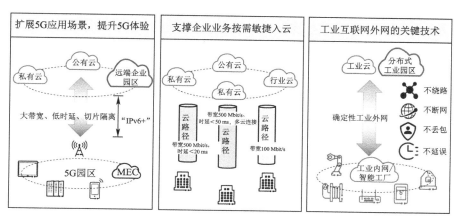

注：MEC 即 Mobile Edge Computing，移动边缘计算。

图 6-2　"IPv6+"典型融合应用场景

6.3　"IPv6+"的标准体系

任何技术的广泛使用，都需要在使用人群内实行统一的标准并有效地推行。早期标准可以有效指导新技术的先行先试，并通过技术试点进一步推动标准的不断完善；成熟标准可以为新技术的快速规模化部署和互联互通提供指导、规范。普及性越高的产业，对标准化的要求越高，通信行业更是如此。全球 50 多亿互联网用户能实现互联互通，标准化功不可没。

与"IPv6+"相关的主要标准化组织包括 IETF、ETSI（European Telecommunications Standards Institute，欧洲电信标准组织）和 CCSA（China Communications Standards Association，中国通信标准化协会）。这 3 个标准化组织分别有各自的侧重点，负责"IPv6+"标准在不同平面的延展。同时，三者又相互协调，共同构建"IPv6+"标准的制定和推广平台。

1.　IETF 的"IPv6+"标准工作进展

IETF 是互联网协议规范的核心标准化组织，与"IPv6+"相关的领域主要为 INT（Internet Area，互联网域）、RTG（Routing Area，路由域）和 OPS（Operations and Management，运维管理域），其中相关的工作组主要包括 6MAN（IPv6 Maintenance，IPv6 维护）、SPRING（Source Packet Routing in Networking，网络中的源数据包路由）和 V6OPS（IPv6 Operations）等。其中，6MAN 工作组负责与 IPv6 相关标准的制定，SPRING 工作组负责与 SRv6 相关标准的制定，V6OPS 负责与 IPv6 部署和运维相关标准的制定。

"IPv6+"内容上包括基于 IPv6 扩展和增强的多个创新技术方案，在标准上对应一个协议族，在各标准化组织形成了有机结合的协议标准体系。IETF 里"IPv6+"的技术标准规范的形成分为"IPv6+"1.0、"IPv6+"2.0 和"IPv6+"3.0 这 3 个阶段，具体分布如图 6-3 所示。

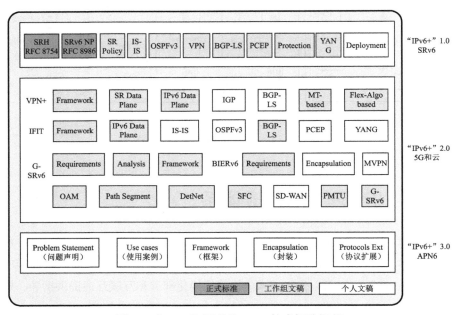

图 6-3 "IPv6+"涵盖的 IETF 技术标准规范

这 3 个阶段的划分有助于有序推动"IPv6+"标准创新进程。

"IPv6+" 1.0 阶段主要是打造 SRv6 基础能力，当前相关标准成熟度相对较高，而且已经有两篇正式文稿，即 RFC 8754 "IPv6 Segment Routing Header (SRH)"和 RFC 8986 "SRv6 Network Programming"，其他还有多篇文稿是工作组文稿，即将正式成为 RFC 标准。

"IPv6+"2.0 阶段主要是面向 5G 和云的新型网络服务，通过智能运维创新，提升用户体验保障。"IPv6+"2.0 关键特性的框架、需求等草案已经被 IETF 接纳，说明这些特性的价值已经获得业界认可，当前正在进行数据平面和控制平面协议扩展的标准化工作。

"IPv6+"3.0 阶段主要是通过商业模式创新，发展应用感知网络。"IPv6+"3.0 的 APN6 草案已经提交，经过持续推动，IETF 已经同意成立工作组。

截至 2022 年 8 月底，"IPv6+"各个阶段涵盖的详细标准规范如表 6-1 所示。

表 6-1 "IPv6+"各个阶段涵盖的详细标准规范

阶段	标准领域	关键标准文稿
"IPv6+" 1.0	SRv6	RFC 8354: Use Cases for IPv6 Source Packet Routing in Networking (SPRING)（需求） RFC 8754: IPv6 Segment Routing Header (SRH)（数据平面） RFC 8986: Segment Routing over IPv6 (SRv6) Network Programming（架构） draft–ietf–lsr–isis–srv6–extensions（控制平面） draft–ietf–idr–bgpls–srv6–ext（控制平面） draft–ietf–bess–srv6–services（控制平面） draft–ietf–pce–segment–routing–ipv6（控制平面）
"IPv6+" 2.0	网络切片	draft–ietf–teas–enhanced–vpn（架构） draft–ietf–spring–sr–for–enhanced–vpn（数据平面） draft–dong–6man–enhanced–vpn–vtn–id（数据平面） draft–ietf–lsr–sr–vtn–mt（控制平面） draft–wd–teas–ietf–network–slice–nbi–yang（管理模型）
	IFIT	draft–song–ifit–framework（架构） draft–ietf–6man–ipv6–alt–mark（数据平面） draft–ietf–idr–sr–policy–ifit（控制平面）
	BIERv6	draft–ietf–bier–ipv6–requirements（需求） draft–xie–bier–ipv6–encapsulation（数据平面） draft–xie–bier–ipv6–isis–extension（控制平面）
	SFC	draft–ietf–spring–sr–service–programming（数据平面） draft–li–spring–sr–sfc–control–plane–framework（控制平面架构） draft–dawra–idr–bgp–ls–sr–service–segments（控制平面）
	DETNET	draft–ietf–detnet–yang（管理模型） draft–ietf–detnet–controller–plane–framework（控制平面） draft–geng–detnet–dp–sol–srv6（数据平面） draft–geng–spring–sr–redundancy–protection（数据平面）
	G–SRv6	draft–srcompdt–spring–compression–requirement（需求） draft–cl–spring–generalized–srv6–np（架构） draft–cl–spring–generalized–srv6–for–cmpr（数据平面）
	无损网络	IEEE 802.1Qcz：Congestion Isolation（需求） draft–zhuang–tsvwg–ai–ecn–dcn–00（架构） draft–zhuang–tsvwg–open–cc–architecture–00（控制平面） draft–even–iccrg–dc–fast–congestion–00（控制平面）

续表

阶段	标准领域	关键标准文稿
"IPv6+"3.0	APN6	draft-liu-apn-edge-usecase（应用场景） draft-zhang-apn-acceleration-usecase（应用场景） draft-yang-apn-sd-wan-usecase（应用场景） draft-li-apn-framework（架构） draft-li-6man-app-aware-ipv6-network（数据平面）

2. ETSI 的"IPv6+"标准工作进展

在 ETSI，与"IPv6+"相关的主要工作组是 IP6 ISG（Industry Specification Group，行业规范组）。从 2020 年 10 月成立 IPE（IPv6 Enhanced Innovation，IPv6 增强创新）联盟至今，在标准规范建设方面取得了很大的进展，截至本书成稿之日已经发布了 3 篇技术报告，另外，还有一些技术报告正在推进，即将发布。截至 2022 年 8 月底，ETSI ISG 的 IPE 标准工作进展如表 6-2 所示。

表 6-2　ETSI ISG 的 IPE 标准工作进展

分类	文稿标题 / 名称	当前状态
愿景（Vision）	IPv6 Enhanced Innovation Analysis	已发布
指导（Guide）	Datacenter and Cloud Integration	已发布
	Industrial Internet and Enterprise	稳定草案（Stable draft）
	5G Transport over IPv6 and SRv6	已发布
用例和应用（Use cases & applications）	IPv6-based 5G for Connected and Automated Mobility	初步草案（Early draft）
	IPv6 Only use cases and transition	初步草案
	IPv6-based DataBlockMatrix	待批准的最终草案（Final draft for Approval）
	IPv6-based Root server	初步草案
	IPv6-based Blockchain	稳定草案
	SRv6 based service function chain	待批准的最终草案
测试 / 认证（Test / certification）	IPv6 Ready Logo: IoT & 6TiSCH	初步草案
	IPE Proof of Concepts Framework	稳定草案

IPE 联盟成立以来，定义了"IP on Everything"的产业愿景和"IPv6+"产业代际，发布了"IPv6+"六大维度和关键技术方向，"IPv6+"产业理念逐渐达成广泛共识。

3. CCSA 的"IPv6+"标准工作进展

CCSA 是我国的通信行业标准化组织，负责我国通信领域的行业标准的制定，其中，TC3（网络与业务能力技术工作委员会）的 WG1（网络总体及人工智能应用工作组）和 WG2（网络信令协议与设备工作组）是负责"IPv6+"的框架和协议扩展规范制定的主要工作组。

我国的 IPv6 标准制定从 2001 年启动，主要体现在 CCSA 开展 IPv6 行业技术标准的制定上。经过 20 多年的发展，我国已经制定并发布了 120 项 IPv6 标准，标准涵盖 IPv6 协议、IPv6 网络设备、IPv6 过渡技术等方面，有效支撑了我国 IPv6 网络建设及产业发展。

2017 年，随着《推进互联网协议第 6 版（IPv6）规模部署行动计划》的发布，我国 IPv6 标准推进工作迎来了新的创新应用阶段，主要开展 IPv6 监测、评价 IPv6 应用以及"IPv6+"创新标准研究。

2021 年，CCSA 牵头成立 IPv6 标准工作组，汇聚国内各方力量，统筹推进 IPv6 国家标准、行业标准和团体标准的研制。工作组计划用 5 年时间形成较为完善的"IPv6+"标准体系，持续提升标准对细分行业及领域的覆盖程度，提高跨行业网络应用水平，保障数字经济快速发展。规划中的"IPv6+"标准体系包括基础创新类、网络安全类、行业应用类、监测评价类标准。

- 基础创新类标准是"IPv6+"网络适应 5G、云等应用发展和发挥价值的基础性、指导性和通用性标准，包括总体、基础特性与增强的技术规范、关键业务的技术规范、OAM（Operations, Administration and Maintenance，操作、管理和维护）与保护技术规范、传统承载与云网融合技术规范、网络应用感知技术规范等。

- 网络安全类标准是"IPv6+"网络基础的安全基石，包括网络设备通用安全技术要求、骨干 / 边缘路由器设备安全技术要求、数据中心 / 园区交换机设备安全技术要求、网络安全设备 IPv6 安全技术要求等。

- 行业应用类标准是"IPv6/IPv6+"网络在主要产业网络部署落地的指南和规范，主要包括金融行业应用标准、能源行业应用标准、交通行业应用标准、教育行业应用标准、政务行业应用标准等。

- 监测评价类标准是"IPv6/IPv6+"网络服务质量的统一评价规范，指导着 IPv6 网络建设、运行、维护，主要包括用户、流量、网络浓度标准测试方法、应用浓度标准测试方法、终端浓度标准测试方法等。

我国是"IPv6+"的积极贡献者，在大多技术方向上，国内标准已经与国际标准呈现齐头并进的态势，特别是一些与新应用、新场景结合紧密的方向，国内标准创新已经走在世界前沿。截至 2022 年 8 月底，"IPv6+"涵盖的标准规范在 CCSA 的分布如表 6-3 所示。

表 6-3   "IPv6+"涵盖的标准规范在 CCSA 的分布

技术课题		CCSA
"IPv6+" 1.0	SRv6	框架、协议扩展
"IPv6+" 2.0	VPN+（网络切片）	架构、管理接口、数据平面 / 控制平面扩展
	IFIT	需求、框架、协议扩展
	BIERv6	封装、协议扩展
	G-SRv6	封装、协议扩展
"IPv6+" 3.0	APN6	框架、协议扩展

截至 2022 年 8 月底，CCSA 的"IPv6+"关键文稿如表 6-4 所示。

表 6-4   CCSA 的"IPv6+"关键文稿

技术方向	技术工作组	领域	关键文稿	文稿类型	文稿阶段
SRv6	TC3/WG2	网络与业务能力——协议	段路由策略技术要求	行业标准	报批稿清单已接收
	TC3/WG2	网络与业务能力——信令协议	段路由路径段标识技术要求	行业标准	待草案上传
	TC3/WG2	网络与业务能力——信令协议	段路由协议扩展 BGP-LS	行业标准	报批稿清单已接收
	TC3/WG1	网络与业务能力——网络	支持 SRv6 的 SDN 控制器技术要求	行业标准	标准草案征求意见稿被退回
	TC3/WG1	网络与业务能力——网络	基于 SRv6 的 IP 承载网络总体技术要求	行业标准	报批稿公示完成

技术方向	技术工作组	领域	关键文稿	文稿类型	文稿阶段
SRv6	TC3/WG1	网络与业务能力——网络总体及人工智能应用	基于 SRv6 的云网互联总体技术要求	行业标准	标准草案送审稿被退回
	TC3/WG2	网络与业务能力	基于 SRv6 的 VPN 网络技术要求	行业标准	标准草案报批稿通过
	TC3/WG2	网络与业务能力	基于 SRv6 的网络编程技术要求	行业标准	标准草案报批稿通过
	TC3/WG2	网络与业务能力——设备	基于 SRv6 的业务链技术要求	行业标准	通过标准草案征求意见稿
	TC3/WG2	网络与业务能力——设备	具有 SRv6 功能的路由器测试方法	行业标准	待草案上传
	TC3/WG2	网络与业务能力——设备	具有 SRv6 功能的路由器技术要求	行业标准	待草案上传
	TC3/WG2	网络与业务能力——协议	IPv6 段路由报文头（SRH）技术要求	行业标准	通过标准草案送审稿
	TC3/WG2	网络与业务能力——协议	基于 SRv6 的网络操作、管理和维护技术要求	行业标准	标准草案报批稿通过
	TC3/WG2	网络与业务能力——信令协议	SRv6 控制平面技术要求 第 1 部分：ISIS 协议扩展	行业标准	通过标准草案送审稿
	TC3/WG2	网络与业务能力——信令协议	SRv6 控制平面技术要求 第 2 部分：OSPFv3 协议扩展	行业标准	通过标准草案送审稿
	TC3/WG2	网络与业务能力——信令协议	SRv6 控制平面技术要求 第 3 部分：BGP-LS 协议扩展	行业标准	通过标准草案送审稿
	TC3/WG2	网络与业务能力——信令协议	SRv6 控制平面技术要求 第 4 部分：BGP SRv6 Policy 协议扩展	行业标准	通过标准草案送审稿
	TC3/WG2	网络与业务能力——信令协议	SRv6 控制平面技术要求 第 5 部分：PCEP 扩展	行业标准	通过标准草案送审稿

技术方向	技术工作组	领域	关键文稿	文稿类型	文稿阶段
SRv6	TC3/WG2	网络与业务能力——信令协议	基于 SRv6 + MPLS 的承载网络双平面智能选路技术要求	行业标准	通过标准草案征求意见稿
	TC3/WG2	网络与业务能力——信令协议	基于 SRv6 网络故障保护测试方法	行业标准	通过标准草案征求意见稿
	TC3/WG2	网络与业务能力——信令协议与设备	基于 SRv6 的 VPN 网络测试方法	行业标准	报批稿清单已接收
	TC3/WG2	网络与业务能力——信令协议与设备	基于 SRv6 的报文头压缩技术要求	行业标准	标准草案报批稿通过
	TC3/WG2	网络与业务能力——信令协议与设备	基于 SRv6 网络编程测试方法	行业标准	报批稿清单已接收
	TC3/WG2	网络与业务能力——信令协议与设备	基于 SRv6 网络故障保护技术要求	行业标准	通过标准草案送审稿
	TC3/WG3	网络与业务能力——新型网络技术	基于 SRv6 的 SD-WAN 技术要求	行业标准	通过标准草案送审稿
G-SRv6	TC3/WG3	网络与业务能力——新型网络技术	算力网络基于 SRv6 的算力路由技术要求	行业标准	待草案上传
IP 网络切片	TC3/WG1	网络与业务能力	IP 网络切片总体架构及技术要求	行业标准	标准草案报批稿通过
	TC3/WG1	网络与业务能力——网络总体及人工智能应用	IP 网络切片智能化能力分级评估要求及方法	行业标准	待草案上传
	TC3/WG2	网络与业务能力	路由器设备支持 IP 网络切片功能技术要求	行业标准	标准草案报批稿通过
	TC3/WG2	网络与业务能力	支持 IP 网络切片的灵活最优路径算法技术要求	行业标准	标准草案送审稿关联会议
	TC3/WG2	网络与业务能力	支持 IP 网络切片的增强型虚拟专用网（VPN+）技术要求	行业标准	标准草案报批稿通过

续表

技术方向	技术工作组	领域	关键文稿	文稿类型	文稿阶段
IP 网络切片	TC3/WG2	网络与业务能力——网络	IP 网络切片控制器北向接口技术要求	行业标准	报批稿公示完成
	TC3/WG2	网络与业务能力——信令协议	IP 网络层次化切片技术要求	行业标准	待草案上传
	TC3/WG3	网络与业务能力——网络	支持 IP 网络切片的编排层技术要求	行业标准	待草案上传
随流检测	TC3/WG3	网络与业务能力——新型网络技术	IP 网络随流检测技术要求	行业标准	待草案上传
BIERv6 组播	TC3/WG2	网络与业务能力——协议	支持 IPv6 的位索引显式复制（BIER）组播技术要求	行业标准	报批稿清单已接收
	TC3/WG2	网络与业务能力——协议	基于 SR 的组播技术要求	行业标准	报批稿清单已接收
	TC3/WG2	网络与业务能力——协议	基于位索引的显式复制网络流量工程技术要求	行业标准	报批稿清单已接收
确定性 IP 网络	TC3/WG1	确定性 IP 网络	确定性 IP 网络的总体架构与技术要求	行业标准	通过标准草案征求意见稿
	TC3/WG1	网络与业务能力	电信网络的确定性 IP 网络控制平面技术要求	行业标准	标准草案报批稿通过
	TC3/WG1	网络与业务能力	电信网络的确定性 IP 网络总体架构和技术要求	行业标准	标准草案报批稿通过
	TC3/WG1	网络与业务能力——网络	电信网络的确定性 IP 网络面向汇聚层边缘云的技术要求	行业标准	标准草案报批稿通过
	TC3/WG2	网络与业务能力——设备	电信网络的确定性 IP 网络设备技术要求	行业标准	待草案上传
	TC3/WG2	网络与业务能力——网络设备	电信网络的确定性 IP 网络设备测试方法	行业标准	待草案上传
	TC3/WG3	网络与业务能力——新型网络技术	确定性 IP 承载网络的业务质量指标与评估方法	行业标准	标准草案征求意见稿关联会议

技术方向	技术工作组	领域	关键文稿	文稿类型	文稿阶段
APN	TC3/WG1	网络与业务能力	感知应用的IPv6网络（APN6）架构研究	研究课题	通过标准草案送审稿
	TC3/WG1	网络与业务能力	感知应用的IPv6网络（APN6）架构及总体技术要求	研究课题	待草案上传
	TC3/WG2	网络与业务能力	感知应用的IPv6网络（APN6）数据平面封装技术要求	研究课题	待草案上传

由于我国在5G和云等新兴领域的先行先试将促进国内标准的快速发展，因此后续"IPv6+"在CCSA的标准进展可能会快于IETF的国际标准进展。

4. "IPv6+"是我国创新发展的契机

信息通信标准作为产业发展的重要技术基础，在发展和壮大数字经济、推动产业转型升级等方面的引领作用日益凸显。"IPv6+"是网络技术创新的重要方向，发展"IPv6+"是提升我国网络信息技术自主创新力和产业发展水平的契机。

2021年10月11日，"2021中国IPv6创新发展大会"在北京举行。中国工程院院士吴建平在题为"IPv6规模部署推动下一代互联网体系结构创新发展"的主旨演讲中表示，互联网体系结构是互联网的关键核心技术。网络空间是继陆、海、空、天以后人类创造的第五空域，即虚拟和现实相结合的空域。如果不掌握网络空间的核心技术，网络空间的创新发展将困难重重。体系结构是指事物各部分的功能组成及相互关系。在互联网里，网络层承上启下，它是互联网的核心。真正的网络层由传输格式、转发方式和路由控制算法这3个要素组成。互联网首先采用的标准传输格式是IPv4，现在它将要被IPv6所替代。

IETF是互联网核心技术的开发机构。在IETF标准里，因为在IPv4时代我国互联网起步较晚，所以我国掌握的互联网核心技术非常少。但是在IPv6时代，我国曾提出了100多个标准（不含如今的"IPv6+"标准）；而"IPv6+"时代，我国的标准创新更是走在世界前沿。未来，我国更需要加大力度参与互联网问题的解决和国际标准的制定，抓住机遇，推动下一代互联网体系结构的创新发展，从而为互联网发展做出更大贡献。

正因如此，《关于加快推进互联网协议第六版（IPv6）规模部署和应用工作的通知》文件中针对关键技术研发和标准规范制定提出了明确的要求。

- 开展 IPv6 关键核心技术研发。加强基于 IPv6 的新型网络体系结构技术研究。开展 "IPv6+" 网络产品研发与产业化，加强技术创新成果转化，不断展现 IPv6 技术优势。

- 推动 IPv6 技术融合创新。推动协议、技术和业务创新，突破网络智能化、虚拟化、云化等关键技术，构建 IPv6 技术创新体系。积极开展网络新技术、新应用的试验验证与应用示范，不断催生新技术、新应用、新模式。

- 构建 IPv6 标准体系。推动 IPv6 规模部署和应用创新成果标准化，增强 IPv6 标准研制力量，协同推进国家标准、行业标准、团体标准制定，建立 IPv6 标准体系。

- 积极参与国际标准制定。加强与互联网工程任务组（IETF）、欧洲电信标准化协会（ETSI）等国际标准化组织合作，积极参与 IPv6 相关国际标准制定。

6.4 "IPv6+"的试点示范

近年来，我国积极推进 IPv6 规模部署，在基础设施、应用生态、终端设备以及安全保障等方面取得明显成效，为 "IPv6+" 创新发展奠定了坚实的基础。

为把握全球下一代互联网创新发展机遇，满足经济社会数字化转型发展需求，有力推动数字经济做强做优做大，我国应抓住行业应用的 "牛鼻子"，充分挖掘各行业对创新网络的内在应用需求，以应用促产业，以应用带市场。我国应充分发挥运营商、大型企业的引领作用和先行地区的示范作用，加强 "IPv6+" 网络技术体系和商业模式创新，全面提升基础网络承载能力、服务质量和安全水平，举办 "IPv6+" 创新大赛，支撑和带动各行业的应用创新。

1. 运营商

"IPv6+" 赋能云网将强大的智能和算力输送给企业和个人，为数字经济提供新动能。连接与计算的融合将给数字经济带来聚变效应，重塑千行百业。云网融合带来四大变化。

- 网络即服务。通过 SDN 控制器对网络服务进行抽象建模，屏蔽网络实现细节，实现网络服务化。通过网络开放可编程能力，OSS（Operational

Support System，运行支撑系统）/BSS（Business Support System，业务支撑系统）可以灵活、高效地调用网络服务模型，降低系统集成复杂度 90% 以上，提升集成开发速度 80% 以上。

- 多云灵活连接。通过云骨干连接多云和多网，实现一网连接多云，解决了多云连接带来的网络架构复杂的问题；通过部署端到端 SRv6，实现业务天级开通，解决了传统网络中业务开通慢的问题。

- 确定性体验。通过网络切片，将一张物理网络划分为多张逻辑网络，逻辑网络之间资源互相隔离，业务互不干扰；不同的逻辑网络可以为不同行业提供定制化的网络拓扑和连接，提供差异化且可保证的服务质量。通过云网动态协同，支持广域到云内业务的跨域一键发放，多云算力协同调度，高效、快捷地把算力从云内输送到企业和个人。

- 云网安一体。基于 AI 的威胁关联检测，将威胁检出率从 60% 提升到 96%，实现全面防御未知威胁。基于 SDN 的安全策略处置，将威胁闭环的时间从 24 小时降低到秒级，实现安全损失最小化，构筑云网安一体化安全防御。

云网融合是新型信息基础设施的核心，"IPv6+"助力运营商客户推进云网资源一体化建设，构筑差异化云网融合服务能力，并向新型 DICT（Data Technology + Information and Communications Technology，数据技术 + 信息通信技术）服务提供商转型。

2. 社会民生服务

"IPv6+"在社会民生服务领域的试点示范描述如下。

数字政府。基于"IPv6+"实现上下联动、部门协同、服务导向的数字政府。基于切片技术，加速专网整合，为高质量业务提供差异化服务保障，实现业务安全隔离和快速开通。加快政务外网支持云网融合、多云统一管理等能力，加快数据共享进度，实现资源集约和业务融合，强化故障快速定位及业务恢复能力，构建云网安一体的新一代政务网络。

智慧金融。在金融行业，广域网和数据中心网络可实现基于"IPv6+"的统一架构，采用端到端 IPv6/SRv6 统一协议，打破金融核心骨干网和金融泛在接入网的界限，提供金融业务一跳入云能力。使能端到端广域网感知应用能力，提供端到端应用服务质量保障。加速实现金融行业全生命周期自动化及业务分钟级发放。实现网络统一编排，提供全场景服务化能力。

智慧交通。推进路网资源整合及数据通信网统一承载，实现办公、生产、监测、防灾，甚至客票等关键业务的物理隔离。基于"IPv6+"技术，推进城市轨道交通控制中心线网化运营，运行状态全息感知，远程智能管控，安全隐患主动辨别。基于"IPv6+"网络服务化技术，加快"平安、绿色、智慧、人文"的"四型机场"建设，实现终端全息感知，业务数据融合。

智慧交管。加快交警视频专网"IPv6+"部署，实现交管网络统一接入、一网承载和确定性体验保障。促进交管终端的零信任安全接入，推动跨网安全边界的 IPv6 化改造，提升网络的安全保障能力和跨网访问体验。

智慧教育。推动教育业务云上部署，通过 SRv6 实现云上教育资源一跳可达。基于网络切片和随流检测技术，确保"三个课堂"业务在教育专网中高质量传输，助力实现教育资源均衡。通过"IPv6+"赋能省级教育专网，建设 IPv6 零信任高校园区。

3.　行业融合应用

"IPv6+"在行业融合应用领域的试点示范描述如下。

智能制造。探索"IPv6+"在新型企业内网的部署应用，在汽车、电子、钢铁、矿业、电力、交通和医疗等领域，围绕能源环境、数采、集控等多个场景，基于网络切片、确定性保障和人工智能技术，孵化少人化、无人化生产的新应用、自主可控装备新业态。

智能油气。推进油气田开采集控、管道传输监测、油气炼化监测等环节生产网络的"IPv6+"技术升级，保障视频监控，工业控制等业务可靠承载，支撑远程视频巡检、智能生产远程控制。

智能电力。基于"IPv6+"技术，实现发电环节生产可视可控、配电环节智能化控制、输变电环节无人化监控、用电环节负荷实时化采集。面向新能源泛在接入，开展基于"IPv6+"的电力网络升级改造，支撑电网"源、网、荷、储"全流程灵活、快速地调度控制。

智能矿山。探索"IPv6+"技术与矿山行业应用的深度结合，推进井工矿采掘智能化和远程控制、井下无人驾驶、露天矿运输无人化，形成煤矿生产全流程的智能一体化管控，实现矿山减人、增安、提效。这样可以提升矿山网络安全防御能力，保障矿山智能化生产体系稳定运行。

4.　安全配套

"IPv6+"在安全配套领域的发展布局描述如下。

开展基于"IPv6+"的零信任、内生安全、地址可信验证、攻击溯源等安全技术的研究与验证，推动基于"IPv6+"的可信网络建设。构建"IPv6+"安全评价体系，推进"IPv6+"安全创新应用，完善"IPv6+"安全产业生态。

加快基于"IPv6+"核心安全技术研究与布局。突破一批安全核心技术，打造具备内嵌安全功能的设备产品。推动身份验证和审计机制、跨域联合防御机制和多维数据聚合机制体系建设。

打造"IPv6+"安全产业链。提升 IPv6 系统下的安全评测与认证能力，制定相关测评规范与评价准则，完善评估评价体系，开展评测和认证活动。推进"IPv6+"与推进人工智能、大数据和数字身份认证等新技术与网络安全防护的深度融合，推动安全示范网络建设。

6.5　"IPv6+"的推动机制

1.　"IPv6+"发展的政策驱动

为了确保《行动计划》取得实效，充分发挥专家对 IPv6 规模部署工作的决策支撑作用，切实加强 IPv6 规模部署工作涉及的全局性、战略性和前瞻性重大问题的研究，提高科学决策、民主决策水平，中央网信办、国家发展改革委和工信部等单位组织成立了"推进 IPv6 规模部署专家委员会"，务实开展了一系列重点推进 IPv6 规模部署的工作。经过 3 年多的不懈努力，我国 IPv6 产业发展环境日趋成熟，当前 IPv6 规模部署工作的重点已经从第二阶段"好用"向第三阶段"爱用"迈进。"爱用"不是简单地用 IPv6 替代 IPv4，而是要深入挖掘内生驱动要素，发挥 IPv6 规模部署优势，实现业务创新和产业赋能。IPv6 拥有诸多优势，能够有效简化网络结构、优化用户体验和提升网络智能化，与 5G 等应用对网络承载的需求不谋而合，为进一步开展网络和业务创新提供了广阔的空间。因此，要加快基于 IPv6 下一代互联网的升级，发展增强型"IPv6+"网络，通过 IPv6 规模商用部署和"IPv6+"创新实现网络能力提升，驱动网络和业务融合发展，赋能行业数字化转型，全面建设数字经济、数字社会和数字政府的"新基座"。

2021 年 7 月 12 日，我国印发《关于加快推进互联网协议第六版（IPv6）规模部署和应用工作的通知》，提出未来几年的分阶段 IPv6 发展目标，如表 6-5 所示，具体说明如下。

- 到 2023 年末，基本建成先进自主的 IPv6 技术、产业、设施、应用和安全体系，形成市场驱动、协同互促的良性发展格局。IPv6 活跃用户数达到 7 亿，物联网 IPv6 连接数达到 2 亿。移动网络 IPv6 流量占比达到 50%，城域网 IPv6 流量占比达到 15%。国内主要内容分发网络、数据中心、云服务平台、域名解析系统基本完成 IPv6 改造。新上市的家庭无线路由器全面支持并默认开启 IPv6 功能。县级以上政府网站、国内主要商业网站及移动互联网应用 IPv6 支持率显著提升。IPv6 单栈试点取得积极进展,新增网络地址不再使用私有 IPv4 地址。

- 到 2025 年末,全面建成领先的 IPv6 技术、产业、设施、应用和安全体系,我国 IPv6 网络规模、用户规模、流量规模位居世界第一位。网络、平台、应用、终端及各行业全面支持 IPv6,新增网站及应用、网络及应用基础设施规模部署 IPv6 单栈,形成创新引领、高效协同的自驱性发展态势。IPv6 活跃用户数达到 8 亿,物联网 IPv6 连接数达到 4 亿。移动网络 IPv6 流量占比达到 70%,城域网 IPv6 流量占比达到 20%。县级以上政府网站、国内主要商业网站及移动互联网应用全面支持 IPv6。我国成为全球"IPv6+"技术和产业创新的重要推动力量,网络信息技术自主创新能力显著增强。

- 之后再用五年左右时间,完成向 IPv6 单栈的演进过渡,IPv6 与经济社会各行业各部门全面深度融合应用。我国成为全球互联网技术创新、产业发展、设施建设、应用服务、安全保障、网络治理等领域的重要力量。

表 6-5 "十四五"IPv6 规模部署和应用主要指标

指标	2023 年的指标	2025 年的指标
IPv6 活跃用户数 / 亿	7	8
物联网 IPv6 连接数 / 亿	2	4
移动网络 IPv6 流量占比 /%	50	70
固定网络 IPv6 流量占比 /%	15	20
家庭无线路由器 IPv6 支持率 /%	30	50
政府网站 IPv6 支持率 /%	80	95
主要商用网站及移动互联网应用 IPv6 支持率 /%	80	95
"IPv6+"创新应用项目数量 / 个	100	500

资料来源:《关于加快推进互联网协议第六版(IPv6)规模部署和应用工作的通知》。

2. 推进 IPv6 规模部署专家委员会

为了进一步促进 IPv6 规模部署工作,推进 IPv6 规模部署专家委员会下设"IPv6+"创新推进组,整合 IPv6 相关产业链(产、学、研、用等)力量,开展"IPv6+"网络新技术新应用的试验验证与应用示范,不断完善 IPv6 技术标准体系，促进产业协同发展。

"IPv6+"创新推进组成员由推进IPv6规模部署专家委员会批准任命。为提高"IPv6+"创新推进组的代表性和专业性，成员包含"IPv6+"产业创新工作相关的政府、中央企业、科研机构和高校的专家，可根据工作需要对成员进行增补。秘书处负责推进组日常运转与整合业界各方资源，并具体承担和落实推进组的具体会议、调研检查和宣传推广等工作。

"IPv6+"创新推进组在推进IPv6规模部署专家委员会的领导下，负责整体工作统筹；组织开展"IPv6+"政策研究与建议，输出IPv6演进路线图和实施技术指南，支撑中央网信办、工信部等"IPv6+"相关产业政策研究、产业规划（"十四五"、新基建等）工作。针对重点方向开展前期探索创新，可根据需要成立项目组，通过项目组推动重点方向、重点行业的"IPv6+"创新工作。以下是当前的几个项目组及其具体工作职责。

- "IPv6+"标准与研究项目组：组织开展"IPv6+"体系架构研究；负责搭建技术和标准交流平台；开展"IPv6+"关键技术（SRv6、网络切片、随流检测、应用感知网络等）研究，建立"IPv6+"技术和测试标准体系，开展标准研制，参与标准验证。
- "IPv6+"评测监测项目组：开展"IPv6/IPv6+"相关信息技术产品和系统测试与评估；指导IPv6发展监测平台建设，定期发布IPv6发展监测报告。
- 垂直行业项目组：组织开展各重点行业（政务、金融和能源等）"IPv6+"实施架构研究，梳理行业"IPv6+"发展的应用场景和关键需求，参与本行业"IPv6+"相关标准和规范制定工作，推动"IPv6+"相关技术、产品和解决方案在垂直行业的应用部署。

"IPv6+"创新推进组将依托我国IPv6规模部署的发展成果，整合IPv6相关产业链力量，加强基于"IPv6+"的下一代互联网技术体系创新，从网络路由协议、管理自动化、智能化及安全等方向积极开展技术研究、试验验证、应用示范，为国际标准化做出积极贡献，持续完善"IPv6+"技术产业体系，提升我国在下一代互联网领域的国际竞争力。

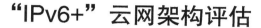

第7章
"IPv6+"云网架构评估

随着产业数字化的逐步推进，云网融合已经成为大势所趋，一场新的技术革命已经到来。云网融合业务的全面运营，给现有的网络基础设施带来了新的挑战。为了通过先进的网络架构支撑千行百业的数字化转型，降低运营商网络建设成本，提升云网业务体验，中国信息通信研究院提出了量化云网准备就绪度的指标体系[1]。借助指标体系以及配套的数字化工具，可以对云网一体化转型进度进行评估，通过指标牵引运营商网络向云网一体化方向迈进。

7.1 云网架构评估简介

当前评估云网往往采用 KPI（Key Performance Indicator，关键性能指标），通常是指网络层面的可监视、可测量的重要参数，包括带宽、时延、抖动等。评估企业上云业务体验的关键指标则是 KQI（Key Quality Indicator，关键质量指标），主要针对不同业务提出的贴近用户感受的业务质量参数，如订购灵活度、上云业务开通时长、网络故障恢复时长等。然而，KPI 和 KQI 往往反映的是对网络质量和业务体验的结果，却很难体现出决定 KPI 和 KQI 的因素有哪些，以及该从哪些方面来对网络进行优化和改造。下面将从云网架构评估的核心理念、构建原则和价值主张这几个方面来回答这个问题。

1. 核心理念

设计一张面向行业客户上云业务的网络时，这张网络既要解决客户当前的业务痛点，又要面向客户未来的商业战略诉求，采用的建网原则和设计理念就尤为重要。从网络架构师的视角看，设计网络往往不在于单点的技术选择，而是更加关注网络架构选择，如图 7-1 所示。

当下，越来越多的数据将在网络边缘处理，设计云网架构就要考虑面向未来云业务下沉的场景，网络的流量和流向随之会发生变化，最终 KPI 和 KQI

会受到影响。考虑流量不仅要看当前的南北流量的汇聚需求，还要考虑未来云业务带来的东西横向扩展的需求，因此要提前选择弹性网络拓扑结构，如 Fabric 架构。考虑流向则要关注业务网关的部署位置。网关部署的位置与云业务的位置不匹配，就会带来流量迂回，增加跳数和时延。

图 7-1　KPI/KQI 与网络架构

我们把这些诉求提炼、总结为"弹性可扩展"，即保障未来云业务下沉时网络架构具备弹性扩展能力，无须重构。具体设计原则就是判断网关部署的位置和网络拓扑结构，这就成为评估云网架构的关键指标。

通过对 KPI/KQI 的解构，形成一套标准化、数字化的"云网架构评估指标"。在网络设计的源头提升架构设计的品质，在云网的规划、建设、运维等全流程中，通过一套评估指标的得分，逐年改进，实现网络演进过程中的精确量化和可管可控，网络质量可规划、可评估，提升建网效率与效益，最终保障企业数字化转型的市场竞争力和生产效率。

2.　构建原则

从产业视角，对准云网融合整体发展诉求，以"IPv6+"技术框架为基础，结合各类业务上云体验标准度量，参考全球运营商的云网战略实践，满足各行业、企业上云和数字化转型的关键需求，形成云网架构评估指标体系。依照该指标体系对网络进行评估，从网络架构的视角明确行业各方云网融合整体发展情况，评估各个区域云网的发展水平，明晰实施路径，确立行业标杆。同时各运营商网络依照云网指标体系进行自测，对当前情况进行精准评估，从而针对性地设计出符合自身发展的云网融合演进计划，支撑全行业数字化转型。

云网架构评估指标定义遵循如下 4 条原则。

第一，架构可评估。所选指标都是站在网络架构的顶层视角对网络整体进行评估，避免以单点技术的好坏片面地看待网络，选取的指标具有代表性，基于行业标准，能够全面反映云网融合发展的各个方面，明确未来网络优化的具体方向。

第二，技术可导向。所选指标遵循产业发展的规律，每个指标的分值递进关系体现对云网融合关键技术演进的导向建议，并且在架构层面从被动设计转变为主动演进，全面促进"IPv6+"标准产业发展。

第三，能力可度量。所选指标对准云网融合顶层设计目标，通过并列式、递进式等方式，对网络设计中所考量的因素进行评估。设计维度的三级权重，结合不同区域的实际资源情况，提出最合适的云网融合架构设计建议。

第四，演进可持续。所选指标面向未来云网融合架构设计，既可以在时间维度上逐年评估网络架构得分，以此看出在不同维度上的网络优化和改进，同时也可以根据新形式和标准，灵活调整云网融合演进目标，不断牵引网络持续迭代创新。

3.　价值主张

云网融合是系统性架构设计工程，综合考虑来自标准化组织、运营商、行业客户及咨询公司的大量调研反馈，在广泛听取各方意见的基础上，基于架构可评估、技术可导向、能力可度量、演进可持续四大原则构建包含 5 个一级指标、17 个二级指标的云网架构评估指标体系，基于"IPv6+"的云网架构总览如图 7-2 所示。

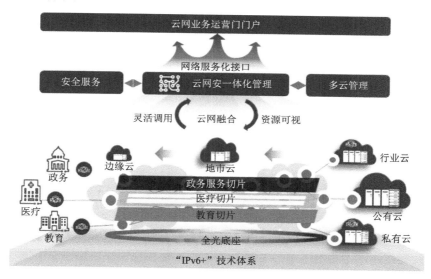

图 7-2　基于"IPv6+"的云网架构总览

云网架构评估指标的 5 个一级指标为多云全连接、确定性体验、弹性可扩展、安全可保障和开放服务化，如图 7-3 所示。

多云全连接。多云全连接的网络需要提供高容量、高性能、高可靠的泛在智能承载，最大化实现任意云覆盖连接、云应用感知和智能化调度等，满足网随云动的要求。该指标主要考察网络面向多云覆盖、企业如何快速接入多云，以及云连接协议的先进性等。

确定性体验。企业核心系统、生产系统上云后，需要网络提供确定性体验和差异化服务能力，而通过网络切片和高可靠保障，可保障业务的确定性时延、按需带宽、高可用性。该指标全面评估网络 SLA 确定性、网络保护倒换可靠性、网络检测感知等。

弹性可扩展。云服务的最大特征是弹性扩展能力，因此需要云网架构设计可满足弹性扩展的要求，随业务发展可灵活、高效扩展，最大化保护网络投资。该指标从网络整体架构出发，重点考核分布式云承载网架构设计能力、应对流量增长网络的扩展能力，以及面向应用级网络流量灵活调整等能力。

安全可保障。安全将成为云网融合发展的关键衡量要素，通过云、端、网 3 个关键角色的安全方案联动，实现内生安全防护和高可信安全架构，将网络安全能力服务化提供给云端、终端，增加网络层级的安全保障。该指标主要考察内生安全防护、全量态势感知、安全服务化、云网安全联动等能力。

开放服务化。从云网融合运营服务和生态发展的角度考虑，需要不断提升服务化开放能力，通过高内聚、低耦合的服务抽象与建模，实现业务接口 API 化，支持面向商业生态链的灵活集成，以及自动化业务发放和智能运维。该指标主要考察开放可编程、网络自动化、AI 定障和分析等能力。

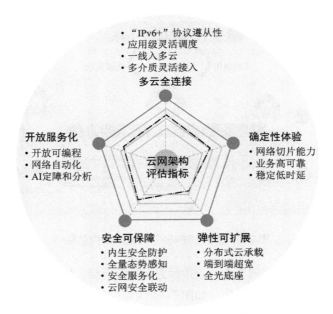

图 7-3 云网架构评估指标总览

7.2 云网架构评估指标介绍

云网架构评估指标体系设定了 5 个一级指标，还涵盖了 17 个二级指标。

这些指标权重综合参考了全球运营商和行业标准中对未来云网络架构的愿景，从商业和技术不同的视角，按重要性、方向性和影响性等考量分析得出，凝聚了来自运营商和行业专家的经验、智慧。指标总分设为 100，由各个级别指标记分加权得出，最终形成完整、可量化的云网架构评估体系。

1. 多云全连接

该一级指标下涵盖 4 个二级指标。

第一，"IPv6+" 协议遵从性。 该指标重点用于衡量在基于 "IPv6+" 的技术体系下，当前网络在业务 / 转发 / 组播等协议设计上所处的阶段以及对协议标准的遵从度。

为了满足广域网的灵活组网、按需服务、差异化保障、网络可视化等需求，出现了 "IPv6+" 技术体系。这个技术体系实现网络统一部署、灵活编程、任意扩展，并支持网络可视化、应用感知、弹性切片等，被公认为是下一代互联网部署的核心技术。

第二，应用级灵活调度。 该指标负责评价基于网络对来自不同行业的不同业务在上云过程中对网络提出的带宽、时延、可靠性等诉求的满足能力。

企业上云已经成为趋势，来自 Flexera 2020 的云状态报告中提到，74% 的企业在上云时选择采用 "公有云 + 私有云" 的混合云方式。93% 的企业在不同应用上云时选择多云架构，在不同的公有云之间实现业务隔离、容灾备份等需求。

不同应用访问云资源的诉求也存在差异，2022 年，75% 的应用类数据将在边缘进行处理，时延和安全成为关键要素；高清视频类业务，如远程 B 超、远程 CT（Computerized Tomography，计算机断层成像）等场景，需要网络带宽保障能力；涉及核心业务的云间通信，必须要求入云访问的高安全、高可靠。这就要求网络具备灵活的云路径来匹配应用的诉求，如图 7-4 所示。

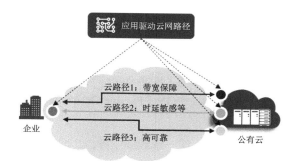

图 7-4 应用驱动网络路径选择

在企业上云的过程中，不同云业务需选择不同的云池进行部署，这样往往会导致云端资源分布不均，算力、存储、成本等因素影响业务在不同公有云资源中的选择；为了应对业务连接的要求，网络侧路径选择也需要考虑时延、带宽、可靠性等因素，以保障业务体验；这就需要对云网资源的统一调度能力，如图 7-5 所示。

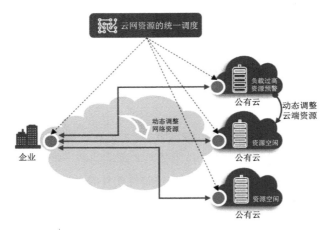

图 7-5　云网资源的统一调度

第三，一线接入多云。该指标重点用于衡量网络侧的能力，网络需要为企业提供丰富的接入方式。

随着企业上云业务的发展，越来越多的业务系统和生产数据迁移到云上部署，不同的业务部署在不同的云池。为了避免客户侧上多云时需要多次购买多条入云专线，而带来重复无效投资和管理运维困难的问题，需要网络提前实现多云资源的预连接，打造一个面向多企业和多云资源的网络平面。企业只需通过一条专线接入多云平面，就可以灵活选择匹配自身业务的云上业务，获得一线入多云的能力。

第四，多介质灵活接入。该指标重点用于衡量覆盖众多的商业、技术场景，提供多介质灵活接入能力，支持 IP RAN（Radio Access Network，无线电接入网）、STN（Smart Transport Network，智能传送网）、PTN（Packet Transport Network，分组传送网）/SPN（Slicing Packet Network，切片分组网）、OTN（Optical Transport Network，光传送网）、PON（Passive Optical Network，无源光网络）等末端技术灵活接入 IP 网络。

运营商可以通过单线接入，统一承载多业务，实现差异化体验保障、快速业务提供、运维简化，降低接入成本。对于具有多种业务组合的企业，运营商还可采用多种接入类型组合，实现差异化承载，以达到成本和质量的最优组合。

2. 确定性体验

该一级指标下涵盖 3 个二级指标。

第一，网络切片能力。该指标从架构的视角衡量网络对切片技术的支持能力，从转发平面、控制平面、管理平面来综合评估，提供与业务匹配的确定性质量，尤其是对高等级业务提供高质量保证，从而满足客户对网络质量的特定要求。

第二，业务高可靠。该指标用于衡量网络面向企业上云业务持续提供可靠连接服务的能力，通过网络冗余备用、多路由等技术实现多种等级的服务，如图 7-6 所示。

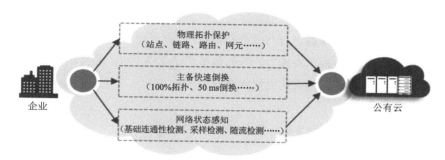

图 7-6　云网可靠性设计

提供与业务匹配的可靠性质量，尤其是为行业上云这类高等级业务提供超高可靠保证。在网络架构设计中考虑网络可靠性需要遵守业界标准及设计原则，在网络拓扑设计上考虑节点保护、链路保护、站点保护。此外，还要考虑业务的快速倒换能力，做到 100% 网络覆盖，链路 / 中间节点 / 尾节点发生故障时具有毫秒级倒换能力，确保云网业务的连续。

利用各种性能检测技术通过监控、测量、采集网络性能数据，对网络运行状态进行分析、评价、控制、调整，以提供长期稳定、可靠的网络服务，是网络运行的基础。检测技术包括基础连通性检测、采样检测、随流检测。其中基础连通性检测主要是通过 Ping、traceroute（跟踪路由）等方式实现基本的状态评估，并不能反映网络的性能状态。采样检测如 TWAMP（Two-Way Active Measurement Protocol，双向主动测量协议）等技术，可构造检测报文进行时延、丢包等 SLA 测量，间接获得网络质量。但由于检测的目的是测量构造的检测报文，检测精度较低，且无逐跳检测能力。随流检测如 IFIT 等技术，可通过随流报文染色机制进行性能测量，具备业务级测量精度。

第三，稳定低时延。该指标用于衡量网络面向云业务持续提供确定性低时延保障的能力。金融、政务、医疗、教育、工业、游戏等行业都对端到端的网络上云提出了明确的低时延指标要求，比如金融行业要求百微秒级时延。在网络架构的规划上，合理考虑 IP、OTN 拓扑，减少流量跳数，匹配企业就近快速接入，实现从企业末端接入最终入云的整网的端到端确定性低时延。

传统的 IP 网络仅能提供基于 Service Class 的差异化服务，随着云网融合时代的到来，物理网络上承载的业务更加多样化，需要物理网络提供的 SLA 等级也更加丰富。利用 SRv6 Policy，可以实现基于时延约束的智能选路，为高价值业务提供稳定的低时延保障。

3. 弹性可扩展

该一级指标下涵盖 3 个二级指标。

第一，分布式云承载。分布式云架构如图 7-7 所示。该指标用于衡量网络架构满足云业务弹性需求的能力，匹配分布式云业务下沉的趋势所带来网络流量流向的影响，承载网络架构无须改造或重构。

图 7-7　分布式云架构

随着新一轮的数字化转型，传统政务、医疗、教育、制造等行业的核心业务上云需求旺盛，它们更关注数据安全法规和生产业务本地化、稳定、可靠，纷纷提出数据不出园区、数据不出地市的部署要求。

当分布式云逐步下沉到边缘时，会带来网络流向和流量的变化。如图 7-8 所示，首先，承载网络流向从过去南北向变成要满足云间互通所带来的东西向流量需求，于是业务网关部署的位置至关重要，部署不当就会引起流量迂回，导致流量跳数变多、时延变长，影响企业上云业务体验；其次，随着云业务下沉部署，承载网络流量占比提升，传统汇聚流量模型无法正确反映网络状态，需要网络架构具备弹性扩展的能力。

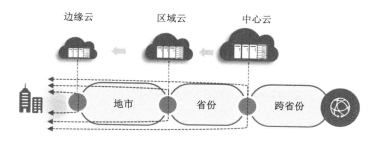

图 7-8 承载网络匹配分布式云业务流量和流向

第二，端到端超宽。该指标重点用于衡量云承载网灵活的网络带宽适配以及面向未来网络带宽扩展能力，对预测的网络流量、网络扩容升级的阈值、网元平台容量、关键互联接口类型等信息进行综合考量。

要根据未来多云业务流量增长趋势提前进行网络模型规划，不仅包括云承载网中互联以太接口选型，如 10GE、100GE、400GE，还要审视当前网络平台的扩展能力，给出产品选型优化建议，避免后续业务发展受限。

第三，全光底座。该指标重点用于衡量云网架构中全光底座的拓扑架构、单纤容量、光网可靠性等能力。

- 拓扑架构：如图 7-9 所示，伴随云业务流量大幅剧增、低时延工业应用兴起，中心云和边缘计算云快速发展，承载网络架构需要持续进行扁平化，具备光方向的快速扩展能力。引入 16/32 维全光交叉、OTN OSU（Optical Switch Unit，光开关单元），构建全光基础网络，实现跨城域的大容量流量疏导、城域灵活接入及调度、多方向平滑扩展、提升网络资源利用率。

图 7-9 扁平化光底座

- 单纤容量：根据未来流量的发展趋势，通过引入 200GE/400GE/

800GE、扩展 C 波段以及 L 波段等技术提前扩展单纤容量，可以最大化单纤传输能力。一次部署满足网络未来 5～10 年的架构和平台要求，按需扩容，降低单比特传输成本。

- 光网可靠性：5G 价值站点、核心骨干站点、金融与政企高品质专线等要求极其高的可用性。ASON（Automatic Switched Optical Network，自动交换光网络）提供多种级别的保护，提升光纤的可用性，避免光纤故障，达成 99.999% 的网络可靠性。

4. 安全可保障

该一级指标下涵盖 4 个二级指标。

第一，内生安全防护。 该指标重点用于衡量云网系统在管控安全、设备安全、业务安全、组网安全等方面的安全防护能力。

- 管控安全：云网融合架构中，网元与管控系统实现信息安全交互。
- 设备安全：针对设备自身的异常报文进行检测防御，满足电信级可靠性要求，在生命周期内永不宕机。
- 业务安全：云网融合系统中构筑 E2E（End to End，端到端）的业务安全防御机制，在企业客户侧，通过部署云网安全系统，实现接入业务安全；在云内，通过云内安全服务，保证业务安全。
- 组网安全：通过在网元间实现协议防攻击，防御路由泄露与路由劫持，来保证云网融合架构的组网安全。

第二，全量态势感知。 该指标用于衡量网络基于大数据的综合安全分析能力，从简单的日志 / 告警呈现、安全工具辅助、AI 自学习和分析的递进维度进行评估。

面向行业客户，期望可以通过云端和网络安全态势感知，基于威胁情报收集、大数据异常检测、AI 关联分析，为行业客户提供多维度的安全告警和可视化呈现，如图 7-10 所示。

云网在设计时要考虑企业侧、承载侧、云侧的安全分析能力，对业务安全态势进行统一计算分析，为安全服务的选择和云网安有效联动奠定基础。

第三，安全服务化。 该指标用于衡量网络面向不同企业和同一企业不同业务的安全服务能力，抽象出云网安服务化接口，最终通过统一运营平台形成相应的安全产品，如图 7-11 所示。

分级服务的架构设计就是要针对不同类型的企业用户和企业的不同业务，提供对应级别的安全服务能力，分为低阶（防火墙、入侵防护、防病毒）、中阶（失陷主机定位、暴露面评估）、高阶（高级持续性威胁、云沙箱、日志精准审计）。指标设计了加分项，用来评估 AI 赋能安全服务和云网安全服务北向集成能力。

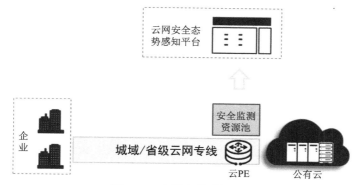

图 7-10 全量态势感知能力

图 7-11 云网安全服务化

第四，云网安全联动。该指标用来衡量云网安协同分析、联动处置的能力，把企业侧、网络侧、云端的安全信息共享，快速实现近源阻断，如图 7-12 所示。

随着未来大量企业上云，企业内部局域网通过云网连接云，对云网联接的安全性要求与企业局域网同一个等级，该指标用于衡量云网安自动联动能力。

企业业务上云后，业务链覆盖园区、城域骨干、云，云网的攻击溯源分析需要将园区、城域骨干、云的威胁日志进行全局关联综合分析。对威胁事件进行联动处置，云端会自动生成对应的闭环策略（如 IP 黑名单），联动城域骨干或者园区出口，第一时间进行近源处置，有效防护云网，为客户提供高效的安全事件闭环处置能力。

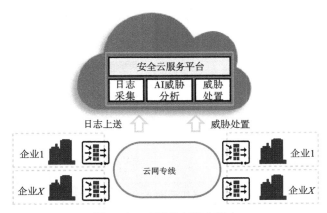

图 7-12　云网安全联动能力

5. 开放服务化

该一级指标下涵盖 3 个二级指标。

第一，开放可编程。该指标通过度量网元的开放能力和控制器的可编程能力，衡量运营商网络的灵活性、可扩展性。

云网业务的高复杂性、运营商业务创新和极简智能运维诉求，都要求改变传统网络 build-in（内置式）的开发和管理模式。目标是构建网络自运维能力，实现多厂商统一管理、自定义运维流程，同时支持对自定义业务的增、删、改、查生命周期管理，以及 dry-run（试运行）等操作。

- 模型驱动的开放框架：解决复杂业务变更、多厂商统一管理的业务难题，实现客户根据实际需求自定义业务。模型驱动又细分为三层数据模型，即业务模型、网络模型和网元模型。网络模型抽象能力如图 7-13 所示。

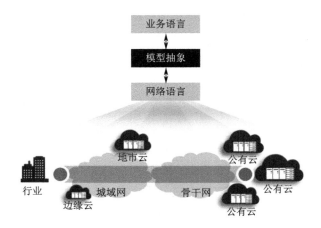

图 7-13　网络模型抽象能力

- 北向开放可编程：网络能力以简化的意图化 API，提供给上层的 OSS/BSS 集成，屏蔽网络实现细节。控制器支持编排能力，实现业务场景的灵活可编程，减少运营商业务 TTM（Time To Market，上市时间），实现客户对网络业务的定制化封装能力。

- 南向开放可编程：开放可编程平台提供基础编程框架，提供开发指南。客户基于此开放可编程框架，使用脚本语言，进行第三方网络设备驱动包的定制性开发，如图 7-14 所示。

图 7-14 网络开放可编程能力

云网架构设计中，服务化能力尤为重要。通过设备级的 YANG 和 Telemetry（遥测）、控制器级的南北向接口，实现从网络配置，到服务化能力，再到最终开放 API 的三级收敛和抽象。云网可以基于企业的商业意图翻译成网络自身的语言，并可以灵活地在控制器层面进行编排，让云网新业务和新产品快速上市。

第二，网络自动化。该指标通过度量售前、售中、售后的业务开通能力，衡量云网架构中自动化部署的水平。

在云网业务部署中，云端业务已实现一点即开，但网络需要分接入网、城域网、骨干网分别手动配置，极大降低了云网业务的整体部署效率。如图 7-15 所示，运营商需要构建租户级云网电商化体验。

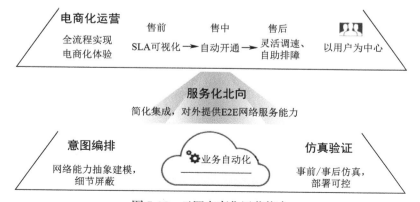

图 7-15 云网电商化运营能力

- 售前：提供云网资源统一管理、云网产品最优推荐，实现在售前阶段租户能获知开通预估时长、连接预估时延，从而提升云网产品综合性价比。
- 售中：硬装一次上门，扫码当日开通，当日验收。
- 售后：云网产品 SLA 质量实时可视，出现故障的租户自主排障。

该业务开通能力通过编程简化流程，涉及如下关键技术。

- 意图编排：将业务对网络的诉求，转化为网络可理解、可配置、可度量、可优化的对象和属性。完成模型转换、仿真验证、业务发放、业务监控、业务保障、策略闭环一系列自动化工作流，支持业务的设计态和运行态。
- 仿真验证：意图编排自动化要确保所有生成的配置 100% 的正确性。因此，在配置发放之前要进行事前仿真，评估生成的配置对网络行为的影响。配置发放之后要进行事后的验证，确保网络意图得到正确执行。

运营商云网战略普遍提出，通过减少人工干预和业务开通过程中的断点，实现业务开通的数据自动流转和端到端开通的自动化。指标设计中通过网络设备快速部署能力 ZTD（Zero Touch Deployment，零接触部署）、业务快速发放能力 ZTP（Zero Touch Provisioning，零接触配置）、业务布放自动化和变更自动化等评估指标，对云网订购、开通、使用的服务体验提出了明确的评价标准，如自主在线订购、SLA 可视能力、端到端开通时长、新产品上线时长等。

第三，AI 定障与分析。该指标通过度量故障感知、故障定界、故障修复和故障确认等能力，衡量故障发生时的云网业务保障水平。

传统运维模式非常依赖运维专家的经验。网络设备众多，连接复杂，往往在故障发生之前，网络就已经处于亚健康状态，这些网络隐患的信息淹没在海量信息中，需要通过深度挖掘才能发现，而海量数据的过滤、挖掘是无法由人工完成的。

如图 7-16 所示，通过引入异常主动感知、大数据分析等关键技术，大幅提升网络运维的自动化程度，牵引网络由人工运维走向智能运维、由被动运维走向主动运维，实现机脑替代人脑。

- 主动预防：网络中 80% 的隐患能够提前发现、提前修复，用户业务不受影响。
- 自动修复：网络中 10% 的故障能够通过自动化策略自动闭环，例如链路中断的路由收敛、流量拥塞的自动疏导等。
- 故障根因：网络中 10% 的故障能够诊断出故障根因并给出修复建议，可在人工干预下进行故障闭环。

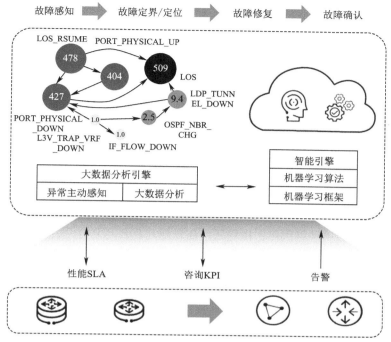

图 7-16 网络 AI 定障和分析

进行云网架构设计时，基于网络故障处理的标准流程，引入智能化技术，可大幅提升网络运维的自动化程度，典型指标描述如下。

- MTTI（Mean Time to Identify，平均识别时间）：网络各维度的故障和风险分析时间，包括 KPI 异常感知、配置异常感知、资源异常感知的时间，消除故障衍生数据的时间以及评估故障影响的时间。

- MTTK（Mean Time to Know，平均认知时间）：故障快速定界／定位、自动获取故障问题根因的时间。

- MTTF（Mean Time to Fix，平均修复时间）：根据故障位置，实现受损业务快速恢复、提供故障修复建议、指导运维人员修复故障的时间。

- MTTV（Mean Time to Verify，平均验证时间）：验证故障修复操作的效果、确认故障已修复、统计受损业务已恢复的时间。

7.3 云网架构评估指标的应用

建立云网架构评估指标后，还要将其应用到运营商网络评估中。运营商通过可衡量、可闭环、IT 自动化的指标评估，识别网络发展短板，持续提升云网发展水平，服务于企业数字化转型。

1. 应用目标

云网架构评估指标致力于在如下方面促进行业的高效发展。

- 构建云网架构蓝图，支撑千行百业数字化转型。云网架构评估指标对各类场景海量的、零散的却又相互影响的KQI进行解构、归并和建模，从架构层面系统地勾勒云网架构蓝图，通过先进的网络架构降低网络建设成本，提升网络体验。

- 量化云网准备就绪度，评估云网一体化能力。基于前期经验，云网架构评估指标对网络技术、平台、拓扑、协议、覆盖、运维等定性要求进行具象化，将其转化成可量化的指标，通过指标牵引运营商网络有序、渐进地向云网一体化转型。

- 用于云网架构优化，指导云网建设规划。云网架构评估指标体系设计了计量对象、权重、计分规则，对各具体指标、各维度和整网进行加权评分。在IT工具支撑下，架构指标体系可以实现自动化数据采集、评分，并给出优化建议，提高建网的科学性和效益，通过再评估实现云网架构评估指标的全流程优化和闭环。

2. 应用步骤

基于云网架构评估指标，可以对全球各个区域运营商的网络架构进行评估，识别目标差距，有节奏地推进云网融合演进。建议采取以下几个关键步骤实施对现网的评估，如图7-17所示。

图7-17 云网架构评估步骤

- 明确发展目标：运营商根据其云网战略，结合当地的资源和产业"IPv6+"新技术标准的发展，规划其未来面向行业上多云业务时运营商网络的目标架构和关键技术要求，制定阶段性的云网发展目标。

- 确定评估范围：运营商的端到端网络通常涵盖城域网、骨干网、数据中心内部网络、全光底座等不同的组成部分。云网架构评估指标主要聚焦于广域网连接，因此建议的网络评估范围包括城域网、骨干网等，确保数据的可采集和可获得性。

- 评估云网现状：借助云网架构评估指标的配套数字化工具，运营商可以对网络现状进行还原、评估、分析和打分。
- 识别目标差距：将当前网络的得分与目标架构分维度和指标进行分析对比，识别出当前网络和目标网的主要差距，并进一步制定网络优化的节奏和计划。
- 进行优化整改：针对不同的整改项制定可行的整改措施，常见的整改措施包括新建网络、增加网络连接、提高网络覆盖率、升级硬件、升级软件、部署网络控制器、网络安全加固等。
- 完成评估闭环：在完成网络的优化和整改之后，可以使用云网架构评估指标及配套的数字化工具，对优化后的网络进行再评估，验证和评估网络优化的效果，并进行必要的迭代循环。

3. 应用案例

如图 7-18 所示，在某运营商网络中，我们对其当前的政企承载网面向云网融合的演进能力进行了评估，发现当前政企承载网在多云全连接、确定性体验、开放服务化等方面与目标网（行业切片云专网）存在差距。当前政企承载网 "IPv6+" 协议遵从性低，例如，不支持一线入多云，在多云全连接维度得分较低；不支持切片，在确定性体验维度得分较低；不支持开放可编程并缺乏主动运维能力，在开放服务化维度得分较低。

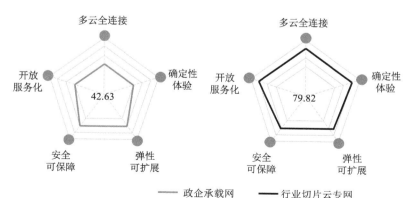

图 7-18 某运营商政企承载网与行业切片云专网架构评估结果对比

该运营商在识别出当前网络与目标网的巨大差距后，结合自身云网安一体化供给方面的整体战略，做出了新建行业切片云专网的决定。云专网支持 IPv6 和 SRv6，支持 FlexE（Flexible Ethernet，灵活以太网）等切片技术，配置了集中式的网络控制器，北向支持开放可编程，因此极大提升了面向行业客户数字化转型的云网安一体化服务能力。

4. 发展建议

建议全产业界积极参与云网架构评估指标的工作，在行业数字化转型的实践中不断丰富和完善云网架构评估指数，争取早日形成云网架构的行业标准，为运营商支持各行各业上云提供标准化的服务合同模板。全产业界携手发展，共同推进云网融合进程，提升上云体验，加速行业数字化转型。

- 上云行业和企业：作为云网业务需求的驱动者和验收者，从前端牵引网络发展，推动云网服务与企业的 IT 系统深度集成。
- 电信运营商：作为连接和算力两个基础资源的提供者，建设云网一体化网络，提供高质量算力输送服务。
- 云服务提供商：从云的视角驱动网络，基于用户体验诉求深度协同云网，推动云网基础设施建设。
- 云服务集成商：集成和管理云资源、网络连接，为企业提供一站式云管理服务。

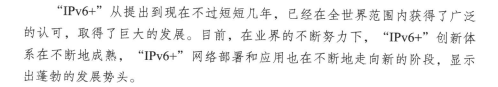

第8章
"IPv6+"的发展现状

"IPv6+"从提出到现在不过短短几年，已经在全世界范围内获得了广泛的认可，取得了巨大的发展。目前，在业界的不断努力下，"IPv6+"创新体系在不断地成熟，"IPv6+"网络部署和应用也在不断地走向新的阶段，显示出蓬勃的发展势头。

8.1 我国"IPv6+"的发展

1. 我国"IPv6+"的产业发展战略

2019 年，我国发布《中国 IPv6 发展状况》白皮书和"国家 IPv6 发展监测平台"。

2020 年 8 月 28 日，第三期"IPv6+"产业沙龙在北京举办。前两期都是 SRv6 产业沙龙，内容还是相对局限于 SRv6，从这期开始升级为"IPv6+"产业沙龙。这期沙龙汇聚了行业内的众多专家，共同分享我国当前 IPv6 的最新研究进展和商用部署成果，研讨基于"IPv6+"的创新技术未来在我国的发展方向。其后，推进 IPv6 规模部署专家委员会又陆续举办了多期"IPv6+ 产业论坛"，交流"IPv6+"在数字经济场景下的产业政策、战略和实践，深化产业共识，促进"IPv6+"在全行业的创新及落地。

为了有序引导"IPv6+"产业的发展，推进 IPv6 规模部署专家委员会在 2021 年 10 月将"IPv6+ 产业论坛"升级为"中国 IPv6 创新发展大会"，并在这届大会上发布了《"IPv6+"技术创新愿景与展望》白皮书 [2]。该白皮书中定义了"IPv6+"发展的 3 个阶段，如图 8-1 所示。

随着万物互联、千行百业数字化转型进程的加速，根据行业数字化的推进节奏和业务需求，"IPv6+"技术演进可以划分为以下 3 个阶段。

- "IPv6+"1.0：构建"IPv6+"网络开放可编程能力。此阶段重点是通过发展 SRv6 实现对传统 MPLS 网络基础特性的替代，例如 VPN、BE

（Best Effort，尽力而为）业务、TE（Traffic Engineering，流量工程）和 FRR（Fast Reroute，快速重路由）等，实现业务快速发放、路径灵活控制，利用自身的优势来简化 IP 网络的业务部署。

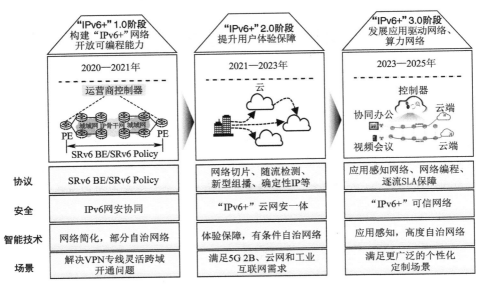

图 8-1 "IPv6+" 发展的 3 个阶段

- "IPv6+" 2.0：提升用户体验保障。此阶段的重点是发展面向 5G 和云的新应用，比如面向 5G 2B 的行业使能、Cloud VR/AR、工业互联网以及基于数据/计算密集型业务，如大数据、高性能计算、人工智能计算等。这些应用体验的提升需要引入一系列新的创新，包括但不局限于网络切片、随流检测、新型组播、确定性 IP、SFC 和智能无损网络等。SRv6 报文头压缩也是一个重点，业界公认 SRv6 是未来趋势，但是 SRv6 报文头太长、开销太大，对转发性能的影响很大，因此要发展 SRv6 压缩技术解决这些问题，这也是现在业界的一个热点。

- "IPv6+" 3.0：发展应用驱动网络、算力网络。一方面，随着云和网络的进一步融合，需要在云和网络之间交互更多的信息，网络的能力需要更加开放地提供给云来实现应用感知和即时调用。另一方面，随着多云的部署加速，网络需要开放的多云服务化架构，实现跨云协同、业务的快速统一发放和智能运维。IPv6 无疑是最具优势的媒介，云网的深度融合也将给未来千行百业的数字化转型带来重要变化。

"IPv6+" 的路线图有利于引导网络有序演进。随着 IPv6 的规模部署，以 SRv6 为代表的 "IPv6+" 技术将在网络中广泛应用，构建出智能化、简单化、自动化、SLA 可承诺的下一代网络。

2. 我国 "IPv6+" 的发展总结

"IPv6+" 概念仅提出 3 年左右，就表现出较好的发展态势。当前我国 "IPv6+" 发展处于相对领先的地位，主要体现在以下 4 个方面。

- 在标准推动方面，我国积极引领 "IPv6+" 标准草案的制定。
- 在产品成熟度方面，主流厂商均遵循相关标准落地产品。
- 在生态繁荣方面，我国已有 40 多个产业组织、企业、研究机构加入 "IPv6+" 相关工作。
- 在规模应用方面，我国已部署超过 84 个 "IPv6+" 商用局点，数量全球领先，本书在后续的 "产业篇" 会详细介绍一些商业案例。

2021 年 10 月 21 日，全球 IPv6 论坛（IPv6 Forum）主席拉提夫·拉蒂德在 "2021 全球 IPv6 下一代互联网峰会" 上发言：中国 IPv6 的部署与发展已取得了卓越的成绩，全球 IPv6 渗透率已达 44.7%，这当中中国贡献了最大的数字。拉提夫·拉蒂德认为，中国作为全球 IPv6 产业的引领者，下一步可以积极思考如何向纯 IPv6 发展。

8.2 国外 "IPv6+" 的发展

从各国针对 IPv6 部署的举措中可以看出，IPv6 的推动多数由政府主导，早期有些国家的政府还会投资补贴运营商，运营商则配合政府的规划，慢慢带动整个 IPv6 产业发展。从印度的经验来看，当 IPv6 产业发展趋势形成以后，IPv6 用户数的增长就会越来越快。

在 IPv6 部署方面，欧美及亚洲地区的国家都已进入加快 IPv6 部署的实施阶段，通过发布政策文件明确 IPv6 部署的阶段性指标，非洲国家目前还处在 IPv6 部署的动员阶段。

在 "IPv6+" 方面，全球大多刚刚起步，我国目前处于比较领先的位置，ETSI 主导的 IPE 活动比较活跃。

ETSI 是由欧洲共同体委员会于 1988 年批准建立的一个非营利性的电信标准化组织，是欧盟官方认可的三大标准化组织之一，承接欧盟统一市场法律依据、标准的制定，也是欧洲频谱政策的重要咨询和标准制定机构。

2014 年，ETSI 成立 IP6（IPv6 Integration，IPv6 集成）工作组，旨在推广 IPv6 在各领域的部署，以及指导 IPv4 向 IPv6 过渡，共发布 7 篇产业报告。

2020 年 8 月，ETSI IP6 工作组发布了第 35 号白皮书—— *IPv6 Best Practices,*

Benefits, Transition Challenges and the Way Forward [3]。该白皮书介绍了 IPv6 最佳实践、用例、优势和从部署挑战中汲取的经验教训，探讨纯 IPv6 部署的实践案例，并全面阐述 4G/5G、物联网和云时代对网络的新需求。ETSI 认为，向 IPv6 过渡分为两个阶段，第一阶段为引入 IPv6，第二阶段为转入纯 IPv6 网络。

第一阶段是为了积累 IPv6 相关经验，并适应未来的服务，如物联网、车联网。在这个阶段，IPv6 的流量可能会比 IPv4 低，但其增长速度会比 IPv4 更快。

当 IPv6 流量增加到一定的限度时，就可以向纯 IPv6 网络转变，只通过 IPv6 提供服务，以简化网络，减少资本支出和运营支出。

事实上，运行 IPv4/IPv6 双栈会使网络更加复杂，导致故障排除时间增加、安全和 QoS 策略管理难度加倍，这可能会促使一些企业向纯 IPv6 网络快速转变。

此外，该白皮书还得出以下结论。

- 由于 IPv4 地址空间在 2019 年已经耗尽，IPv6 正成为 ICT 行业的优先事项，5G、云计算、物联网等技术需要使用 IPv6，政府和标准机构需要 IPv6，设备—网络—内容通信价值链也要求采用 IPv6。
- IPv6 在用户数、内容占比、流量等各项指标上的增长速度都快于 IPv4。这证明互联网行业的主要参与者已在战略上决定大规模投资和部署 IPv6，以支持互联网的发展。
- MBB（Mobile Broadband，移动宽带）、FBB（Fixed Broadband，固定宽带）和企业服务的 IPv6 过渡方案已经准备就绪。
- 大量的云服务提供商和运营商已经成功部署和使用 IPv6，同时大量的公司已经开始转向或计划提供纯 IPv6 网络服务。
- 智能电网、车联网、工厂自动化、过程控制和楼宇自动化等垂直行业应用将大大受益于支持 IPv6 的机器对机器通信。在过去 10 年中，IETF、ETSI 和 IEC（International Electrotechnical Commission，国际电工委员会）等标准开发组织致力于推动基于 IPv6 的物联网技术开发，例如受限环境应用、低功耗无线通信和大规模通信以及安全等。
- IPv6 对 5G、低功耗无线、SDN/NFV、确定性网络、云计算等未来技术的增强创新将使整个行业受益，尤其是需求利益相关者（如政府、终端用户、企业以及 ISP/ 网络运营商）和供应利益相关者（如互联网和电信设备商以及垂直行业供应商）。此外，IPv6 支持抽象底层技术的 Overlay 网络，能够在大规模虚拟化环境中提供持续可靠的服务。

2020 年 10 月，在 15 家初创成员的推动下，ETSI 成立 IPE 联盟，讨论面向 5G 和云的"IPv6+"产业新代际,推动"IPv6+"全球产业发展。

2021 年 9 月,ETSI、欧盟委员会、运营商、设备商等联合举办 IPE 联盟首场发布会,联盟首篇 IPE 代际分析产业报告在 ETSI 官网正式发布,来自全球 10 个国家的 15 个组织参与,其中包含 8 家运营商、3 家设备商以及第三方测试机构和大学等。报告提出,IPv6 增强创新内涵包括无处不在的连接、确定性质量、自动化、安全、超高带宽和低时延共 6 个方面,如图 8-2 所示。

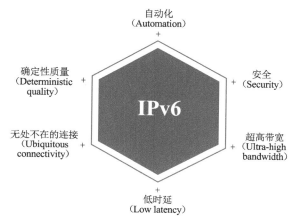

图 8-2 ETSI IPv6 增强创新内涵

截至 2022 年 7 月,IPE 联盟得到广泛认可,已有超过 100 家成员加入,覆盖欧洲、亚洲、非洲和美洲地区。

"IPv6+"在全球的部署也正在加速,中东、非洲、亚太、欧洲和拉美等地区的很多运营商和企业都有"IPv6+"成功实践。

本篇参考文献

[1] 中国信息通信研究院 . "IPv6+"云网架构评估指数白皮书 [R]. （2022-03）[2022-07-15].

[2] 中国推进 IPv6 规模部署专家委员会 . "IPv6+"技术创新愿景与展望（白皮书）[R/OL]. （2021-10-12）[2022-07-15].

[3] ETSI IP6 工作组 .IPv6 best practices, benefits, transition challenges and the way forward[R/OL]. （2021-08）[2022-07-15].

技术篇

第 9 章

"IPv6+" 网络技术创新

5G 和云时代对 IP 网络的要求更为苛刻。IPv6 通过引入创新技术体系，持续增强，发展到"IPv6+"阶段。"IPv6+"是专门面向 5G 和云的智能 IP 网络，通过 IPv6 的网络根基，叠加包括 SRv6、随流检测、网络切片、应用感知、网络安全等创新技术，可实现实时感知网络性能和确定性体验的安全连接，支撑数字经济快速发展。

9.1　SRv6 技术

IPv6 经过 20 多年的发展，并未得到广泛的部署和应用，SRv6 的出现顿时使 IPv6 焕发出非比寻常的活力。随着 5G 和云业务的发展，IPv6 扩展报文头蕴藏的创新空间正在快速释放，基于其上的应用不断变为现实，人类正在加速迈入 IPv6 时代。

SRv6 是新一代 IP 承载协议，可以简化并统一传统的复杂网络协议，是 5G 和云时代构建智能 IP 网络的基础。SRv6 结合了 SR（Segment Routing，段路由）的源路由优势和 IPv6 的简洁、易扩展特质，而且具有多重编程空间，符合 SDN 思想，是实现意图驱动网络的利器。

SRv6 强大的网络编程能力能够更好地满足新的网络业务的需求，而其兼容 IPv6 的特性也使得网络业务部署更为简便。SRv6 不仅能够打破云和网络的边界，使运营商网络避免被管道化，将网络延伸到用户终端，更多地分享信息时代的红利，还可以帮助运营商快速发展智能云网，实现应用级的 SLA 保障，使千行百业广泛受益。

9.1.1　SRv6 的产生背景

SRv6 从被提出到现在不过几年的时间，已经有多篇文稿成为 IETF 的 RFC 标准[1-3]。截至 2020 年底，全球已经有上百个商用部署局点，其发展速度之快，在 IP 技术的历史上并不多见，那么 SRv6 是什么？承载着什么历史使命呢？本节将从 IP 网络发展的历史展开，分析 IP/MPLS 网络发展过程中遇到的挑战，揭示 SRv6 产生的历史背景。

1. IP/MPLS 网络面临的挑战

在网络发展初期，为满足不同的业务需求，存在着多种网络形态，其中最主要的是电信网络和计算机网络之间的竞争，它们各自的代表性技术分别是 ATM 和 IP。最终随着网络规模变大、网络业务变多，简洁的 IP 战胜了复杂的 ATM。

但 IP 网络也确实需要一定的 QoS 保障，而且 IP "最长匹配查表" 方式面临着转发性能较差的问题。为此，业界做了很多的探索。1996 年，MPLS 技术的出现解决了这些问题。MPLS 是一种介于二层和三层之间的 "2.5 层" 技术，支持 IPv4 和 IPv6 等多种网络层协议，且兼容 ATM 与以太网等多种链路层技术。

IP 与 MPLS 结合，能够在无连接的 IP 网络上提供 QoS 保障，能够支持 VPN 服务和 FRR，并且 MPLS 标签交换转发方式解决了 IP 转发性能差的问题，所以 IP/MPLS 在一段时期内获得了成功。

随着网络业务的不断发展和网络规模的不断扩大，IP/MPLS 的组合也遇到了如下问题和挑战。

- 转发优势消失：随着路由表项查找算法的改进与提升，尤其是以 NP（Network Processor，网络处理器）为代表的硬件更新换代，当前 MPLS 的转发性能优势相比 IP 转发已经不再那么明显。

- 跨域部署困难：MPLS 被部署到不同的网络域，例如 IP 骨干网、城域网和移动承载网等，形成了独立的 MPLS 域，因此也带来了新的网络边界。但很多业务需要端到端部署，所以在部署业务时需要跨越多个 MPLS 域，这就带来了复杂的 MPLS 跨域问题。历史上，MPLS VPN 有 Option A/B/C 等多种形式的跨域方案，业务部署复杂度相对都较高。

- 云网融合困难：随着互联网和云计算的发展，云数据中心越来越多。为满足多租户组网的需求，提出了多种 Overlay 技术，典型的有 VXLAN。历史上也有不少人尝试将 MPLS 引入数据中心来提供 VPN 服务，但由于网络管理边界、管理复杂度和可扩展性等多方面的原因，MPLS 进入数据中心的尝试均告失败。

- 业务管理复杂：在 L2VPN（Layer 2 Virtual Private Network，二层虚拟专用网）、L3VPN（Layer 3 Virtual Private Network，三层虚拟专用网）多种业务并存的情况下，设备中可能同时存在 LDP（Label Distribution Protocol，标签分配协议）、RSVP（Resource Reservation Protocol，资源

预留协议）、IGP（Interior Gateway Protocol，内部网关协议）、BGP（Border Gateway Protocol，边界网关协议）等，业务部署和管理复杂，不适合 5G 和云时代大规模业务部署。

- 协议状态复杂：RSVP-TE（Resource Reservation Protocol - Traffic Engineering，资源预留协议 – 流量工程）实现比较复杂，需要交互大量的协议报文来维持连接的状态，节点和隧道越多，状态数越多，这种指数级状态增长给网络的中间节点带来了很大的性能压力，不利于组建大规模网络。RSVP-TE 实质上在模仿一个 SDH（Synchronous Digital Hierarchy，同步数字体系）管道，所以不能有效地进行负载分担，但如果人工建立多条隧道来完成负载分担功能，又会加剧复杂度。

2. SDN 思想对网络的影响

深究 IP/MPLS 问题的根本原因，是分布式架构，一方面，在跨域时难以获取其他设备的状态，另一方面，分布式算路优化有缺陷，只能做到本地最优，不能做到全局最优。

如果使用集中式架构，增加一个集中控制的节点，统一进行路径计算和标签分发，问题岂不是迎刃而解？而这，就是 SDN 的重要思路。

最初的 SDN 实践代表是 OpenFlow，OpenFlow 是 SDN 控制平面和数据平面之间交互的一种通信协议。如图 9-1 所示，基于 OpenFlow 的网络需要做到完全地转控分离，不再有分布式的信令，业界称之为"革命型网络"。这种网络结构简单，能够支持集中编程，但难以企及，最主要有以下几个方面的原因。

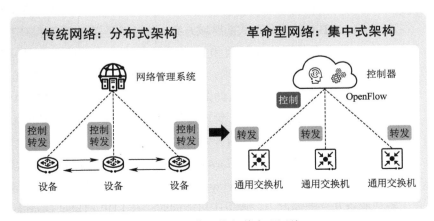

图 9-1 传统网络与革命型网络

一是性能原因。OpenFlow 的转发流表下发速率有瓶颈。

二是业务原因。OpenFlow 难以适应网络中复杂的业务部署，尤其是骨干网中 L2VPN/L3VPN、QoS、组播和切片等各种业务需求并存的情况。

三是经济原因。OpenFlow 需要新硬件的支持，无法保护已有投资。

因此，OpenFlow 适用于流表较为简单、转发行为固定的交换机组网，但是承载网络需要一种既可以满足 SDN 的管控需求，又可以满足承载网络的多业务、高性能和高可靠等需求的技术。

3. SR 的产生

OpenFlow 的初衷是为网络提供一个大脑，通过集中控制实现全局最优，避免传统网络的"局部视角，各自为政，混乱无序"。但是 OpenFlow 采用完全转控分离的方式实现，代价高，难以实现和规模部署应用。事实上要达到集中控制网络这个目的，OpenFlow 并不是唯一的解决方案，采用源路由技术同样可以解决问题。

1977 年，卡尔·森夏恩在发表的论文 "Source routing in computer networks" [4] 中提出了源路由技术。源路由技术是指由数据包的源头来决定数据包在网络中的传输路径，这一点和传统网络转发中各个网络节点自行选择最短路由有本质不同。但是源路由技术会对数据包进行处理，导致数据包的格式很复杂，开销也增加了，在早期网络带宽资源紧张的情况下，没有大规模应用。

2013 年，出现了 SR 协议，该协议借鉴了源路由思想 [1]。SR 的核心思想是将报文转发路径切割为不同的分段，并在路径头节点往报文中插入分段信息，中间节点只需要按照报文里携带的分段信息转发即可。这样的路径分段称为"Segment"，并通过 SID（Segment Identifier，段标识）来标识。

SR 的设计理念在现实生活中也很容易找到，下面举一个乘坐飞机出行的例子，来进一步解释 SR，具体如图 9-2 所示。假设从海口到伦敦的飞机需要在广州和北京进行两次中转，所以飞机票就会变为 3 段：海口→广州、广州→北京和北京→伦敦。

如果每到一个换乘机场再去买票，在乘客较多且选择趋同的情况下，可能会买不到票，影响整个行程。相反，如果在海口就买好从海口到广州到北京再到伦敦的 1 张联程机票，拿着这张机票，就可以从海口一站一站中转飞到伦敦。在海口，我们知道要乘坐 HU7009 飞往广州；当飞达广州时，根据飞机票，乘坐 HU7808 飞往北京；到了北京再根据机票乘坐 CA937 飞往伦敦。最终我们凭借在海口买到的 1 张联程机票，顺利换乘逐段飞到了伦敦。如果每个人都能按照这种方式提前进行规划，那么就更容易避免局部的突发竞争，虽然对某个人来说，行程不一定是最优的，但是对群体而言，却是全局最优。

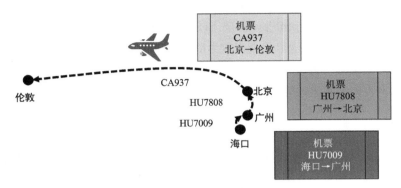

图 9-2 从海口到伦敦

在上述过程中存在两个关键点，其一是路径分段（Segment）；其二是在源头位置对 Segment 进行组合，提前确定整个出行路径（Routing）。SR 对网络进行分段，并在头节点进行路径组合，中间节点并不感知和维护路径状态，这正是源路由思想。

在网络边界相对明确、业务头尾节点固定的情况下，控制了头节点，就可以控制报文的转发路径。SR 控制头节点就决定了路径，很容易实现集中控制。具体如图 9-3 所示。

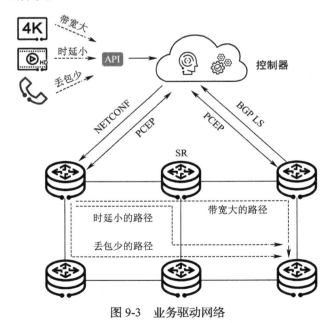

图 9-3 业务驱动网络

基于 SR 来优化网络，无须对现网硬件设施进行大量替换，所以对现网有更好的兼容性。运营商可以逐步升级网络，这种演进式的创新更容易落地。基于 SR 的演进型网络具有如下特点。

- 通过对现有协议进行扩展，能更好地平滑演进。
- 提供集中控制和分布式转发之间的平衡。
- 采用源路由技术，提供网络和上层应用快速交互的能力，及时满足业务需求。

4. SRv6 是什么

如图 9-4 所示，目前 SR 支持 MPLS 和 IPv6 两种数据平面，基于 MPLS 数据平面的 SR 称为 SR-MPLS，其 SID 为 MPLS 标签（Label）；基于 IPv6 数据平面的 SR 称为 SRv6，其 SID 为 IPv6 地址[1]。

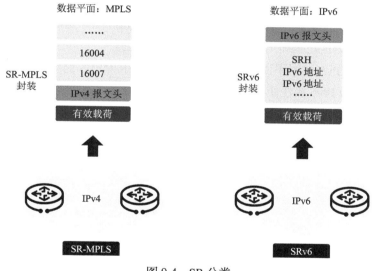

图 9-4　SR 分类

值得注意的是，早在 2013 年 SR 诞生之初，SR 的架构文稿里面就提及了 SRv6[1]——"SR 架构可以直接应用于 MPLS 数据平面，转发平面不做任何改变。它需要对现有链路状态路由协议进行细微扩展。通过路由扩展报文头的一种新类型，SR 也可以应用于 IPv6"（引自 RFC 8402）。

但是当时提出 SRv6 的时候，业界只是希望将节点和链路的 IPv6 地址放在路由扩展报文头里面引导流量，并没有提及 SRv6 SID 的可编程性，SRv6 相比 SR-MPLS 是更遥远的目标，所以其受关注度不如 SR-MPLS。

2017 年 3 月，SRv6 Network Programming（SRv6 网络编程）草案被提交给了 IETF，原有的 SRv6 升级为 SRv6 Network Programming，从此 SRv6 进入了一个全新的发展阶段[3]。SRv6 Network Programming 将长度为 128 bit 的 SRv6 SID 划分为 Locator 和 Function 等，实际上 Locator 具有路由能力，而 Function 可以代表处理行为，也能够标识业务。这种巧妙的处理意味着 SRv6 SID 融合了路由和 MPLS（标签代表业务）的能力，使 SRv6 的网络编程能力大大增强，可以更好地满足新业务的需求。

5. SRv6 的特点

SR-MPLS 可以提供很好的路径编程能力，但是其受限于 MPLS 封装可扩展性不足等问题，无法很好地满足 SFC 和 IOAM（In-situ Operations, Administration and Maintenance，随流操作、管理和维护）等一些需要携带元数据（Metadata）的业务的需求。另外，MPLS 往 IP 报文头之下插入标签的方式，也使得报文丧失了 IP 技术的普适性，需要网络设备逐跳支持 MPLS 标签转发，这在某种程度上提高了对网络设备的要求。SR-MPLS 同样受限于 MPLS 本身，最终也只能被定义为 MPLS 技术的下一代演进而已。

而基于 IPv6 数据平面的 SRv6 不仅继承了 SR-MPLS 简化网络的所有优点，其 Native IPv6 属性使得 SRv6 拥有比 SR-MPLS 更好的兼容性、可扩展性。SRv6 SID 的扩展使得 SRv6 还拥有 SR-MPLS 没有的网络编程能力。SRv6 的技术特点如图 9-5 所示。

图 9-5 SRv6 的技术特点

SRv6 和 SR-MPLS 的详细对比如表 9-1 所示。

表 9-1 SRv6 和 SR-MPLS 的详细对比

维度	SRv6	SR-MPLS
简化网络协议	控制平面：IPv6 IGP/BGP 数据平面：IPv6	控制平面：IPv4/IPv6 IGP/BGP 数据平面：MPLS

维度	SRv6	SR-MPLS
可编程性	灵活,业务编排器或各种 App 能够根据 SLA、业务诉求,指定网络、应用(SFC),提供灵活的可编程能力	困难
云网协同	容易,数据中心网络容易支持 IPv6。借助 SRv6 技术,运营商网络可以深入数据中心内部,甚至用户终端	困难,数据中心网络,包括虚拟机支持 MPLS 困难
终端协同	容易,终端设备已经支持 SRv6。Linux 4.10 开始支持 SRv6,Linux 4.14 支持 SRv6 Function 大部分功能	困难,终端设备支持 MPLS 困难
跨域部署	容易,利用 IPv6 可达性,SRv6 跨 AS 部署容易,不需要跨域扩散主机路由,引入汇聚路由即可,能大幅减少路由数量,降低路由策略复杂度	复杂,跨 AS 只能使用 SR-MPLS TE,需要依赖跨域控制器。本端 PE(Provider Edge,运营商边缘)设备需要远端 PE 的 Loopback 接口(环回接口)主机路由,所有远端 PE 的 Loopback 主机路由都要渗透
大规模部署	容易,SID 采用 IPv6 地址空间,适合大网规划	复杂,SID(MPLS 标签)空间有限,设备 SID 统一规划和维护复杂
业务开通难度	SRv6 可以和普通 IPv6 设备共同组网,只需要首尾节点支持 SRv6 即可,业务开通更加敏捷	SR-MPLS 需要域内所有设备升级支持,业务开通困难
可靠性	TI-LFA(Topology-Independent Loop-Free Alternate,拓扑无关的无环路备份路径)FRR、防微环等	TI-LFA FRR、TE FRR、防微环等
转发效率	以封装 L3VPN 为例,最少需要 40 Byte 的 IPv6 报文头。SRv6 的 SRH(Segment Routing Header,段路由扩展报文头)每增加一个 SID,增加 16 Byte	SR-MPLS 封装头小,以封装 L3VPN 为例,最少需要 8 Byte 两层 MPLS 标签。SR-MPLS 的标签栈每增加一个 SID,仅增加 4 Byte,转发效率高

9.1.2 SRv6 的实现原理

本节介绍 SRv6 的基础原理,主要包括 SRv6 扩展报文头、SRv6 SID、SRv6 报文转发流程、SRv6 协议扩展和 SRv6 可靠性等内容。SRv6 继承了源路由的优点,支持三重编程空间;SRv6 具有 Native IPv6 特质,支持与现有

IPv6 设备共同组网，有利于现网存量演进；SRv6 支持 TI-LFA FRR 和中间节点保护等新技术，这些技术将 SRv6 显式路径作为故障后的修复路径，可提升 IP 网络故障保护成功率。

1. 为什么说 SRv6 是 Native IPv6 技术

提到 SRv6，必然绕不开 IPv6。按照 RFC 8200 的描述，IPv6 报文由 IPv6 基本报文头、IPv6 扩展报文头以及上层协议数据单元 3 部分组成，具体结构如图 9-6 所示 [5]。

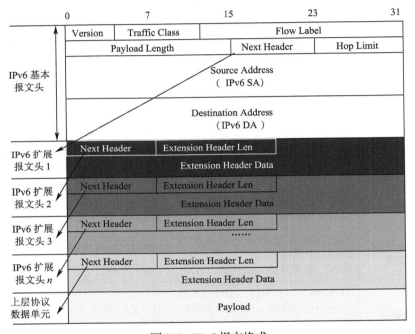

图 9-6　IPv6 报文格式

IPv6 基本报文头有 8 个字段，固定大小为 40 Byte，每一个 IPv6 数据包都必须包含 IPv6 基本报文头。IPv6 基本报文头提供报文转发的基本信息，会被转发路径上的所有设备解析。

上层协议数据单元一般由上层协议报文头和它的有效载荷（Payload）构成，上层协议数据单元实际就是 Payload，比如一个 ICMPv6（Internet Control Message Protocol version 6，第 6 版互联网控制报文协议）报文、TCP（Transmission Control Protocol，传输控制协议）报文或 UDP（User Datagram Protocol，用户数据报协议）报文等。

IPv6 报文格式的设计思想是让 IPv6 基本报文头尽量简单。大多数情况下，设备只需要处理基本报文头，就可以转发 IP 流量。因此，和 IPv4 相比，IPv6 去除了分片、校验和、选项等相关字段，仅增加了流标签（Flow Label）字段。IPv6 报文头的处理较 IPv4 得到了简化，提高了处理效率。另外，IPv6 为了更好地支持各种选项处理，提出了扩展报文头的概念，新增选项时不必修改现有报文结构，理论上可以无限扩展，在保持报文头简化的前提下，还具备优异的灵活性。

IPv6 扩展报文头被置于 IPv6 基本报文头和上层协议数据单元之间。一个 IPv6 报文可以包含 0 个、1 个或多个扩展报文头，仅当需要其他节点做某些特殊处理时，才由源节点添加一个或多个扩展报文头。

当使用多个扩展报文头时，前面报文头的 Next Header 字段指明下一个扩展报文头的类型，这样就形成了链状的报文头列表。如图 9-6 所示，IPv6 基本报文头中的 Next Header 字段指明了第一个扩展报文头的类型，而第一个扩展报文头中的 Next Header 字段指明了下一个扩展报文头的类型（如果不存在，则指明上层协议的类型）。

IPv6 扩展报文头如表 9-2 所示。路由设备根据基本报文头中 Next Header 值指定的协议号来决定是否要处理扩展报文头，并不是所有的扩展报文头都需要被查看和处理。

表 9-2 IPv6 扩展报文头

IPv6 扩展报文头名称	协议号
HBH（Hop-by-Hop Options Header，逐跳选项扩展报文头）	0
DOH（Destination Options Header，目的选项扩展报文头）	60
RH（Routing Header，路由扩展报文头）	43
FH（Fragment Header，分片扩展报文头）	44
AH（Authentication Header，认证扩展报文头）	51
ESP（Encapsulating Security Payload Header，封装安全有效载荷扩展报文头）	50
ULH（Upper-Layer Header，上层协议报文头）	ICMPv6 为 58；UDP 为 17；TCP 为 6

SRv6 就是通过 RH 来实现的。SRv6 报文没有改变原有 IPv6 报文的封装结构，SRv6 报文仍旧是 IPv6 报文，普通的 IPv6 设备也可以识别，所以说 SRv6 是 Native IPv6 技术。SRv6 的 Native IPv6 特质使得 SRv6 设备能够和普

通 IPv6 设备共同组网，对现有网络具有更好的兼容性。

从 IP/MPLS 回归 Native IPv6，IP 网络去除了 MPLS，协议简化，并且归一到 IPv6 本身，具有重大的意义。利用 SRv6，只要路由可达，就意味着业务可达，路由可以轻易跨越 AS，业务自然也可以轻易地跨越 AS，这对简化网络部署、扩大网络范围非常有利。

2. IPv6 如何扩展支持 SRv6

为了基于 IPv6 转发平面实现 SR，IPv6 RH 新增加一种类型，称作 SRH。SRH 指定一条 IPv6 的显式路径，存储 SRv6 的路径信息，即段列表（Segment List）[2]。

头节点在 IPv6 报文中增加一个 SRH 扩展报文头，中间节点就可以按照 SRH 扩展报文头里包含的路径信息进行转发。SRH 扩展报文头的格式如图 9-7 所示。

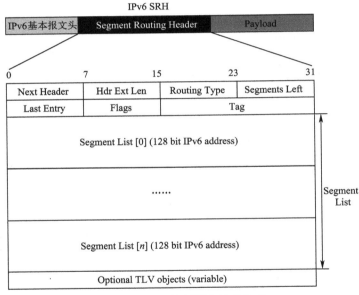

图 9-7 SRH 扩展报文头的格式

SRH 扩展报文头字段的说明如表 9-3 所示。

表 9-3 SRH 扩展报文头字段的说明

字段名	长度	含义
Next Header	8 bit	标识紧跟在 SRH 之后的报文头的类型
Hdr Ext Len	8 bit	SRH 的长度。指不包括前 8 Byte（前 8 Byte 为固定长度）的 SRH 的长度

字段名	长度	含义
Routing Type	8 bit	标识 RH 类型，SRH 的类型为 4
Segments Left	8 bit	剩余的 Segment 数目，简称 SL。SL 是一个指针，指示当前活跃的 Segment
Last Entry	8 bit	段列表最后一个元素的索引
Flags	8 bit	预留的标志位，用于特殊的处理，比如 OAM
Tag	16 bit	标识同组报文
Segment List[n]	$128 \times n$ bit	段列表中的第 n 个 Segment，Segment 是 IPv6 地址形式。Segments List <Segment List [0], Segment List [1], Segment List [2], ……, Segment List [n]> 是 SRv6 路径信息
Optional TLV objects	长度可变	可选 TLV（Type Length Value，类型长度值）部分。SRH TLV 提供了更好的扩展性，可以携带长度可变的数据，例如，加密、认证信息和性能检测信息等。还有 Padding TLV 和 HMAC（Hash-based Message Authentication Code，散列消息认证码）TLV

为了便于叙述转发原理，SRH 扩展报文头可以抽象成图 9-8 所示的格式，其中 SID 排序是逆序，逆序更符合 SRv6 的实际报文封装情况。

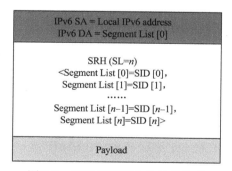

图 9-8　SRH 扩展报文头抽象格式

< Segment List [0], Segment List [1], Segment List [2], ……, Segment List [n] > 是逆序表达，书写不够方便，有时候会使用 () 来进行正序书写，即 (Segment List [n], Segment List [n–1], ……, Segment List [1], Segment List [0])。

在 SRv6 的 SRH 里，SL 和 Segment List 信息共同决定报文头部的 IPv6 DA（Destination Address，目的地址）。SL 最小值是 0，最大值等于 SRH 里的 SID 个数减 1。如图 9-9 所示，在 SRv6 中，每经过一个 SRv6 节点，SL 字段减 1，

IPv6 DA 信息变换一次，其取值是指针当前指向的 SID。SL 和 Segment List 字段共同决定 IPv6 DA 信息。在图 9-9 中，Segment List 中包含 $n+1$ 个 SID，SL 初始为 n。

- 如果 SL 值是 n，则 IPv6 DA 取值就是 SID [n] 的值。

- 如果 SL 值是 $n-1$，则 IPv6 DA 取值就是 SID [$n-1$] 的值。

⋯⋯⋯⋯⋯

- 如果 SL 值是 1，则 IPv6 DA 取值就是 SID [1] 的值。

- 如果 SL 值是 0，则 IPv6 DA 取值就是 SID [0] 的值。

如果节点不支持 SRv6 或者本节点的 SID 不在 Segment List 中，则不执行上述动作，仅按照最长匹配查找 IPv6 路由表转发。

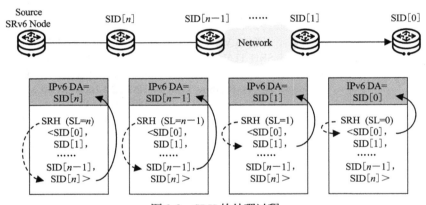

图 9-9　SRH 的处理过程

从以上描述可见，节点对于 SRv6 SRH 是从下到上进行逆序操作的，这一点与 SR-MPLS 有所不同。

SRv6 与 SR-MPLS 的另一个不同是 SRv6 SRH 中的 Segment 在经过节点处理后也不会弹出。这里主要有以下 3 个原因。

- 最早的 IPv6 的路由扩展报文头设计跟 MPLS 没有太多关联，当时的设计并没有弹出这个选项。

- MPLS 每个标签相对独立，并且位于顶部，可以直接弹出，SRv6 Segment 在 IPv6 包头后面的 SRH 扩展报文头中，并且与其他扩展报文头信息存在关联（如安全加密和校验等），不能简单地弹出。

- 因为没有弹出，SRv6 报文头保留了路径信息，可以做路径回溯。另外，有一些创新考虑对 SRH 中保留的 Segment 进行重用，做一些新的功能扩展。

3. SRv6 SID 有何特殊之处

SID 在 SR-MPLS 里是标签形式，在 SRv6 里换成了 IPv6 地址形式。SRv6 也通过对 SID 栈的操作来完成转发，SRv6 同样是一种源路由技术。那么 SRv6 SID 具有哪些特殊之处呢？要回答这个问题，需要从 SRv6 SID 的结构说起。

SRv6 SID 是 IPv6 地址形式，但也不是普通意义上的 IPv6 地址。SRv6 的 SID 有 128 bit，足够表征任何事物，这样长的一个地址，如果仅仅用于路由转发，显然是很浪费的，所以 SRv6 的设计者对 SID 进行了巧妙的处理。

如图 9-10 所示，SRv6 SID 由 Locator、Function 和 Arguments 这 3 部分组成。其中 Arguments 是可选的，如果 Locator、Function 和 Arguments 这 3 部分长度不足 128 bit，需要在 Arguments 后补 0，即增加 Padding 字段，确保字节对齐。

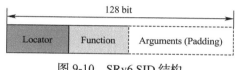

图 9-10　SRv6 SID 结构

Locator 具有定位功能，所以一般要在 SRv6 域内唯一，但是在一些特殊场景，比如任播（Anycast）保护场景，多个设备可能配置相同的 Locator。节点配置 Locator 之后，系统会生成一条 Locator 网段路由，并且通过 IGP 在 SRv6 域内扩散。网络里其他节点通过 Locator 网段路由就可以定位到该节点，同时该节点发布的所有 SRv6 SID 也都可以通过该条 Locator 网段路由到达。

Function 代表设备的指令（Instruction），这些指令都由设备预先设定。Function 部分用于指示 SRv6 SID 的生成节点进行相应的功能操作。Function 通过 Operation Code（简称 Opcode）来显性表征。

Arguments 是变量段，占据 IPv6 地址的低比特位。在支持某些服务的时候还需要一些变量参数，可以放在 Arguments 里面。当前一个重要应用是 EVPN（Ethernet Virtual Private Network，以太网虚拟专用网）VPLS（Virtual Private LAN Service，虚拟专用局域网业务）的 CE（Customer Edge，用户边缘）设备多归场景，转发 BUM（Broadcast, Unknown-unicast, Multicast，广播、未知单播、组播）流量时，利用 Arguments 携带剪枝信息，实现水平分割。

Function 和 Arguments 都是可以定义的，这也反映出 SRv6 SID 的结构更有利于对网络进行编程。

下面以 End SID 和 End.X SID 为例来说明 SRv6 SID 的结构。

End SID 表示 Endpoint（端点）SID，用于标识网络中的某个目的节点（Node）。如图 9-11 所示，在各个节点上配置 Locator，然后为节点配置 Function 的 Opcode，Locator 和 Function 的 Opcode 组合就能得到一个 SID，这个 SID 可以代表本节点，称为 End SID。End SID 可以通过 IGP 扩散到其他网元，全局可见。

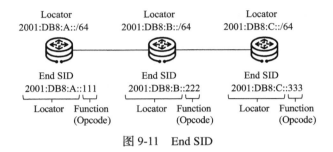

图 9-11　End SID

End.X SID 表示三层交叉连接的 Endpoint SID，用于标识网络中的某个邻接。如图 9-12 所示，在节点上配置 Locator，然后为各个方向的邻接配置 Function 的 Opcode，Locator 和 Function 的 Opcode 组合就能得到一个 SID，这个 SID 可以代表一个邻接，称为 End.X SID。End.X SID 可以通过 IGP 扩散到其他网元，全局可见。

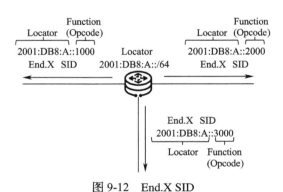

图 9-12　End.X SID

End SID 和 End.X SID 分别代表节点和邻接，都是路径 SID，使用二者组合编排 SID 栈足够表征任何一条 SRv6 路径。SID 栈代表了路径信息，携带在 IPv6 SRH 中，SRv6 就是通过这种方式实现了 TE。

此外，也可以为 VPN/EVPN/EVPL（Ethernet Virtual Private Line，以太网虚拟专线）实例等分配 SID，这种 SID 就代表业务。由于 IPv6 地址空间足够大，所以 SRv6 SID 能够支持足够多的业务。

当前 SRv6 SID 主要包括路径 SID 和业务 SID 两种类型,具体如表 9-4 所示。例如 End SID 和 End.X SID 分别代表节点和链路,而 End.DT4 SID 和 End.DT6 SID 分别代表 IPv4 VPN 和 IPv6 VPN 等。实际由于业务的发展,业务 SID 在不断增多。

表 9-4 SRv6 常用 SID

SID	含义	发布协议	类型
End SID	表示 Endpoint SID,用于标识网络中的某个目的节点。对应的转发动作(Function)是使用紧邻的下一个 SID 更新 IPv6 DA,查找 IPv6 FIB 进行报文转发	IGP	路径 SID
End.X SID	表示三层交叉连接的 Endpoint SID,用于标识网络中的某条链路。对应的转发动作是使用紧邻的下一个 SID 更新 IPv6 DA,从 End.X SID 绑定的出接口转发报文	IGP	路径 SID
End. DT4 SID	表示 PE 类型的 Endpoint SID,用于标识网络中的某个 IPv4 VPN 实例。对应的转发动作是解封装报文,并且在指定的 IPv4 VPN 实例路由表中查找路由表项转发。End.DT4 SID 在 L3VPNv4 场景中使用,等价于 MPLS 中 IPv4 VPN 的标签	BGP	业务 SID
End. DT6 SID	表示 PE 类型的 Endpoint SID,用于标识网络中的某个 IPv6 VPN 实例。对应的转发动作是解封装报文,并且在指定的 IPv6 VPN 实例路由表中查找路由表项转发。End.DT6 SID 在 L3VPNv6 场景中使用,等价于 MPLS 中 IPv6 VPN 的标签	BGP	业务 SID
End. DX4 SID	表示 PE 类型的三层交叉连接的 Endpoint SID,用于标识到某个 CE 的 IPv4 连接。对应的转发动作是解封装报文,并且将解封后的 IPv4 报文在该 SID 绑定的三层接口上转发。End.DX4 SID 在 L3VPNv4 场景中使用,等价于 MPLS VPN 中连接到 CE 的邻接标签	BGP	业务 SID
End. DX6 SID	表示 PE 类型的三层交叉连接的 Endpoint SID,用于标识到某个 CE 的 IPv6 连接。对应的转发动作是解封装报文,并且将解封后的 IPv6 报文在该 SID 绑定的三层接口上转发。End.DX6 SID 在 L3VPNv6 场景中使用,等价于 MPLS VPN 中连接到 CE 的邻接标签	BGP	业务 SID
End. DX2 SID	表示 PE 类型的二层交叉连接的 Endpoint SID。对应的转发动作是解封装报文,去掉 IPv6 报文头及其扩展报文头,然后将剩余报文在该 SID 绑定的二层接口上转发出去。End.DX2 SID 可以用于 EVPN VPWS(Virtual Private Wire Service,虚拟专用线路业务)场景中	BGP	业务 SID

续表

SID	含义	发布协议	类型
End.DT2U SID	表示 PE 类型的二层交叉连接且进行单播 MAC（Media Access Control，媒体接入控制）表查找的 Endpoint SID。End.DT2U SID 可以用于本地双归 PE 发送旁路（Bypass）单播流量。对应的转发动作是去掉 IPv6 报文头及其扩展报文头，然后使用剩余报文的目的 MAC 地址在指定的 MAC 表中查找 MAC 表项转发。End.DT2U SID 可以用于 EVPN VPLS 单播场景中	BGP	业务 SID
End.DT2M SID	表示 PE 类型的二层交叉连接且进行广播泛洪的 Endpoint SID。End.DT2M SID 对应的转发动作是去掉 IPv6 报文头及其扩展报文头，然后将剩余报文在 End.DT2M SID 绑定的 BD（Bridge Domain，桥域）内广播泛洪。End.DT2M SID 可以用于 EVPN VPLS BUM 流量转发场景中	BGP	业务 SID

使能 SRv6 的节点维护一个本地 SID（Local SID）表，该表包含所有在本节点生成的 SRv6 SID 信息，该表就是 SRv6 的 FIB（Forwarding Information Base，转发信息库）。本地 SID 表包含如下信息。

- 本地生成的 SID，例如 End.X SID 等。
- 指定绑定到这些 SID 的指令。
- 存储和这些指令相关的转发信息，例如出接口和下一跳等。

4. SRv6 的三重编程空间

SRv6 提供了丰富的编程空间，具备强大的编程能力来应对新业务的发展。如图 9-13 所示，SRv6 支持三重编程空间。

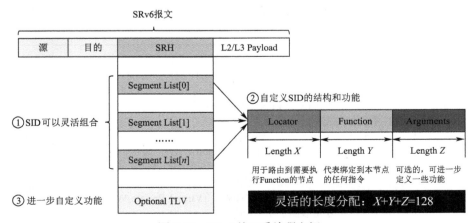

图 9-13　SRv6 的三重编程空间

- Segment List 编程空间：SRv6 SID 可以自由组合来进行路径编程，由业务提出需求，控制器响应业务需求，定义转发路径。

- SID 编程空间：SRv6 Segment 长度是 128 bit，比 32 bit 的 MPLS 标签封装的空间更大，并且可以灵活分段，提供比 MPLS 更加丰富灵活的编程功能。

- Optional TLV 编程空间：SRH 里还有可选 TLV，可以用于进一步自定义功能。SRH TLV 提供了更好的扩展性，可以携带长度可变的数据，例如，加密、认证信息和性能检测信息等。

5. SRv6 的两种工作模式

SRv6 有 SRv6 Policy 和 SRv6 BE 两种工作模式。这两种模式都可以承载常见的传统业务，例如，BGP L3VPN、EVPN L3VPN、EVPN VPLS/VPWS、IPv4/IPv6 公网等。SRv6 Policy 可以实现流量工程，配合控制器可以更好地满足业务的差异化需求，做到业务驱动网络。SRv6 BE 是一种简化的 SRv6 实现，正常情况下不含 SRH 扩展报文头，只能提供尽力而为的转发。在 SRv6 发展早期，基于 IPv6 路由可达性，利用 SRv6 BE 快速开通业务，具有明显优势；在后续演进中，可以按需升级网络的中间节点，部署 SRv6 Policy，满足高价值业务的需求。

9.1.3　SRv6 Policy 的工作原理

1.　什么是 SRv6 Policy

SRv6 Policy 利用 SR 的源路由机制，通过在头节点封装一个有序的指令列表来指导报文穿越网络。SRv6 Policy 的思想在现实生活中也容易找到，图 9-14 展示了一个导航地图的工作过程。

在图 9-14 中，整个工作过程可以概括为 5 个步骤。

步骤①　拓扑收集：主要是收集交叉路口信息、车道信息、流速信息和信号灯信息等。

步骤②　路径计算：基于多种约束来计算路径，符合多个维度的 SLA，比如收费少、时间少、距离短、高速优先等。

步骤③　信息下发：将计算的路径信息发送到用户终端设备。

步骤④　路径选择：由用户根据目的地址以及自己的喜好来选择路径。每个路径都是多个道路和关键交叉路口的组合。

步骤⑤　指导行驶：按照一条条分段路径信息指导行驶。每个分段信息可以引导用户行驶。在接近路口时提前向用户发出指令（例如，直行、左转、右转、掉头等）。

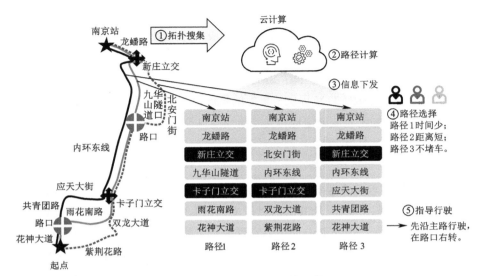

图 9-14　导航地图的工作过程

自然规律都是相通的。如果把一个地图换成网络，就可以发现 SRv6 Policy 的工作原理与导航地图的非常相似。SRv6 Policy 的工作流程具体如图 9-15 所示。

SRv6 Policy 的工作流程主要也可以概括为 5 个步骤。

步骤①　转发器将网络拓扑信息通过 BGP-LS（BGP-Link State，BGP 链路状态）协议上报给网络控制器。拓扑信息包括节点、链路信息，以及链路的开销、带宽和时延等 TE 属性。

步骤②　控制器基于收集到的拓扑信息，按照业务需求计算路径，符合业务的 SLA。

步骤③　控制器通过 BGP SR-Policy 扩展将路径信息下发给网络的头节点，头节点生成 SRv6 Policy。生成的 SRv6 Policy 包括头节点地址、目的地址、SID List 和 Color 等关键信息。

步骤④　网络的头节点为业务选择合适的 SRv6 Policy 指导转发。

步骤⑤　数据转发时，转发器需要执行自己发布的 SID 的指令。

从图 9-15 中可以看出，通过在 SRH 中封装一系列的 SRv6 SID，可以显式指导报文按照规划的路径转发，实现对转发路径端到端的细粒度控制，满足业务的低时延、大带宽、高可靠等 SLA 需求。如果业务的目的地址与 SRv6 Policy 的 Endpoint 匹配，业务的偏好（通过路由的 Color 扩展团体属性标识）

与 SRv6 Policy 的一致,那么业务的流量就可以导入指定的 SRv6 Policy 进行转发。

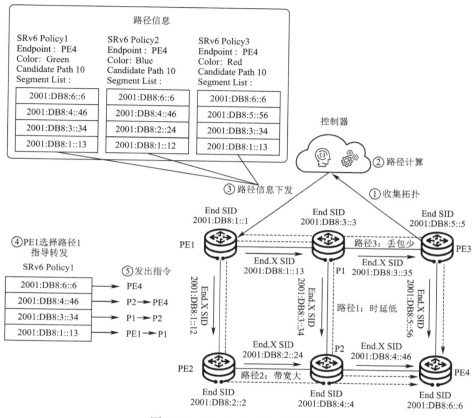

图 9-15 SRv6 Policy 的工作流程

SRv6 利用 IPv6 地址 128 bit 的可编程能力,丰富了 SRv6 指令表达的网络功能范畴,除了用于标识转发路径的指令外,还能标识 VAS(Value-Added Service,增值业务)设备,例如防火墙、应用加速、用户网关等。除此之外,SRv6 还有着非常强大的扩展能力。如果要支持一个新的网络功能,只需要给 SID 定义一个新的指令即可,不需要改变协议的机制或部署,这大大缩短了网络创新业务的交付周期。所以说,SRv6 Policy 可以实现业务的端到端需求,是实现 SRv6 网络编程的主要机制。

2. SRv6 Policy 的结构与优势

为了提升可靠性和带宽利用率,对 SRv6 Policy 的结构做了精心的设计,具体如图 9-16 所示。

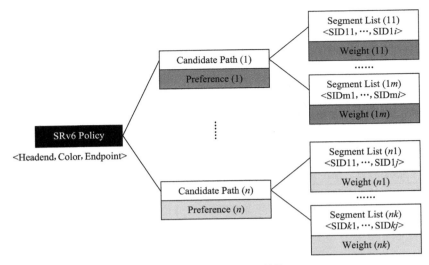

图 9-16　SRv6 Policy 结构

SRv6 Policy 包括以下 3 个要素。

- 头节点（Headend）：SRv6 Policy 生成的节点。

- 颜色（Color）：SRv6 Policy 携带的一个无符号非零 32 bit 整数值。Color 可以将 SRv6 Policy 与业务意图关联，携带相同 Color 属性的 BGP 路由可以使用该 SRv6 Policy。

- 尾节点（Endpoint）：SRv6 Policy 的目的地址。

SRv6 Policy 的结构具有如下优势。

- 灵活引流：Color 和 Endpoint 信息通过配置添加到 SRv6 Policy，业务网络头节点通过路由携带的 Color 属性和下一跳信息来匹配对应的 SRv6 Policy 实现业务流量转发。Color 属性定义了应用级的网络 SLA 策略，可基于特定业务 SLA 规划网络路径，实现业务价值细分，构建新的商业模式。

- 可靠性高：一个 SRv6 Policy 可以包含多个候选路径（Candidate Path）。候选路径携带优先级属性（Preference）。优先级最高的有效候选路径作为 SRv6 Policy 的主路径，优先级次高的有效候选路径作为 SRv6 Policy 的备路径。

- 负载分担：一个候选路径可以包含多个 Segment List，每个 Segment List 携带 Weight（权重）属性。每个 Segment List 都是一个显式 SID 栈，Segment List 可以指示网络设备转发报文。多个 Segment List 之间可以形成 ECMP（Equal Cost Multi-Path，等价多路径）/UCMP（Unequal Cost Multi-Path，非等价多路径）。

3. SRv6 Policy 的业务实现

SRv6 Policy 可以承载常见的传统业务，它们的转发过程都比较类似。下面以 EVPN L3VPNv4 over SRv6 Policy 为例介绍 SRv6 Policy 的业务实现。

EVPN L3VPNv4 over SRv6 Policy 的数据转发过程具体如图 9-17 所示。

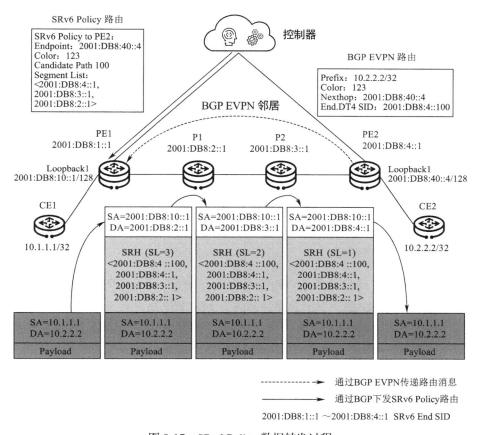

图 9-17　SRv6 Policy 数据转发过程

总体过程简述如下。

- 控制器向头节点 PE1 下发 SRv6 Policy，Color 为 123，Endpoint 为 PE2 的地址 2001:DB8:40::4，只有一个 Candidate Path，且 Candidate Path 也只包含一个 Segment List ＜ 2001:DB8:4::1, 2001:DB8:3::1, 2001:DB8:2::1 ＞。

- 尾节点 PE2 向 PE1 发布 BGP EVPN 路由 10.2.2.2/32，BGP 路由的下一跳是 PE2 的地址 2001:DB8:40::4/128，Color 为 123。

- PE1 在接收到 BGP 路由以后，利用路由的 Color 和下一跳迭代到

SRv6 Policy。

- PE1 接收到 CE1 发送的普通单播报文后，查找 VPN 实例路由表，该路由迭代到了一个 SRv6 Policy。PE1 为报文插入 SRH 信息，封装 SRv6 Policy 的 Segment List，Segment List 里最后一个 SID 是 VPN 路由对应的 End.DT4 SID，同时封装 IPv6 报文头信息，并查表转发。
- 中间 P1 和 P2 节点根据 SRH 信息逐跳转发。
- 报文到达 PE2 之后，PE2 使用报文的 IPv6 目的地址 2001:DB8:4::1 查找本地 SID 表，命中了 End SID，所以 PE2 将报文的 SL 减 1，IPv6 DA 更新为 VPN SID 2001:DB8:4::100。
- PE2 使用 VPN SID 2001:DB8:4::100 查找本地 SID 表，命中了 End.DT4 SID，PE2 执行 End.DT4 SID 的指令，解封装报文，去掉 SRH 信息和 IPv6 报文头，使用内层报文的目的地址查找 End.DT4 SID 2001:DB8:4::100 对应的 VPN 实例路由表，然后将报文转发给 CE2。

9.1.4 SRv6 BE 的工作原理

1. 什么是 SRv6 BE

传统 MPLS 有 LDP 和 RSVP-TE 两种控制协议，其中 LDP 方式不支持流量工程能力，LDP 利用 IGP 算路结果建立 LDP LSP 指导转发。在 SRv6 里也有类似的方式，只不过 SRv6 仅使用一个业务 SID 来指引报文在 IP 网络里进行尽力而为的转发，这种方式就是 SRv6 BE。

如图 9-18 所示，SRv6 BE 的报文封装没有代表路径约束的 SRH，其格式与普通 IPv6 报文格式一致，转发行为也与普通 IPv6 报文转发一致。这就意味着普通的 IPv6 节点也可以处理 SRv6 BE 报文，这也是 SRv6 兼容普通 IPv6 设备的秘密。

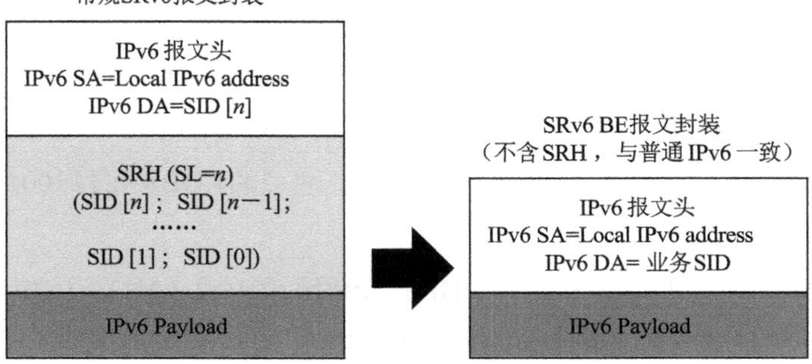

图 9-18 SRv6 BE 的结构

SRv6 BE 的报文封装与普通 IPv6 报文封装的不同点在于普通 IPv6 报文的目的地址是一个主机或者网段,但是 SRv6 BE 报文的目的地址是一个业务 SID。业务 SID 可以指引报文按照最短路径转发到生成该 SID 的父节点,并由该节点执行业务 SID 的指令。

L3VPN over MPLS 一般使用两层 MPLS 标签,外层 MPLS 标签用来引导报文到指定的 PE,内层 MPLS 标签属于业务标签,一般标识 PE 上的某个 VPN 实例。在 L3VPN over SRv6 场景,一个 SRv6 的业务 SID 即可提供两层 MPLS 标签的功能。如图 9-19 所示,业务 SID 2001:DB8:3::C100 的 Locator 部分是 2001:DB8:3::/64,Function Opcode 是 ::C100。Locator 2001:DB8:3::/64 具有路由功能,可以将报文引导到对应的 PE;Function Opcode ::C100 是在 PE 上配置的本地功能,可以标识 PE 上的业务,比如某个 VPN 实例,这也是 SRv6 SID 融合了路由和 MPLS(标签代表业务)能力的具体体现。

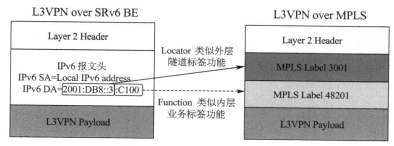

图 9-19 业务 SID 的两个作用

2. SRv6 BE 的业务实现

SRv6 BE 可以承载常见的传统业务,它们的转发过程都比较类似。下面以 EVPN L3VPNv4 over SRv6 BE 为例,介绍 SRv6 BE 的业务实现。

EVPN L3VPNv4 over SRv6 BE 的路由发布和数据转发过程如图 9-20 所示。路由发布具体过程描述如下。

步骤① PE2 上配置 Locator,然后 PE2 通过 IGP 将 SRv6 SID 对应的 Locator 网段路由 2001:DB8:3::/64 发布给 PE1。PE1 安装路由到自己的 IPv6 路由表。

步骤② PE2 在 Locator 范围内配置 VPN 实例的 End.DT4 SID 2001:DB8:3::C100,生成本地 SID 表。

步骤③ PE2 收到 CE2 发布的私网 IPv4 路由后,PE2 将私网 IPv4 路由转换成 IP Prefix Route 形式的 EVPN 路由,通过 BGP EVPN 邻居关系发布给 PE1。此路由携带 SRv6 VPN SID 属性，也就是 VPN 实例的 End.DT4 SID 2001:DB8:3::C100。

步骤④　PE1 接收到 EVPN 路由后，将其交叉到对应的 VPN 实例 IPv4 路由表，然后转换成普通 IPv4 路由，对 CE1 发布。

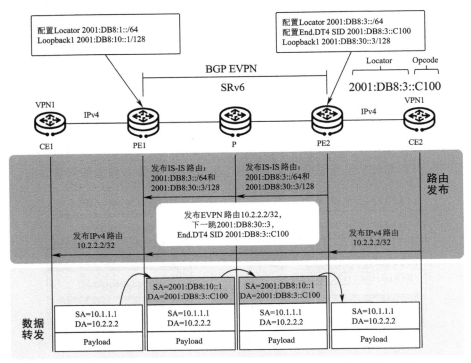

图 9-20　EVPN L3VPNv4 over SRv6 BE 的路由发布和数据转发过程

数据转发具体过程描述如下。

步骤①　CE1 向 PE1 发送一个普通 IPv4 报文。

步骤②　PE1 从绑定了 VPN 实例的接口上收到私网报文以后，查找对应 VPN 实例的 IPv4 路由转发表，匹配目的 IPv4 前缀，查找到关联的 SRv6 VPN SID 以及下一跳信息。然后直接使用 SRv6 VPN SID 2001:DB8:3::C100 作为目的地址封装成 IPv6 报文。

步骤③　PE1 按照最长匹配原则，匹配到路由 2001:DB8:3::/64，按最短路径转发到 P（设备）。

步骤④　P（设备）按照最长匹配原则，匹配到路由 2001:DB8:3::/64，按最短路径转发到 PE2。

步骤⑤　PE2 使用 2001:DB8:3::C100 查找本地 SID 表，匹配到 End.DT4 SID 对应的转发动作，将 IPv6 报文头去除，然后根据 End.DT4 SID 匹配 VPN

实例，查找 VPN 实例 IPv4 路由表进行转发。

3. SRv6 BE 与 SRv6 Policy 对比

结合前面的描述可以知道，SRv6 BE 与 SRv6 Policy 的主要差异在于 SRv6 BE 报文封装不含 SRH 信息，所以自然也不具备流量工程能力。SRv6 BE 仅使用一个业务 SID 来指引报文转发到生成该 SID 的父节点，并由该节点执行业务 SID 的指令。

SRv6 BE 只需在网络的头尾节点部署，中间节点仅支持 IPv6 转发即可，这种方式对部署普通 VPN 具有独特的优势。比如视频业务在省中心和市中心之间传递，需要跨越数据中心网络、城域网、国家 IP 骨干网，用传统方式部署 MPLS VPN 时，不可避免地需要跟省干网、国干网的主管单位进行协调，各方配合执行部分操作才能成功，开通时间比较长，错失很多商业机会；但是采用 SRv6 BE 承载 VPN，只需要在省级中心和市中心部署两台支持 SRv6 VPN 的 PE 设备，很快就能开通业务，这种方式显然更容易抓住商业机会。

SRv6 BE 与 SRv6 Policy 的对比如表 9-5 所示。

表 9-5　SRv6 BE 与 SRv6 Policy 的对比

维度	SRv6 BE 的特点	SRv6 Policy 的特点
配置	很简单	复杂
路径计算	基于 IGP 开销	基于 TE 约束
SRH	正常转发不携带 SRH，仅在 TI-LFA FRR 保护场景，按照修复路径转发时才携带 SRH	携带 SRH
是否支持路径编程	否，没有 SRH，无法携带路径信息	是
是否需要控制器	否，IGP 算路即可	是。SRv6 Policy 可以静态配置，但是配置复杂，一般推荐使用控制器动态下发 SRv6 Policy，这样可以更快速地响应业务的需求，做到业务驱动网络
保护技术	TI-LFA FRR（50 ms）	TI-LFA FRR（50 ms）
场景	适合服务对 SLA 要求低、流量不需要指定路径的场景	适合服务对 SLA 要求严格的场景。例如网络拥塞时，流量需要切换到其他路径，或者需要重定向到指定目的地的流量，如反 DoS(Denial of Service,拒绝服务) 清洗等

9.1.5 SRv6 的技术价值

SRv6 具备 SR 的优势，可以简化现有网络协议，降低网络管理复杂度。除此以外，SRv6 更核心的优势是 Native IPv6 特质与网络编程能力，可以更好地应对 5G 和云网络发展的挑战。基于 Native IPv6 特质，SRv6 能更好地促进云网融合、兼容存量网络、提升跨域体验；基于网络编程能力，SRv6 可以更好地进行路径编程，满足不同业务的独特 SLA 要求。

1. 简化网络协议

面对未来 5G 和云网络发展的挑战，IP 承载网需要简化，降低管理复杂度，提升运维水平。借助 SRv6 和 EVPN，可以使 IP 承载网的协议简化、归一，如图 9-21 所示。

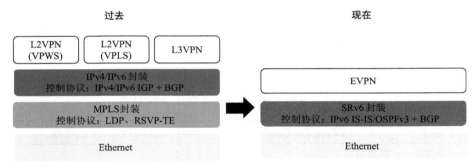

图 9-21　SRv6 简化现有网络

在隧道 /Underlay（下层）层面，取消了原有的 LDP 和 RSVP-TE 等 MPLS 隧道技术。SRv6 只需通过 IGP 和 BGP 扩展就可以完成隧道功能和 Underlay 功能，简化了信令协议。

在业务 /Overlay 层面，通过 EVPN 整合了原来网络中 L2VPN VPWS[基于 LDP 或 MP-BGP（Multi-Protocol Extensions for Border Gateway Protocol，多协议扩展边界网关协议）]、L2VPN VPLS（基于 LDP 或 MP-BGP）以及 L3VPN（基于 MP-BGP）技术。业务层面可以通过 SRv6 SID 来标识各种各样的业务，也降低了技术复杂度。

2. 促进云网融合

在图 9-22 所示的云数据中心互联场景中，IP 骨干网采用 MPLS/SR-MPLS 技术，而数据中心网络则通常使用 VXLAN 技术。这就需要引入网关设备，实现 VXLAN 和 MPLS 的相互映射，增加了业务部署的复杂性，却并没有带来相应的收益。

SRv6 具备 Native IPv6 属性,SRv6 报文和普通 IPv6 报文具有相同的报文头,使得 SRv6 仅依赖 IPv6 可达性即可实现网络节点的互通,也使得它可以打破运营商网络和数据中心网络之间的界限,进入数据中心网络,甚至服务器终端。

IPv6 的基本报文头可确保任意 IPv6 节点之间的互通,而 IPv6 的多个扩展报文头能够实现丰富的功能。SRv6 释放了 IPv6 扩展性的价值,基于 SRv6 最终可以实现简化的端到端可编程网络,真正实现网络业务转发大一统,实现"一张网络,万物互联"。

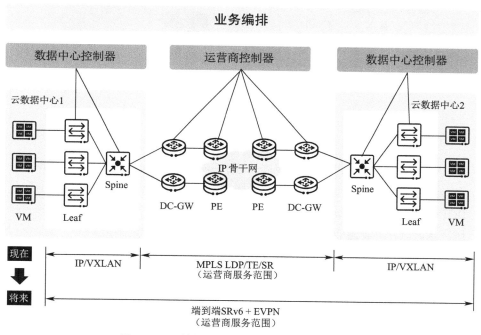

图 9-22 云数据中心互联场景中的 SRv6 应用

3. 兼容存量网络

SRv6 与存量 IPv6 网络兼容,因而可以按需快速开通业务。部署业务时,不需要全网升级,能够保护现网已有投资;另外,VPN 等业务开通只需要在头尾节点进行部署,可以缩短部署时间,提升部署效率。

如图 9-23 所示,在初始阶段,将一些必要设备(例如头尾节点)升级到支持 SRv6 的版本,然后基于 SRv6 特性部署 VPN 等业务,中间设备只要支持 IPv6,按照 IPv6 路由转发即可。后续可以按需升级中间节点,提供基于 SRv6 流量工程的增值业务。

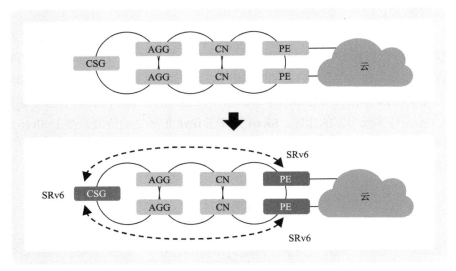

图 9-23 SRv6 按需升级

4. 提升跨域体验

相对于传统的 MPLS 跨域技术来说，SRv6 跨域部署更加简单。SRv6 具有 Native IPv6 的特质，所以在跨域的场景中，只需将一个域的 IPv6 路由通过 BGP4+（Border Gateway Protocol for IPv6，IPv6 边界网关协议）引到另外一个域，就可以开展跨域业务部署，由此可降低业务部署的复杂性。

SRv6 跨域在可扩展性方面也具备独特的优势。SRv6 的 Native IPv6 特质使得它能够基于聚合路由工作。这样即使在大型网络的跨域场景中，只需在边界节点引入有限的聚合路由表项即可，如图 9-24 所示。这能够降低对网络设备能力的要求，提升网络的可扩展性。

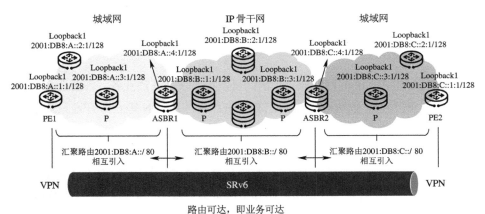

图 9-24 SRv6 大规模组网

5.　敏捷开通业务

随着多云、混合云成为趋势，企业客户需要灵活访问分布在不同云上的应用，网络需要按需提供相应的上云连接。同时，为支撑应用在不同云间的灵活调度，需要承载网络与云进行敏捷打通，为不同云上的资源提供动态、按需的互联互通。

在传统的二层点对点专线模式下，企业需要基于不同云的部署位置租用多条上云专线，并通过手动切换或者企业内部自组网调度，实现对不同云应用的访问，影响业务灵活性和多云访问体验，云网协同复杂度高。

同时，由于缺失一张统一互联互通的云骨干网，当有多个不同网络分别访问多个云时，如新建一个云数据中心，意味着所有网络和云的连接都需要新建打通，连接复杂，分段部署难度非常高，业务变现时间长。

智能云网方案通过云骨干网连接多云和多网，云网连接预部署，入网即入云；通过 SRv6 + EVPN 技术实现业务一线灵活入多云，业务敏捷开通，具体如图 9-25 所示。

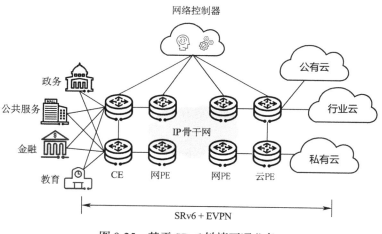

图 9-25　基于 SRv6 敏捷开通业务

9.2　BIERv6 技术

BIERv6 是一种新型组播方案。BIERv6 通过将组播报文目的节点的集合以比特串（BitString）的方式封装在报文头中发送，从而使网络中间节点无须为每一条组播流建立组播分发树和保存流状态，仅需根据报文头的 BitString 完成复制转发。BIERv6 将 BIER（Bit Index Explicit Replication，位索引显式复制）与 Native IPv6 报文转发相结合，不需要显式建立组播分发树，也不需要在中间节点维护每条组播流状态，可以无缝融入 SRv6 网络，简化协议复杂度。BIERv6 可以高效承载 IPTV（Internet Protocol Television，IP 电视）、视频会议、远程教育、远程医疗、在线直播等组播业务。

9.2.1 BIERv6 的产生背景

IP 组播可实现 IP 网络中点到多点的实时数据传送。根据协议的作用范围，IP 组播协议可以分为组播成员管理协议和组播路由协议。组播成员管理协议在主机和路由设备之间运行，包含 IGMP（Internet Group Management Protocol，互联网组管理协议）和 MLD（Multicast Listener Discovery，多播接收方发现协议，业界常称组播侦听者发现）协议。组播路由协议运行在路由设备之间，包含 PIM（Protocol Independent Multicast，协议无关多播/组播）、MVPN（Multicast VPN，多播/组播 VPN）、BIER 以及新一代协议——BIERv6。在新的潮流下，传统的组播路由技术具有怎样的局限性？BIERv6 为何能成为新一代的组播路由技术？本节将从组播技术应用趋势与传统组播技术的发展切入，讲述新一代组播路由协议为何选择了 BIERv6。

1. 组播技术的应用趋势

当前视频流量（包括视频通话、视频分享、视频会议等）已占据互联网流量的绝大部分；而高清视频和全新交互视频或成为未来社交的主要手段，媒体逐步向 VR/AR 演进。这些新业务在带宽和用户体验方面对网络提出新的要求。

在家庭宽带业务方面，3D 和 4K 电视需求增加明显，IPTV 市场份额在不断增长。IPTV 业务基于服务提供商固定宽带网络和业务平台，集互联网、多媒体、通信等技术于一体，以机顶盒或其他具有音视频编解码能力的数字化设备为终端，为用户提供多种交互式服务。服务提供商越来越关注引入新的视频服务，并将交互式多媒体功能视为 IPTV 新的增长机会，支持 IPTV 市场的增长。

如图 9-26 所示，组播一方面能够在网络中提供点到多点的转发，有效减少网络冗余流量，降低网络负载；另一方面能够在应用平台中减轻服务器和 CPU（Central Processing Unit，中央处理器）负荷，减少用户增长对组播源的影响。这些特点使得组播在 VR、视频直播、在线教育、高清视频、视频会议等场景中都具有独特的价值。

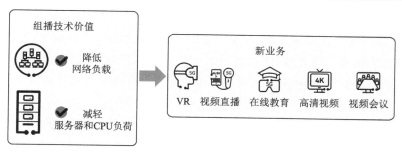

图 9-26　组播技术在新业务下的价值

在潜在组播应用蓬勃发展的同时，网络 IPv6 化的趋势也更加显著。传统的 IPv4 应用领域持续扩展，网络需要支持的节点和连接数量将扩大到前所未有的规模。然而 IPv4 地址空间有限，无法满足网络中不断增加的设备的地址需求。IPv6 可以提供海量的地址空间，从而满足网络规模扩大和连接数量增加情况下的网络地址需求。

新兴场景对带宽和用户体验方面的网络需求，以及 IPv6 网络时代的加速到来，使承载于 IPv6 网络的组播技术需要不断演进，以紧跟新的业务场景和技术发展潮流。

2. 传统组播技术的发展

图 9-27 展示了传统组播技术的发展历程。传统组播技术的发展经历了公网组播方案、IP 组播 VPN 方案以及 MPLS 组播 VPN 方案等几个阶段。

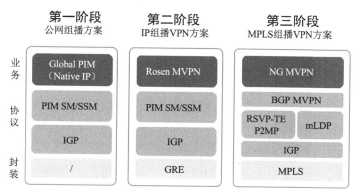

图 9-27　传统组播技术的发展历程

第一阶段是公网组播方案，在公网 IP 网络中，采用 Global PIM 技术。PIM 与单播路由协议类型无关，只要网络设备间存在可达的单播路由，PIM 技术就可以借助单播路由创建组播分发树（转发表），指导组播数据转发。组播分发树随着组成员的动态加入和退出而动态变化。

第二阶段是 IP 组播 VPN 方案，在组播 VPN 业务中用 Rosen MVPN 技术。Rosen MVPN 是将私网 PIM 实例中的组播数据和控制报文通过公网传递到 VPN 的远端站点，其特点是 PIM 报文不经过扩展的 BGP 处理，直接通过隧道转发，且所有 VPN 协议和数据报文在公网上可透明传输。

第三阶段是 MPLS 组播 VPN 方案，采用基于 MPLS 隧道技术的 NG-MVPN，通过 BGP 传递私网组播路由，借助 MPLS P2MP（Point-to-Multipoint，点到多点）隧道传递私网组播流量。PIM 报文转换为 BGP MVPN 报文，在 PE 之间传递。MVPN 数据报文通过承载网络 P2MP 隧道上的 MPLS 标签转发表快速转发。

业务在不断地发展，已有的组播技术存在的局限性也更加显著，限制了组播在网络中的大规模应用，主要表现在以下几个方面。

- 协议复杂，可扩展性弱：中间节点维护每条流的组播状态，依赖组播路由协议来创建组播分发树，在网络中引入复杂的控制信令。同时，创建组播分发树也会占用大量的资源，如内存、CPU 等，不利于在大规模网络中部署。

- 可靠性弱，用户体验不佳：组播流量越多，网络中需要建立的组播分发树越多，网络开销越大。在这种情况下，网络故障后的收敛受组播状态数量影响，业务重新收敛的时间会延长。这样对需要低时延、快收敛的业务来说，会严重影响用户体验。

- 部署和运维困难：由于需要网络支持 PIM、mLDP（multipoint extensions for LDP，LDP 多点扩展）、RSVP-TE P2MP 等众多组播路由协议，部署复杂度高，同时也给网络和业务运维带来困难。

3. BIER 的产生

为了解决公网组播、IP 组播 VPN 等传统组播技术方案的问题，业界提出了 BIER 技术 [6]。BIER 技术不再依赖 PIM、mLDP 或 RSVP-TE 等技术，而是使用 BIER 报文中的 BitString 指示设备将组播报文复制给指定的接收者 PE。BIER 报文封装 BIER 报文头，将 BitString 携带在其中，BitString 中的每个比特表示一个接收者。中间节点不感知组播组状态，仅根据 BitString 完成报文的复制和转发。因此，BIER 转发不需要维护组播组状态，是一种全新的组播转发架构。BIER 的基本原理如图 9-28 所示。

在 BIER 组播协议中，支持 BIER 转发的网络域被称为 BIER 域。BIER 域可以划分成多个子域（Sub-domain）。每个 BIER 域至少包含一个子域。域内支持 BIER 转发能力的路由器被称作 BFR（BIER Forwarding Router，BIER 转发路由器）。当 BFR 作为 BIER 域的入口路由器时，这个 BFR 就是 BFIR（BIER Forwarding Ingress Router，BIER 转发入口路由器）。当它作为 BIER 域的出口路由器时，这个 BFR 就是 BFER（BIER Forwarding Engress Router，BIER 转发出口路由器）。

BFIR 和 BFER 还有一个共同的名字——边缘 BFR，也是 BIER 域中的源节点或目的节点。边缘 BFR 拥有一个专属 BFR-ID（BIER Forwarding Router Identifier，BIER 转发路由器标识），用一个 1～65 535 范围内的整数表示。例如，一个网络中拥有 256 个边缘节点，每个边缘节点需要配置一个 1～256 的唯一值，目的节点集合则使用一个 256 bit（或 32 Byte）的 BitString 来表示，BitString 中的每个比特所在的位置或索引表示一个边缘节点。

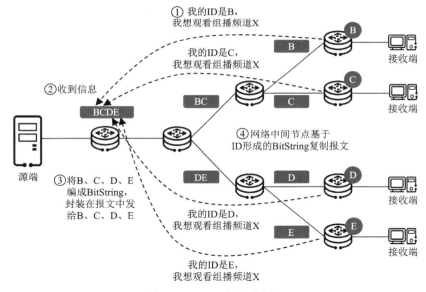

图 9-28　BIER 的基本原理

BIER 采用网络分层的设计理念，包括路由层、BIER 层和组播业务层。层与层之间有衔接，协作完成组播流量的转发，如图 9-29 所示。

每层的功能描述如下。

- 路由层负责确定 BFR 节点的下一跳 BFR 节点。建立 BFR 之间的连接关系，生成 BIFT（Bit Index Forwarding Table，位索引转发表），实现网络互通。通常路由层就是由 IGP 实现的，例如 IS-IS（Intermediate System to Intermediate System，中间系统到中间系统）或 OSPF（Open Shortest Path First，开放最短路径优先）。在一些网络中可能会使用 BGP 代替 IGP 作为路由协议，这种情况下，路由层协议也可以是 BGP。

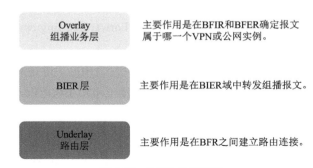

图 9-29　BIER 分层结构

- BIER 层负责在 BIER 域中转发组播报文。它的功能包括发布 BFR 信息，入节点 BFIR 给组播报文封装 BIER 报文头，中间节点 BFR 复制、转发 BIER 报文并更改 BIER 报文头，出节点 BFER 解封装 BIER 报文并发给组播业务层处理模块。BIER 层分为控制平面和数据平面两部分。控制平面负责 BIER 信息发布，数据平面负责 BIER 数据报文的处理。

- 组播业务层涉及对每个组播报文所属组播流的处理过程，在 BFIR 和 BFER 确定报文所属的 VPN 或公网实例。BFIR 节点确定从 BIER 域外接收的组播流要发送给哪些 BFER 节点；BFER 节点收到 BIER 报文后，确定如何进一步处理报文，包括确定报文属于哪一个 VPN 或公网实例，以及根据 VPN 或公网实例复制转发内层组播报文。

BIER 能解决传统组播需要组播转发树建立协议的问题，使得没有组播业务的网络中间设备不再需要为每个组播流建立组播转发树，避免网络中间设备因建立组播转发树而产生的开销。BIER 发展初期的重心是基于 MPLS 转发平面的，但是 BIER-MPLS 在一些应用场景下还是存在一些局限性。

- 一方面，BIER 依赖于 MPLS，适用于 MPLS 网络。对于现有的组播业务例如 IPTV 业务，有的是基于非 MPLS 网络或技术部署的，或者网络本身就没有使能 MPLS。在这种情况下，部署 BIER-MPLS 需要升级全网设备。

- 另一方面，对于支持 MPLS 组播 VPN 的网络，跨域部署 BIER-MPLS 时会面临一些挑战，BIER-MPLS 难以跨域发布 BIER 信息并建立 BIER 转发表。

4. BIERv6 的产生

在单播转发领域，基于 IPv6 数据平面的 SRv6 技术发展迅猛，势头超越了使用 MPLS 数据平面的 SR-MPLS。在组播领域，如何应用 BIER 架构和封装，实现不依赖 MPLS 并且顺应 IPv6 网络发展趋势的技术成了亟待解决的问题。在这样的背景下，业界提出了 BIERv6 技术[7]。BIERv6 继承了 BIER 的核心设计理念，它使用 IPv6 数据平面携带 BitString，将组播报文复制给指定的接收者，中间节点不需要建立组播转发树，可实现无状态转发。

当前，BIERv6 也成了 IETF 等标准化组织的讨论热点。IETF 形成了相关的标准文稿，表 9-6 列举了其中几个主要草案。

表 9-6 BIERv6 相关草案

类型	草案名称	作用
BIERv6 需求和用例	draft–ietf–bier–ipv6–requirements[7]	描述 BIER 在 IPv6 网络中承载的技术要求，包括能够完整支持 BIER 技术架构以及 IPv6 如何扩展以支持 BIERv6 功能等
BIERv6 的封装格式	draft–xie–bier–ipv6–encapsulation[8]	定义 BIERv6 类型的 IPv6 DOH，用于携带标准 BIER 报文头，并使用特定的 IPv6 地址指示 BIERv6 转发
BIERv6 的跨域方案	draft–geng–bier–ipv6–inter–domain[9]	描述怎样使用静态配置实现 BIERv6 跨域

2021 年 2 月，北京联通完成了第一次基于 BIERv6 的现网测试。此次测试覆盖了单域组播、跨域组播、双根保护、双归上联保护等业务场景，基本验证了 BIERv6 在城域网内组播功能的可用性，为后续在城域网及承载网络内开通组播业务打下了坚实的技术基础。

2022 年 5 月，广东联通基于 "IPv6+" 技术打造的智能云网 BIERv6 新型组播承载方案，成功在国内率先实现商用。广东联通通过 BIERv6 技术端到端承载 IPTV 直播业务，提升了客户的视频观看体验，节省了对分级 CDN 的投资，同时还实现了组播商业模式上新的探索。以往广东联通 IPTV 业务从省级中心平台到地市采用分级 CDN 方式发布，直播频道分级复制，播放时延有时可达秒级，业务体验有待提升。随着直播清晰度和码率的提升，各级 CDN 需要频繁扩容，投资居高不下。为了解决上述问题，广东联通采用 BIERv6 新型组播承载方案改造网络。该方案中，IPTV 直播内容从省级中心平台到地市用户终端之间，只需基于 BIERv6 组播技术复制一次，将组播复制时延降低到百毫秒级，并节约了各级 CDN 之间的带宽资源。

9.2.2 BIERv6 的实现原理

BIERv6 是基于 Native IPv6 的全新组播方案，BIERv6 结合了 IPv6 和 BIER 的优势，能够应对未来组播业务发展带来的挑战。本节将介绍 IPv6 针对 BIERv6 的扩展、BIERv6 的转发原理、BIERv6 支持 MVPN 业务、IGP/BGP 针对 BIERv6 的扩展以及 BIERv6 的可靠性等内容。

1. IPv6 如何扩展支持 BIERv6

IPv6 在保持报文头简化的前提下，还具备了优异的灵活性。BIERv6 正是利用了 IPv6 的这一特点来实现自身的功能的。

IPv6 报文中的目的地址标识 BIER 转发节点的 IPv6 地址，即 End.BIER SID，表示需要在本节点进行 BIERv6 转发处理。IPv6 报文中的源地址标识 BIERv6 报文的来源，同时也能指示组播报文所属的组播 VPN 实例。BIERv6 使用 IPv6 DOH 携带标准 BIER 报文头，与 IPv6 报文头共同形成 BIERv6 报文头。BFR 读取 BIERv6 扩展报文头中的 BitString，根据 BIFT 进行复制、转发并更新 BitString。BIERv6 报文头格式如图 9-30 所示。

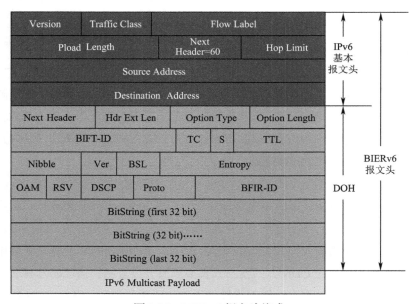

图 9-30　BIERv6 报文头格式

BIERv6 报文头中 DOH 的字段说明如表 9-7 所示。

表 9-7　BIERv6 报文头中 DOH 的字段说明

字段名	长度	含义
Next Header	8 bit	标识紧跟在此 BIERv6 报文头之后的报文头类型
Hdr Ext Len	8 bit	指不包括前 8 Byte（前 8 Byte 为固定长度）的 BIERv6 报文头长度。以 8 Byte 为单位
Option Type	8 bit	在 BIERv6 中为 0x7A，表示一个 BIERv6 Option
Option Length	8 bit	BIERv6 Option 长度。以 Byte 为单位，不包括 Option Type 和 Option Length 字段
BIFT-ID	20 bit	表示 BIFT 的 ID。由 4 bit BSL + 8 bit Sub-domain + 8 bit Set ID 组成
TC	3 bit	即 Traffic Class（流量等级），用于流分类。封装报文时固定填 0，接收报文时忽略，可视为保留字段
S	1 bit	栈底标记。封装报文时固定填 1，接收报文时忽略，可视为保留字段
TTL	8 bit	即 Time To Live（存活时间），用于表示报文经过 BIERv6 转发处理的跳数。每经过一个 BIERv6 转发节点后，TTL 值减 1。当 TTL 为 0 时，报文被丢弃
Nibble	4 bit	封装报文时固定填 0，接收报文时忽略，可视为保留字段
Ver	4 bit	BIERv6 报文格式版本
BSL	4 bit	表示 BitString Length（比特串长度），数值的含义如下。 ·0001：BSL 为 64 bit。 ·0010：BSL 为 128 bit。 ·0011：BSL 为 256 bit。 ·其他：RFC 协议预留。 在一个 BIERv6 子域内，允许配置一个或多个 BSL
Entropy	20 bit	熵字段，用于负载分担
OAM	2 bit	用于 OAM，不影响报文转发
RSV	2 bit	保留字段。默认为 0
DSCP	6 bit	可用于差异化服务，当前未使用
Proto	6 bit	下一层协议标识，用于标识 BIERv6 报文头后面的 Payload 类型，当前未使用。封装报文时固定填 0，接收报文时忽略，可视为保留字段

字段名	长度	含义
BFIR-ID	16 bit	默认为 BFIR 的 BFR-ID 封装报文时固定填 0，接收报文时忽略，可视为保留字段
BitString	通过 BSL 定义	用于标识组播报文目的节点的集合

为了支持基于 IPv6 扩展报文头的报文转发，BIERv6 网络定义了一种新类型的 SID，称为 End.BIER SID，它可以作为 IPv6 目的地址指示对应的设备处理报文中的 BIERv6 扩展报文头。每个节点在接收并处理 BIERv6 报文时，将下一跳节点的 End.BIER SID 封装为 BIERv6 报文的 IPv6 目的地址（组播报文目的节点已通过 BitString 定义），以便下一跳节点按 BIERv6 流程转发报文。End.BIER SID 还能够很好地利用 IPv6 单播路由的可达性，跨越不支持 BIERv6 的 IPv6 节点。

如图 9-31 所示，End.BIER SID 可以分为 Locator 和 Function 两部分。Locator 表示一个 BIERv6 转发节点，定义与 SRv6 中一致。Locator 具有定位功能，节点配置 Locator 之后，系统会生成一条 Locator 网段路由，并且通过 IGP 在 BIERv6 域内扩散。End.BIER SID 可以将报文引导到指定的 BFR，BFR 接收到一个组播报文，识别出报文目的地址为本地的 End.BIER SID，判定为按 BIERv6 流程转发。

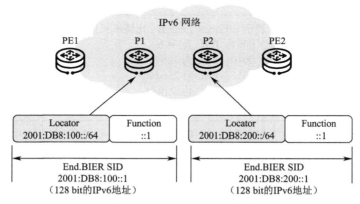

图 9-31　End.BIER SID 格式

图 9-31 中 P1 的 Locator 为 2001:DB8:100::/64，Function 是 ::1，二者组合得到 P1 的 End.BIER SID 为 2001:DB8:100::1；P2 的 Locator 为 2001:DB8:200::/64，Function 是 ::1，二者组合得到 P2 的 End.BIER SID 为 2001:DB8:200::1。

2. BIERv6 如何转发组播报文

BIERv6 的报文转发过程如图 9-32 所示。

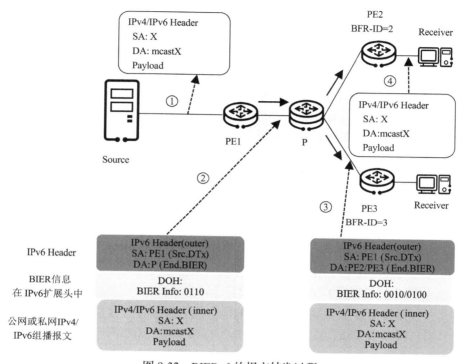

图 9-32 BIERv6 的报文转发过程

当一段组播报文进入 BIERv6 域时，入节点 BFIR 用 BIERv6 扩展报文头对报文进行封装，将其转换为 BIERv6 报文。BIERv6 报文头包括一个 IPv6 报文头和 BIERv6 扩展报文头，其中 IPv6 报文头中 SA（Source Address，源地址）和 DA 字段按照如下方式设置。

- IPv6 SA 字段必须被设置为 Src.DT4 SID 地址，Src.DT4 SID 是在源节点的 Locator 网段范围内配置的一个 IPv6 地址。在目的节点上，可以通过 Src.DT4 SID 区分不同的 MVPN 实例。
- IPv6 DA 字段被设置为下一跳 BFR 的 End.BIER SID。

之后 BIERv6 报文会被复制到下一跳 BFR。

中间节点 BFR 收到 BIERv6 报文后，会遵循 IPv6 报文处理的一般流程来处理数据包。首先处理 IPv6 报文头，如果 IPv6 目标地址是本 BFR 的 End. BIER SID，则指示设备对报文按照 BIERv6 转发流程进行处理，并且读取报文里 DOH 扩展报文头中 BIER 选项的相应字段。然后，按照上文所述的转发流程，BFR 将报文复制到下一个 BFR 节点。

当出节点 BFER 收到组播报文时，如果报文的 BitString 中本节点 BFR-ID 所对应的比特被置位，则剥去 IPv6 封装，取出 BIERv6 报文头中的 BFIR-ID 信息，确定流量是从哪个根节点过来的，进一步通过报文的 SA 字段（Src. DT4 地址）确定报文属于哪个 VPN，从而在对应 VPN 内查找私网路由表，继续转发报文。

BIFT 是 BIERv6 子域中每个 BFR 转发组播报文所必需的。BIFT 用来表示通过该 BFR 邻居能到达的各 BFER 节点，包括 Nbr（BFR Neighbor，BFR 邻居）和 FBM（Forwarding Bit Mask，转发位掩码）。

- BIERv6 中的每个 BFR 通过 IGP 向其他 BFR 节点通告本地 BFR-prefix、Sub-domain ID、BFR-ID、BSL 及路径计算算法等信息。每个 BFR 节点通过路径计算获知当前节点到每个 BFER 的 BFR 邻居。

- FBM 使用一个 BitString 来表示，并且和报文转发所使用的 BitString 长度相同。例如，报文转发使用的 BSL 为 256 bit，那么 BIERv6 转发表中的 FBM 也为 256 bit。在报文转发过程中，报文中的 BitString 会和转发表中的 FBM 进行逻辑与（AND）操作。

以图 9-33 中的节点 A 为例，它有以下两个表项。

- 邻居为 B 的表项，FBM 为 0111，表示通过邻居 B 能到达 BFR-ID = 1/2/3 各节点，或 BFR-ID = 1/2/3 的 BFER 节点的下一跳转发邻居均为节点 B。

- 邻居为 A 的表项，FBM 为 1000，其中邻居 A 带有星号（*），表示该邻居是自己。

节点 B 则有以下 3 个表项。

- 邻居为 C 的表项，FBM 为 0011。

- 邻居为 E 的表项，FBM 为 0100。

- 邻居为 A 的表项，FBM 为 1000。

在图 9-33 中，为了示例方便，使用的 FBM 长度为 4 bit，实际的 FBM 长度至少为 64 bit。

如图 9-33 所示，节点 A、D、E 和 F 作为边缘节点，其 BFR-ID 分别为 4、1、3 和 2。基于控制平面发布的信息，节点 A~F 会建立转发表。以节点 B 为例说明转发表的生成过程。节点 B 收到其他 BFR 泛洪的 BIERv6 信息后，建立起到各个有效 BFR-ID 的转发信息。

- 到达 BFR-ID = 4 的节点，以节点 B 为下一跳邻居。

- 到达 BFR-ID = 3 的节点，以节点 B、C 为下一跳邻居。

- 到达 BFR-ID = 1 和 2 的节点，以节点 C 为下一跳邻居。

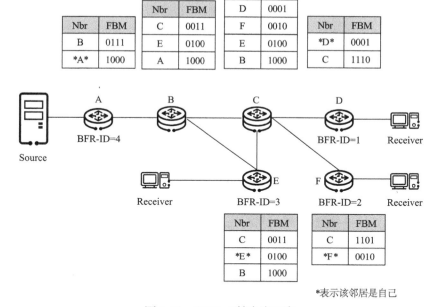

图 9-33　BIERv6 转发表示意

最后，节点 B 就建立起包含 3 个邻居的转发表，可以查找该转发表复制和转发接收到的 BIER 报文。

当节点 B 收到一个 BIER 报文时，遍历 BIER 转发表的 3 个邻居，并根据报文中的 BitString 和每个邻居对应的 FBM 做 AND 操作，如果 AND 操作的结果不为 0，那么就给这个邻居复制一份报文，并且将报文的 BitString 更改为 AND 操作的结果。如果 AND 操作的结果为 0，则无须给该邻居复制报文。

3.　如何跨越不支持 BIERv6 的设备

由于 BIERv6 是基于 Native IPv6 的组播技术，在封装过程中不依赖 MPLS，使用 IPv6 地址标识节点，只要路由可达就可以转发，因此它自然能够跨越不支持 BIERv6 的节点，为 BIERv6 在网络中的部署带来便利。当 BIERv6 网络部署在一个 AS 内，部分节点不支持 BIERv6 转发时，支持 BIERv6 转发的节点间仍然可以通过 IGP 学习并生成转发表，因此组播报文可以自动穿越这些节点。

BIERv6 在域内穿越不支持 BIERv6 设备时的转发过程如图 9-34 所示。其中，P2 不支持 BIERv6 转发，PE1、P1、PE2 以及 PE3 均支持 BIERv6 转发并根据 IGP 泛洪信息建立了转发表。P1 的转发表中有两个邻居节点 PE2 以及

PE3，P1 在向下游复制报文时，目的地址填写 PE2 和 PE3 的 End.BIER SID 地址。P2 接收到报文后，根据 IPv6 路由表确定报文需要发往 PE2 和 PE3。

从这个示例中可以看出，只要 IPv6 地址路由可达，BIERv6 的报文就能够被转发。因此在部署 BIERv6 时，不需要全网设备都支持 BIERv6，能够实现网络平滑部署，极大地减少网络部署成本。

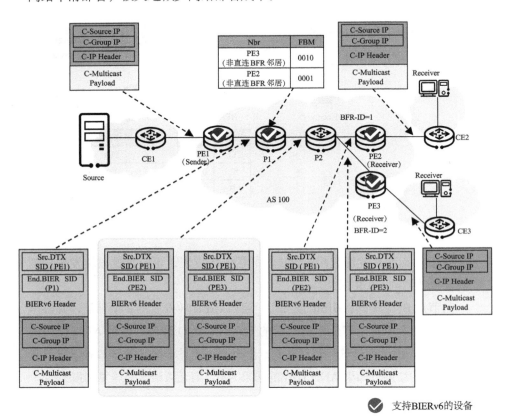

图 9-34　穿越不支持 BIERv6 设备时的转发过程

4. BIERv6 如何实现跨域

组播业务跨域部署是一个普遍要求，例如，IPTV 组播源服务器可能连接在运营商 IP 骨干网的 PE 设备上，但是 IPTV 的用户连接在各个城域网的 BNG（Broadband Network Gateway，宽带网络网关）上，IP 骨干网和城域网划分在不同的 AS 中。BIERv6 技术可采用静态配置的方法穿越不同的 AS 实现组播报文的转发。

图 9-35 展示了一个 BIERv6 跨域场景，下面结合图 9-35 介绍 BIERv6 在

跨域场景下是如何转发 MVPN 报文的。在这个场景中，组播源发出的组播流量经过 AS100 和 AS200 两个 AS 到达接收者（图 9-35 中的两个 Receiver）。其中，AS100 中的 ASBR1 作为边界路由器并且不支持 BIERv6，AS200 中的全部设备都支持 BIERv6。图 9-35 中的 Src.DTX SID，在 MVPNv4 over BIERv6 网络中指 Src.DT4 SID，在 MVPNv6 over BIERv6 网络中指 Src.DT6 SID。MVPN over BIERv6 报文穿越 ASBR1 的过程如下。

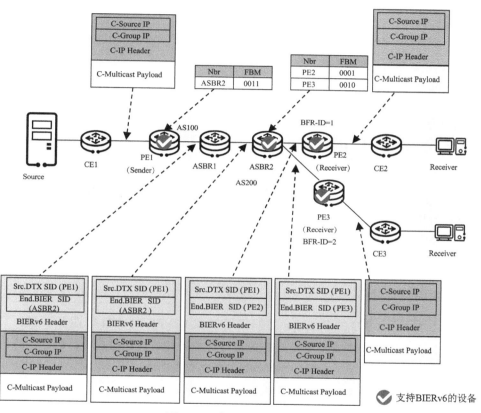

图 9-35 跨域场景穿越原理

步骤① 两个 Receiver 分别通过 CE2 和 CE3 加入组播组。PE2 和 PE3 向 PE1 发送 Join 信息。

步骤② PE1 基于控制平面发布的信息，按标准流程，生成 BIERv6 的 BIFT，BIFT 包括 BFR 邻居和 FBM 等信息。

步骤③ CE1 接收到组播源数据，通过绑定 MVPN 实例的接口发送给 PE1。PE1 根据 MVPN 实例获取到 Src.DTX SID。

步骤④ PE1 构造到 BFR-ID 为 1、2 的组播报文，下一跳地址为 ASBR2

的 End.BIER SID，外层 IPv6 源地址是 Src.DTX SID。

步骤⑤　PE1 按照 BIERv6 标准转发流程，根据报文 BitString 和 BIFT 将报文转发出设备。由于 BIFT 中 BFR 邻居为 ASBR2，因此将 ASBR2 的 End.BIER SID 写入待转发报文的目的地址字段内。

步骤⑥　ASBR1 收到报文后，按照 Native IPv6 转发流程读取报文目的地址并将报文发送给 ASBR2。

步骤⑦　ASBR2 在接收到报文之后，按照 BIERv6 转发过程进行报文复制，将两份报文分别发送给 PE2 和 PE3。

步骤⑧　PE2 和 PE3 收到报文以后，根据 BitString 判断出自身为 BIERv6 报文目的节点，再根据报文的 IPv6 源地址 Src.DTX SID 识别到目的 MVPN 实例，然后 PE2 和 PE3 去除 BIERv6 报文头，分别查找私网路由表，最终将报文从绑定 MVPN 实例的接口以单播形式发给 CE2 和 CE3。

9.2.3　BIERv6 的技术价值

BIERv6 技术继承了 BIER 本身的优势，简化了协议，降低了网络部署难度，能够更好地应对未来网络发展的挑战。除此以外，BIERv6 的核心优势是 Native IPv6 属性，和 SRv6 一起在 IPv6 数据平面统一单播和组播业务，不再依赖 MPLS 标签。基于 Native IPv6 属性，BIERv6 在网络协议简化、部署运维等方面有着巨大的优势。

1.　网络协议简化

如同 SRv6 SID 的 Function 功能指导转发 L2VPN/L3VPN 等业务一样，BIERv6 利用 IPv6 地址指导转发组播 MVPN 业务和公网组播业务，进一步简化了协议，避免分配、管理、维护 MPLS 标签这种额外标识。

BIERv6 与 SDN 及网络编程的设计理念互相契合，可扩展性强。如图 9-36 所示，BIERv6 将目的节点信息以 BitString 的形式封装在 IPv6 报文头中，由头节点向外发送，接收到报文的中间节点根据报文头中的地址信息将数据向下一个节点转发，不需要创建、管理复杂的协议和隧道表项。当业务的目的节点发生变化时，BIERv6 可以通过更新 BitString 进行灵活控制。这种转发方式在大规模网络中也能部署，便于网络扩展。

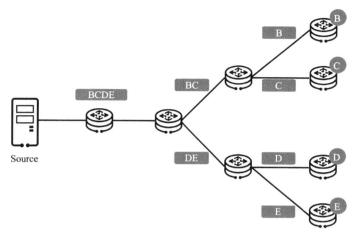

图 9-36　BIERv6 节点封装示意

2.　部署运维简单

随着 SRv6 技术的提出和快速发展，基于 IPv6 数据平面的网络编程逐渐成为业界的主流方向。BIERv6 技术利用 IPv6 扩展报文头携带 BIER 转发指令，彻底摆脱了 MPLS 标签转发机制。利用 IPv6 可扩展的机制也方便后续新特性的演进和叠加，例如组播的网络切片、随流检测等。由于业务只部署在头节点和尾节点，组播业务变化时，中间节点不感知，因此，网络拓扑变化时，不需要对大量组播分发树执行撤销和重建操作，可大大地简化运维工作。

BIERv6 还解决了 BIER 难以跨域部署的问题。由于 BIER-MPLS 基于MPLS 数据平面，部署 BIER 时需要全网设备具备 MPLS 能力，不易跨域部署。但是 BIERv6 利用 IPv6 单播路由可达的特点，使组播业务流量可以轻易跨越不同的 AS，部署更加简单。即使组播源和组播用户之间存在不支持 BIERv6 的网络设备，BIERv6 仍然可以使用，对现网的兼容性更好。

3.　网络可靠性高

BIERv6 通过扩展后的 IGP 泛洪 BIER 信息，各个节点根据 BIER 信息建立组播转发表转发数据。BIERv6 利用单播路由转发流量，不需要创建组播分发树，因此不涉及共享组播源、切换最短路径树等复杂的协议处理事务。BIERv6 也无须维护基于流的组播分发树状态，设备存储表项少。当网络中出现故障时，设备只需在底层路由收敛后刷新 BIFT 表项，因此 BIERv6 故障收敛快，同时可靠性也得到提升，用户体验更好。

9.3　IP 网络切片技术

网络切片是指在同一个共享的网络基础设施上提供多个逻辑网络，每个逻辑网络服务于特定的业务类型或者行业用户。每个网络切片都可以灵活定义自己的逻辑拓扑、SLA 需求、可靠性和安全等级，以满足不同业务、行业或用户的差异化需求。运营商通过网络切片满足不同业务类型或行业用户的差异化网络连接和服务质量需求，不仅可降低建设多张专网的成本，而且可根据业务需求提供高度灵活的按需调配的网络服务，从而提升运营商的网络价值和变现能力，并助力各行各业的数字化转型。

从广义上来说，网络切片是指一整套解决方案，涉及无线接入网、IP 承载网和移动核心网 3 个部分，本节主要介绍 IP 承载网的网络切片。

9.3.1　IP 网络切片的产生背景

网络通常会被类比为交通系统，数据包是"车辆"，通信网络是"交通路网"。随着车辆的增多，城市道路变得拥堵不堪。为了缓解交通拥堵，交通部门需要根据不同的车辆类型、运营方式进行车道划分和车流量管理，比如设置 BRT（Bus Rapid Transit，快速公共汽车交通）通道、非机动车专用通道等，这些专用通道汇合成专用的"交通路网"。通信网络亦是如此，要实现从人与人连接到万物互联，连接数量和数据流量将持续快速上升，如果不加干预，网络必将越来越拥堵、越来越复杂，最终影响网络的业务性能。与交通系统的管理相似，通信网络也需要实行"车道"划分和流量管理，即网络切片。

1.　5G 和云业务快速发展

随着 5G 和云时代多样化新业务的涌现，不同的行业、业务或用户对网络提出了各种各样的服务质量要求。

5G 时代，移动数据、海量的设备连接以及各种垂直行业的业务特征差异巨大。对于移动通信、智能家居、环境监测、智能农业和智能抄表等业务，需要网络支持海量设备连接和大量小报文频发；网络直播、视频回传和移动医疗等业务对传输速率提出了更高的要求；车联网、智能电网和工业控制等业务则要求毫秒级的时延和接近 100% 的可靠性。因此，5G 网络应具有海量接入、超低时延、极高可靠性等特点，以满足用户和垂直行业多样化业务需求。

企业应用上云重塑了企业 ICT 的部署方式，重构了企业到云、企业之间、云与云之间的专线网络，重塑了运营商 B2B（Business to Business，企业对企业）业务。云网一站式服务是企业 ICT 转型最关键的诉求，对运营商而言，发挥网络的优势，提供广覆盖、灵活敏捷、SLA 可保障的专线能力是运营商在 B2B 市场保持竞争力的重要因素。

2. IP 网络面临的挑战

5G 和云时代，一张 IP 网络如何满足众多业务的多样化、差异化、复杂化需求呢？这是 IP 网络面临的巨大挑战。

第一，超低时延、高可靠的挑战。IP 网络在建立时，一般将网络分为接入层、汇聚层、骨干层，所有用户都同时用到最大带宽的可能性很低，会有一定的并发度，因此从接入层到汇聚层，再到骨干层，规划的带宽会有一定收敛，常见的接入汇聚收敛比为 4 : 1（各个运营商实际情况会有所不同）。这种方式充分利用了 IP 网络统计复用的能力，此消彼长，达到资源共享的目的，可以极大地降低建网成本。由于收敛比的存在，网络中会存在高速率、多接口进入，低速率、单接口流出的问题，容易造成拥塞。虽然路由器通过端口大缓存，可以解决拥塞丢包问题，但报文拥塞时会进行队列缓存，此时会产生较大的排队时延。

随着 5G 多样化新业务的涌现，不同业务对带宽和时延有着截然不同的需求。例如直播视频类业务需要大带宽，且流量呈现脉冲式突发特征，容易造成瞬时拥塞，而远程医疗、游戏、精密制造等业务则对时延有超高的要求，提出超低时延的需求。如果能够基于业务提供差异化时延通道，就可以满足对时延要求严格的业务需求。

高价值业务要求 IP 网络提供高可用性、高品质企业业务专线，如政务、金融、医疗行业对可用性的要求往往高达 99.99%。而 5G 业务，尤其是对 URLLC 业务而言，其可用性要求是 99.999%。部分业务如远程控制、高压供电等，其可靠性关系着社会与生命安全，可用性则是极高的 99.9999%。因此，在一张 IP 网络中提供高可靠的专线承载这类业务至关重要。

第二，安全隔离的挑战。一些行业，如政务、金融和医疗等，对业务的安全性和稳定运行有着明确的要求。为了确保相关核心业务不受其他业务干扰，其通信系统一般采用专用的网络承载，与企业信息管理类业务以及公共网络业务隔离。但是考虑到建设成本、运维、快速拓展业务等因素，企业也在满足安全隔离需求的前提下，寻求新的方式承载其核心业务。传统 IP 网络统计复用模式下，容易出现业务之间对资源的互相抢占，只能提供尽力而为的服务，无法提供安全隔离能力的情况。此外，传统 MSTP（Multi-Service Transport

Platform，多业务传送平台）专线面临退网，部分基于 MSTP 的金融、政府专线业务也存在安全隔离、资源独享的诉求。

3. IP 网络切片的产生

当前传统的一张共享网络，无法高效地为所有业务提供可保障的 SLA，更无法实现网络的隔离和独立运营。为了在同一张网络上满足不同业务的差异化需求，网络切片的理念应运而生 [10]。通过网络切片，运营商能够在一个通用的物理网络之上构建多个专用的、虚拟化的、互相隔离的逻辑网络，来满足不同客户对网络连接、资源及其他功能的差异化需求。图 9-37 给出了网络切片的示例。

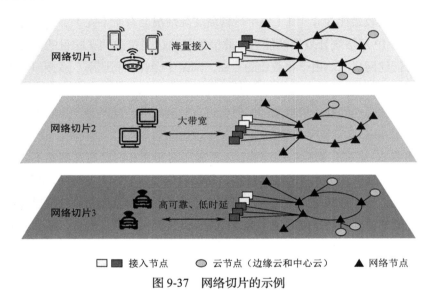

图 9-37　网络切片的示例

网络切片是 5G 和云时代运营商网络中新引入的服务模式，运营商基于一套共享的网络基础设施为多租户提供不同的网络切片服务，满足不同行业的差异化网络需求，各垂直行业客户以切片租户的形式来使用网络。

9.3.2　IP 网络切片的总体架构

IP 网络切片实现架构整体上可以划分为 3 层，包括网络切片管理层、网络切片实例层和网络基础设施层，如图 9-38 所示。

1. 网络切片管理层

网络切片管理层提供网络切片的生命周期管理功能。为满足各种不同业务的诉求，网络切片将一张物理网络分为多张逻辑切片网络，导致切片网络的管理复杂度增加，因此切片网络的自动化、智能化管理至关重要，具体包括网络切片的规划、部署、运维、优化 4 个阶段，如图 9-39 所示。

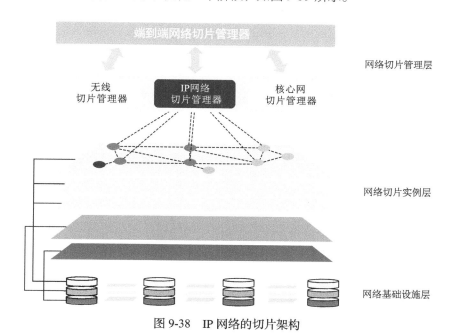

图 9-38　IP 网络的切片架构

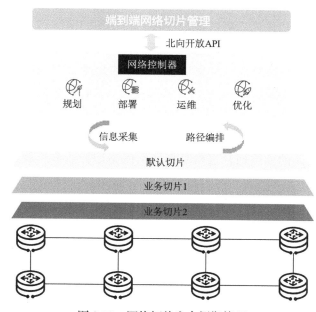

图 9-39　网络切片生命周期管理

- 切片规划：完成切片网络的物理链路、转发资源、业务 VPN 和隧道规划，指导切片网络的配置和参数设置。提供多种网络切片规划方案，如全网按照固定带宽进行切片、灵活定制拓扑连接或者基于业务模型和 SLA 诉求自动计算切片的拓扑和需要的资源。
- 切片部署：完成切片实例部署，包括创建切片接口、配置切片带宽、配置 VPN 和隧道等。
- 切片运维：完成切片网络可视化、故障排除等功能。通过 IFIT 等技术监控业务时延、丢包指标。通过 Telemetry 技术上报网络切片的流量、链路状态、业务质量信息，实时呈现网络切片状态。
- 切片优化：基于业务服务等级要求，在切片网络性能和网络成本之间寻求最佳平衡的过程，包括切片转发资源预测、切片内流量优化等领域。

2. 网络切片实例层

网络切片实例层提供在物理网络中生成不同的逻辑网络切片实例的能力，支持按需定制的逻辑拓扑连接，并将切片的逻辑拓扑与为切片分配的网络资源整合在一起，构成满足特定业务需求的网络切片。

网络切片实例层由上层的业务切片子层 [也称为虚拟专用网络（VPN）层] 与下层的资源切片子层 [又称为虚拟传输网络（Virtual Transport Network，VTN）层或网络资源切分（Network Resource Partition）层] 组成。业务切片子层提供网络切片内业务的逻辑连接，以及不同网络切片之间的业务隔离，即传统的 VPN Overlay 功能。资源切片子层提供用于满足切片业务连接所需的逻辑网络拓扑，以及满足切片业务的 SLA 要求所需的独享或部分共享的网络资源。因此，网络切片实例是在 VPN 业务的基础上增加了与底层 VTN 之间的集成。由于上层的各种 VPN 技术已经是成熟且广泛采用的技术，本书的后续章节主要描述网络切片实例层中的资源切片子层的功能。后文中所说的网络切片通常是指提供网络切片业务承载的虚拟承载网络层。

虚拟承载网络层包含控制平面和数据平面。

- 数据平面：主要功能是在数据业务报文中携带网络切片的标识信息，指导不同网络切片的报文按照该网络切片的转发表项进行报文的转发处理。数据平面需要提供一种通用的抽象标识，从而能够与网络基础设施层的各种资源切分技术解耦。目前，在数据平面可以通过 SRv6 SID 或 Slice ID（切片 ID）携带网络切片的标识信息。

- 控制平面：主要功能是分发和收集各个网络切片的拓扑、资源等属性及状态信息，并基于网络切片的拓扑和资源约束进行路由和路径的计算以及发放，实现将不同网络切片的业务流按需映射到对应的网络切片实例。目前，在控制平面可以通过 Flex-Algo（Flexible Algorithm，灵活算法）进行网络切片拓扑的灵活定制[11]，通过 SRv6 Policy 下发网络切片的路径信息。

3. 网络基础设施层

网络基础设施层是用于创建 IP 网络切片实例的基础网络，即物理设备网络。为了满足业务的资源隔离和 SLA 保障需求，网络基础设施层需要具备灵活、精细化的资源预留能力，支持将物理网络中的转发资源按照需要的粒度划分为相互隔离的多份，分别提供给不同的网络切片使用。一些可选的资源隔离技术包括 FlexE 接口、信道化子接口和 Flex-channel（灵活子通道）等。

FlexE 接口技术通过 FlexE Shim（垫层）把物理接口资源按时隙池化，在大带宽物理接口上通过时隙资源池灵活划分出若干子通道接口（FlexE 接口），实现对接口资源的灵活、精细化管理[12]。每个 FlexE 接口之间带宽资源严格隔离，等同于物理接口。FlexE 接口相互之间的时延干扰极小，可提供超低时延。FlexE 接口的这一特性使其可承载对时延 SLA 要求极高的 URLLC 业务，如电网差动保护业务。

使用 FlexE 接口技术来做切片资源预留具有以下特点。

- 切得好：切片后时延稳定、零丢包，实现切片之间的硬隔离，带宽保证，切片之间业务互不影响。
- 切得细：当前业界普遍支持到切片 5 Gbit/s，个别厂商支持最小 1 Gbit/s 切片粒度。
- 切得多：配合其他资源预留技术，如信道化子接口或 Flex-channel，支持层次化"片中片"，可以满足更复杂的业务隔离的需求。
- 切得快：分钟级切片部署，实现业务的快速部署。切片资源可以通过网络智能管控器预部署，也支持随业务按需部署。
- 切得稳：切片带宽动态调整，业务稳定，支持基于切片的 SLA 可视等智能运维能力。

信道化子接口采用子接口模型，结合 HQoS（Hierarchical Quality of Service，分层服务质量）机制，通过为网络切片配置独立的信道化子接口实现带宽的灵活分配，每个网络切片独占带宽和调度树，为切片业务提供资源预留。信道化子接口相当于设备为每个网络切片划分独立"车道"，不同网络切片的

"车道"之间是实线，业务流量在传输过程中不能并线变换"车道"，从而确保不同切片的业务在设备内可以严格隔离，有效避免流量突发时切片业务之间的资源抢占。同时，在每个网络切片的"车道"内还进一步提供虚线划分的车道，可以在同一切片内基于报文优先级进行差异化调度。

信道化子接口在物理接口下，有独立的逻辑接口，适合进行逻辑组网，通常用于提供组网型的带宽保障切片业务。

使用信道化子接口技术来做切片资源预留具有以下特点。

- 严格隔离：基于子接口模型，资源提前预留，避免流量突发时切片业务之间发生资源抢占。
- 带宽粒度小：可以配合 FlexE 接口使用，在大速率接口上分割出小带宽的子接口，适用于行业切片。

Flex-channel 提供灵活和细粒度的接口资源预留方式。与信道化子接口相比，Flex-channel 没有子接口模型，配置更为简单，因此，更适用于按需快速创建网络切片的场景。

使用 Flex-channel 技术来做切片资源预留具有以下特点。

- 随用随切：基于业务的切片需求通过控制器快速下发实现随用随切。
- 海量切片：Flex-channel 最小支持 1 Mbit/s 的带宽粒度，满足企业用户级的切片带宽需求。

不同资源预留技术的对比如表 9-8 所示。

表 9-8　不同资源预留技术的对比

对比项	FlexE 接口	信道化子接口	Flex-channel
隔离度	独占 TM（Traffic Manager，流量管理器）资源，接口隔离	TM 资源预留，接口共享	TM 资源预留，接口共享
时延保障效果	单跳时延最大增加 10 μs	单跳时延最大增加 100 μs	单跳时延最大增加 100 μs
粒度	1 Gbit/s	2 Mbit/s	1 Mbit/s
适用场景	行业切片	行业切片、企业专网切片（预部署）	企业点到点切片、企业专网切片（随用随切）

不同的资源预留技术之间可配合使用，如图 9-40 所示。运营商通常使用 FlexE 接口或信道化子接口提供较大粒度、面向特定行业或业务类型的切片资源预留，并进一步在行业或业务类型切片内使用 Flex-channel 为不同的企业用

户划分细粒度的切片资源。

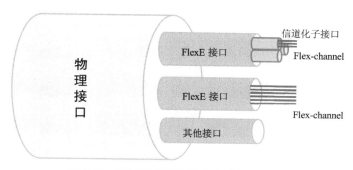

图 9-40　不同资源预留技术配合使用示意

通过层次化调度的网络切片，实现资源灵活、精细化管理。例如，在接入环 50 Gbit/s 带宽、汇聚环 100 Gbit/s 带宽的网络中，为满足某个垂直行业对隔离和超低时延的需求，接入环采用 FlexE 接口预留 1 Gbit/s 带宽，汇聚环采用 FlexE 接口预留 2 Gbit/s 带宽，实现业务硬隔离。切片内业务从多个接入环进入汇聚环后，可以共享该切片在汇聚环上预留的 2 Gbit/s 带宽。该垂直行业的不同业务类型或用户在切片的 FlexE 接口内可以继续采用信道化子接口或 Flex-channel 技术进行精细化资源预留和调度，在满足切片的隔离和 SLA 保障需求的前提下，达到资源统计复用最大化。

9.3.3　IP 网络切片的两种方案

本节主要介绍网络切片方案的设计思想和特点，帮助读者了解网络切片是如何实现资源隔离、差异化 SLA 保障等功能的。

1.　IP 网络切片方案概述

以数据平面的切片标识方式进行分类，目前主要的 IPv6 网络切片方案有 2 种。

第一种是基于 SR SID 的网络切片方案。控制平面基于亲和属性（Affinity）/多拓扑（Multi-Topology）[13, 14]/Flex-Algo 定义每个网络切片的拓扑；数据平面使用 SR SID 标识为不同网络切片预留的转发资源，例如接口、子接口或灵活子通道。该方案基于现有的控制平面和数据平面协议机制，结合转发平面的资源切分隔离能力，可以为存量网络快速引入网络切片，根据业务需求快速实现网络切片的部署和应用。

基于 SR SID 的网络切片方案使用 SR SID 作为切片标识，为了能区分不同网络切片的报文，不同的网络切片将被分配不同的 SR SID。本书以 SRv6

为例，介绍基于 SR SID 的网络切片方案。当控制平面使用亲和属性时，基于 SRv6 SID 的网络切片方案如图 9-41 所示。

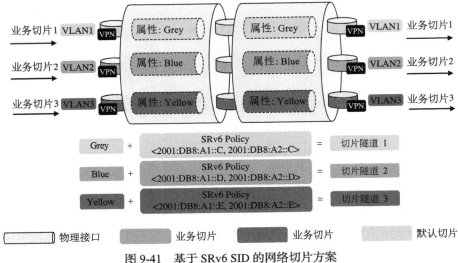

图 9-41　基于 SRv6 SID 的网络切片方案

在控制平面，每个网络节点为不同网络切片创建独立的接口或子接口。同时，网络节点需要为每个网络切片分配独立的 SRv6 Locator，并以该 Locator 为前缀，为每个网络切片的接口或子接口分配独立的 SRv6 End.X SID。

在数据平面，通过为不同网络切片分配对应的转发资源，以及分配对应不同网络切片的 SRv6 Locator 和各种类型的 SRv6 SID，可以实现将一张物理网络切分为多个相互隔离的基于 SRv6 的网络切片。数据转发时，网络切片基于 SRv6 SRH 封装和逐跳转发业务报文，网络中的每个节点根据报文中携带的 SRv6 SID 确定对应的资源接口或子接口。

第二种是基于 Slice ID 的网络切片方案。控制平面使用多拓扑/灵活算法定义网络切片的拓扑；数据平面引入全局的 Slice ID 标识为不同网络切片预留的转发资源，例如接口、子接口或灵活子通道。该方案支持多个网络切片之间共享逻辑拓扑和资源属性，通过数据平面和控制平面协议的扩展提升网络切片的扩展性，可以应用于大规模网络切片的场景。

本书以 SRv6 为例介绍基于 Slice ID 的网络切片方案。如图 9-42 所示，基于 Slice ID 的网络切片方案引入全局唯一的 Slice ID 标识网络切片，每个 Slice ID 对应一个网络切片。Slice ID 可以标识切片内转发资源接口，不需要为每个切片接口配置独立的 IPv6 地址和 SRv6 SID。

在控制平面，基于 Slice ID 计算 SRv6 路径，用于业务承载；在数据平面，各转发节点根据数据报文中携带的 Slice ID 匹配切片资源接口转发业务。

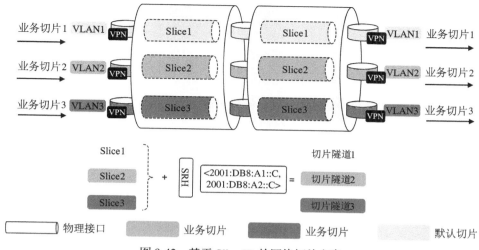

图 9-42 基于 Slice ID 的网络切片方案

2. 基于 SRv6 SID 的网络切片方案

下面以控制平面使用亲和属性为例,介绍基于 **SRv6 SID** 的网络切片方案。该方案利用 **SRv6** 已有的控制平面和数据平面协议机制,能够根据业务需求快速实现网络切片的建立和调整,实现基于存量网络的快速部署。

链路管理组(Administrative Group)是一种比特向量形式的链路管理控制信息属性,其中的每个比特代表一个管理组,通常也被称作链路的一种"颜色"(Color)。网络管理员可以通过对一条链路的链路管理组属性中的特定位进行置位或不置位的方式来设置这条链路的 Color,如图 9-43 所示。

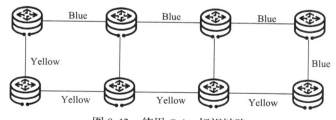

图 9-43 使用 Color 标识链路

亲和属性是指通过定义对链路管理组属性的匹配条件,例如 include-any(包含任意)/include-all(包含所有)/exclude(排除)等,选出符合条件的一组链路用于进行约束路径的计算。基于亲和属性定义网络切片需要为每个网络切片定义一种不同的 Color,并为属于该网络切片的链路配置将该 Color 比特置位的链路管理组属性,进而可以通过亲和属性的 include-all 匹配规则,将具有该

171

Color 的一组链路选出来，组成对应的网络切片拓扑，用于在网络切片内的集中式约束路径计算。

如图 9-44 所示，对于基于亲和属性的控制平面，需要为每个网络切片指定不同的 Color，并在为网络切片预留资源的接口或子接口上配置该 Color 比特置位的链路管理组属性，这样可以基于亲和属性规则，在控制平面将具有相同 Color 的链路划分到同一个网络切片中。

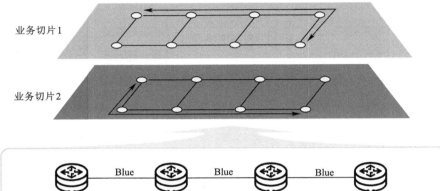

图 9-44　基于亲和属性划分网络切片

各网络节点将网络的拓扑连接信息、链路的管理组属性信息、SRv6 SID 信息以及其他的 TE 属性信息通过 IGP 等在网络中泛洪，并通过 BGP-LS 等协议上报给网络切片控制器。网络切片控制器在收集到整个网络的拓扑和链路属性信息后，可以基于亲和属性形成独立的网络切片视图，并在每个网络切片内，根据该网络切片的带宽等 TE 属性计算用于特定约束条件的显式路径。

如图 9-45 所示，在数据平面，需要为不同网络切片预留的资源接口或子接口分配不同的 SRv6 End.X SID，这样网络中每一个转发节点在转发报文时，可以根据 SRv6 SID 确定用于执行报文转发的接口或子接口资源。

网络切片控制器基于切片约束计算得到的显式路径，可以编排为由对应的接口或子接口的 SRv6 SID 组成的 SID List，用于在 SRv6 网络中显式指示报文的转发路径以及路径上的一组预留的转发资源。网络切片控制器通过 BGP SR

Policy 将各切片的 SRv6 显式路径下发给头节点，并将切片内规划的各类业务，如 L2VPN、L3VPN，迭代到对应切片的 SRv6 Policy 路径上。

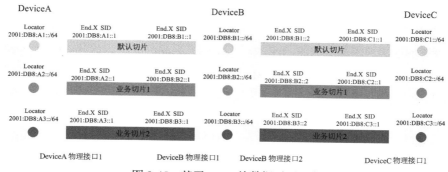

图 9-45 基于 SRv6 的数据平面示意

如图 9-46 所示，如果业务的目的地址与 SRv6 Policy 的 Endpoint 匹配，且业务的意图（比如期望低时延或大带宽路径，通过 VPN 路由中的 Color 扩展团体属性标识）与 SRv6 Policy 的特点一致，那么业务的流量就可以导入对应的 SRv6 Policy 进行转发。SRv6 Policy 约束业务报文使用切片内的路径和预留资源进行转发，可以实现不同切片之间的资源隔离以及切片内不同业务的差异化路径，从而满足不同切片用户和切片内不同业务的 SLA 要求。

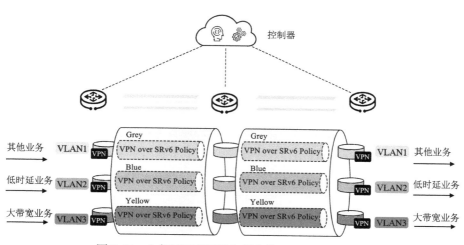

图 9-46 业务基于意图导入指定的 SRv6 Policy 路径

3. 基于 Slice ID 的网络切片方案

在基于 SRv6 SID 的网络切片方案中，设备为网络切片预留资源时，需要每台设备为每个网络切片分配不同的 SRv6 Locator 和 SRv6 SID。当网络切片的数量较多时，需要分配的 SRv6 Locator 和 SRv6 SID 数量会快速增加，这一方面会给网络的规划和管理带来挑战，另一方面，控制平面需要发布的信息量和数据平面的转发表项数量也会成倍增加，给网络带来扩展性问题。通过在各网络设备上与网络切片关联的接口或子接口配置 Slice ID，并在数据报文中引入专门的网络切片标识 Slice ID，避免 SRv6 Locator 和 SID 数量随切片数量增加而成倍增加，更重要的是基于 Slice ID 的网络切片方案能实现拓扑和网络切片资源的解耦，从而能够有效缓解网络切片数量增加给控制平面和数据平面带来的扩展性压力。

基于 Slice ID 的网络切片方案在数据报文中引入了新的网络切片标识 Slice ID，使网络切片具有独立的资源标识和拓扑 / 路径标识。一种典型的实现方式是，在 IPv6 的 HBH 扩展报文头（Hop-by-Hop Header）中携带网络切片的全局数据平面标识 Slice ID[15]，并通过 Slice ID 指定该报文通过哪个切片承载，具体如图 9-47 所示。

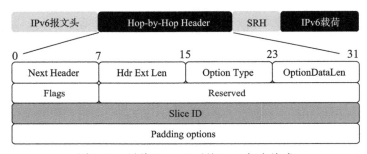

图 9-47　封装 HBH 之后的 IPv6 报文格式

说明：IETF 最新标准草案[15] 将 IPv6 HBH 扩展报文头中携带的 Slice ID 重新定义为 VTN Resource ID（资源标识），此名称相对而言比较陌生。为了方便读者理解，本书仍然沿用业界之前常用的名称 Slice ID，暂未使用最新名称。

基于 Slice ID 的网络切片方案允许多个拓扑相同的网络切片复用相同的拓扑 / 路径标识。例如，在 SRv6 网络中，多个网络切片可以使用同一组 SRv6 Locator 和 SID 指示到目的节点的下一跳或转发路径。这样能够有效避免基于 SRv6 SID 的网络切片方案中存在的问题。

基于 Slice ID 的网络切片方案通过全局规划和分配的 Slice ID 来标识各网络设备在接口上为该网络切片分配的转发资源，例如子接口或子通道，从而区分不同网络切片在相同的三层链路和接口上所对应的不同子接口或子通道。网络设备使用 IPv6 报文头中的目的 IP 地址和 Slice ID 组成的二维转发标识共同指导属于特定网络切片的报文转发，其中目的地址用于确定转发报文的拓扑和路径，获得报文转发的三层出接口，而 Slice ID 用于在三层出接口上选择到下一跳网络设备的子接口或子通道。

如图 9-48 所示，在 DeviceA、DeviceB 和 DeviceC 上分别创建 3 个网络切片实例，使用独立的 Slice ID 标识物理接口下为每个网络切片分配的资源接口或子接口。为了缓解网络切片的数量增加给控制平面带来的压力，不同的网络切片可以复用相同的控制协议会话，拓扑相同的网络切片还可以复用基于拓扑的路由计算结果。

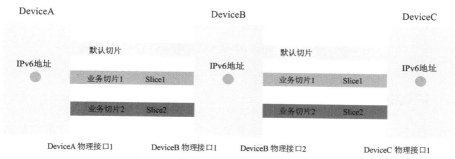

图 9-48 基于 Slice ID 的数据平面示意

基于 Slice ID 的网络切片方案需要在网络设备上生成两类转发表，一类是路由表或 SID 表，用于根据报文的目的地址中携带的 SRv6 SID 确定三层出接口；另一类是三层出接口的切片资源映射表，用于根据报文中的 Slice ID 确定该切片在三层出接口下的子接口或子通道。

如图 9-49 所示，业务报文到达网络设备后，网络设备先根据目的地址查找路由表，得到下一跳设备及三层出接口；然后根据 Slice ID 查询三层出接口的切片资源映射表，确定三层出接口下的子接口或子通道；最后使用对应的子接口或子通道转发业务报文。

基于 Slice ID 的网络切片方案具有以下优势。

- 多个切片复用相同的地址标识，可简化网络切片部署复杂度。
- 多个切片共享路由表，通过 Slice ID 查询切片资源映射表，实现切片的差异化转发，能降低切片路由规模，提升收敛性能。
- 可实现拓扑和资源解耦，最大限度重用切片拓扑，减小控制器协议维护多个切片拓扑带来的开销，增大切片规模。

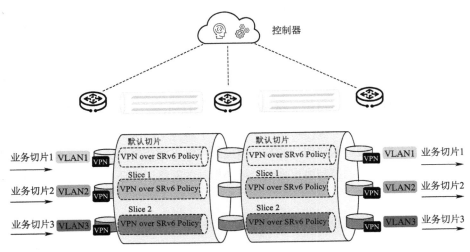

图 9-49　业务基于 Slice ID 导入指定的 SRv6 Policy 路径

4. IP 网络切片方案比较

基于 SRv6 SID 的网络切片方案和基于 Slice ID 的网络切片方案对比如表 9-9 所示。

表 9-9　两种网络切片方案的对比

对比项	基于 SRv6 SID 的网络切片方案	基于 Slice ID 的网络切片方案
切片规格	10 个左右	k 级
转发资源切分技术	FlexE 接口 / 信道化子接口 / Flex-channel	FlexE 接口 / 信道化子接口 / Flex-channel
SLA 保障效果	严格保障	严格保障
每个切片是否分配 SR SID/Locator	是	否
配置复杂度	高	低
切片拓扑呈现	默认拓扑 / 定制拓扑	默认拓扑 / 定制拓扑
控制平面开销	大	小
切片部署方式	预部署	预部署或按需部署
是否需要控制器	建议使用	建议使用

对比项	基于 SRv6 SID 的网络切片方案	基于 Slice ID 的网络切片方案
适用场景	需要的网络切片数量较少，基于存量网络快速部署	需要提供大量的租户级网络切片

当前基于 SRv6 SID 的网络切片方案可以在已经部署 SRv6 的网络中快速部署，但存在支持的切片数量较少、配置复杂、控制平面开销大等问题。基于 Slice ID 的网络切片方案能解决这些问题，但是需要对 IPv6 数据平面进行扩展。从满足未来业务需求和网络长期可持续发展的角度来考虑，推荐部署基于 Slice ID 的网络切片方案。

9.3.4 IP 网络切片的技术价值

运营商能够通过网络切片提供资源隔离、差异化 SLA 保障能力，助力企业的数字化转型。

1. 资源与安全隔离

不同的行业、业务或用户将通过不同的网络切片在同一张网络中承载，网络切片之间需要根据业务和客户的需求提供不同类型及程度的隔离能力。

网络切片隔离的目的主要有两方面。一方面是从服务质量的角度，需要控制和避免某个切片中的业务突发或异常流量影响同一网络中的其他切片，做到不同切片内的业务之间互不影响。这一点对于垂直行业尤其重要，如智能电网、智慧医疗、智慧港口，这类行业对时延、抖动等方面的要求十分严苛，无法容忍其他业务对其业务性能的影响。另一方面是从安全性的角度，某个网络切片中的业务或用户信息不希望被其他网络切片的用户访问或者获取，这时需要为不同切片之间提供有效的安全隔离措施，如金融、政务等专线业务。

按照隔离程度不同，IP 网络切片可以提供以下 3 个层次的隔离。

- 业务隔离：针对不同业务在公共网络中建立不同的网络切片，提供业务连接和访问的隔离。业务隔离本身不提供对服务质量的保证，只使用业务隔离的不同网络切片的业务性能可能相互影响。业务隔离可以满足部分对服务质量要求相对不苛刻的传统业务的隔离需求。
- 资源隔离：是指某一网络切片所使用的网络资源与其他网络切片所使用的网络资源之间的隔离。资源隔离对 5G 的 URLLC 业务尤其重要，因为 URLLC 业务通常有着十分严格的服务质量要求，不允许任何来自其他业务的干扰。资源隔离按照隔离程度可以分为硬隔离和软隔离。硬隔离是指为不同的网络切片在网络中分配完全独享的网络资源，从而可以保证不同网络切片内的业务在网络中不会互相影响。如通过 FlexE 接口、信道化子接口承载的网络切片。软隔离是指不同的网络切片既拥有部分独立的资源，又共享一些资源，从而在提供满足业务需求的隔离特性的同时，保持一定的统计复用能力，如通过 QoS/HQoS 承载网络切片。结合软硬隔离技术，可以灵活选择哪些网络切片需要独享资源，哪些网络切片之间可以共享部分资源，从而实现在同一张网络中满足不同业务的差异化 SLA 要求。

- 运营隔离：对一部分网络切片租户来说，除了需要业务隔离和资源隔离提供的能力，还要求能够对运营商分配的网络切片进行独立的管理和维护操作，即做到使用网络切片近似于使用一张专用网络。网络切片通过管理平面接口开放提供运维隔离功能。

以智能电网场景为例，如图 9-50 所示，智能电网的业务分为采集类业务和控制类业务，这两类业务对网络的 SLA 要求存在差异，需要提供业务隔离。网络切片既可以提供智能电网业务与公共网络业务之间的资源隔离，还可以提供智能电网采集类业务与控制类业务的业务隔离。

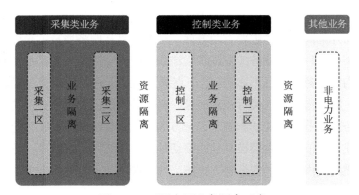

图 9-50　不同电网业务隔离示意

2.　差异化 SLA 保障

网络业务的快速发展不仅带来了网络流量的剧增，用户对网络性能也提出了极致的要求。不同的行业、业务或用户对网络的带宽、时延、抖动等 SLA 存在不同的需求，需要在同一个网络基础设施上满足不同业务场景的差异化 SLA 需求。网络切片利用共享的网络基础设施，为不同的行业、业务或用户提供差异化的 SLA 保障。

网络切片使运营商从单一的流量售卖服务，逐步向面对 B2H（Business to Home，企业对家庭）、B2B 和 B2C（Business to Consumer，企业对消费者）提供差异化服务进行转变，如图 9-51 所示，以切片商品的方式为租户提供差异化服务。按需、定制、差异化的服务将是未来运营商提供业务的主要模式，也是运营商新的价值增长点。

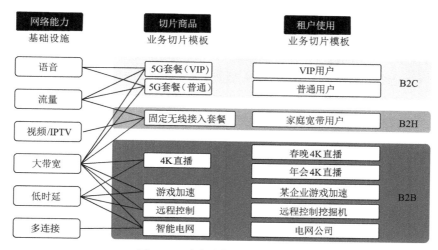

图 9-51　为租户提供差异化服务

9.4　IFIT 技术

IFIT 是一种通过对网络真实业务流进行特征标记，以直接检测网络的时延、丢包、抖动等性能指标的检测技术 [16]。随着移动承载、专网专线以及云网架构的快速发展，承载网络面临着超大带宽、海量连接、高可靠及低时延等新需求与新挑战。IFIT 通过在真实业务报文中插入 IFIT 报文头进行性能检测，并采用 Telemetry 技术实时上送检测数据，最终通过网络控制器的可视化界面，直观地向用户呈现逐包或逐流的性能指标。IFIT 可以显著提高网络运维及性能监控的及时性和有效性，保障 SLA 可承诺，为实现智能运维奠定坚实基础。

9.4.1　IFIT 的产生背景

为了满足 5G 和云时代网络业务不断提高的 SLA 要求，应对网络运维面临的挑战，业界提出了随路网络测量。随路网络测量是一个包含多种方案、技术的体系，本节简单介绍一下这个体系，试图厘清随路网络测量与 IFIT 的关系。

1. 传统网络运维的痛点

在 5G 和云时代，IP 网络的业务与架构都产生了巨大变化，这些变化给网络运维带来了巨大挑战。一方面，5G 的发展带来了如高清视频、VR/AR、车联网等丰富的新业务的兴起；另一方面，为方便统一管理、降低运维成本，网络设备和服务的云化已经成为必然趋势。新业务与新架构对目前的承载网络运维提出了诸多挑战。

如图 9-52 所示，传统的网络运维方法并不能满足 5G 和云时代新应用的 SLA 要求，突出问题是业务受损被动感知和定界定位效率低。

- 业务受损被动感知：运维人员通常只能根据收到的用户投诉或周边业务部门派发的工单判断故障范围，在这种情况下，运维人员故障感知延后、故障处理被动，导致其面临的排障压力大，最终可能造成不好的用户体验。因此，当前网络需要能够主动感知业务故障的业务级 SLA 检测手段。

- 定界定位效率低：故障定界定位通常需要多团队协同，团队间缺乏明确的定界机制会导致定责不清；人工逐台设备排障，找到故障设备进行重启或倒换的方法，排障效率低。此外，传统 OAM 技术通过测试报文间接模拟业务流，无法真实复现性能劣化和故障场景。因此，当前网络需要基于真实业务流的高精度快速检测手段。

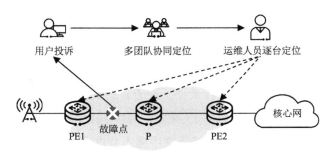

图 9-52　传统网络运维的痛点

2. 优质运维手段的缺失

面对传统网络运维的痛点，业界一直在进行探索改进，先后提出了几种不同的 OAM 技术，这些技术按照测量类型的不同，可分为带外测量和带内测量两种模式。带外测量技术通过间接模拟业务数据报文并周期性发送报文的方法，实现端到端路径的性能测量与统计；带内测量技术则是通过对真实业务报文进行特征标记，实现对真实业务流的性能测量与统计。

为了帮助大家理解这两种测量模式的区别，下面举一个例子。如果把网络中的业务流看作车道上行驶的车辆，那么带外测量技术就好比在道路两旁定点设置的监控探头，收集的数据有限且存在盲区，不足以还原车辆完整的运行轨迹；带内测量技术则好比为车辆安装了定位模块，车辆的行驶信息都将被收集，可以实现对车辆的实时定位以及准确的路径还原。

现有的带外测量技术的代表是 TWAMP，带内测量技术的代表是 IP FPM（IP Flow Performance Measurement，IP 流性能监控），这些测量方法各有优点，但仍然不能很好地满足新的网络业务与架构要求。

- TWAMP 作为早期主流的带外测量技术，由于其部署简单，受到广泛应用，但是其通过在业务报文中插入测量探针并间隔发包的方法导致统计精度较低，无法定位具体故障点及呈现真实业务路径。

- IP FPM 的出现带来带内测量的新思想，它通过直接对 IP 报文头进行染色，显著提高了检测精度，但是由于其无法感知业务流的转发路径，部署难度较高，不适合在现网中进行大规模应用。另外，IP FPM 需要逐点配置，部署难度也相对较高。

3. 随路网络测量的产生

当 Telemetry 应用到网络中时，它是一种在远端收集网络节点参数的技术。根据网络中数据源的不同，Telemetry 可以分为管理平面、控制平面和数据平面的 Telemetry[17]。随路网络测量是数据平面 Telemetry 的一种关键技术，可以提供逐包的数据平面信息。

业界已有许多随路网络测量的技术方案提出，如 IOAM[18]、PBT（Postcard-Based Telemetry，基于 Postcard 的遥测）[19]、EAM（Enhanced Alternate Marking，增强交替染色）方法[20]。这些技术根据对收集数据的处理方式不同，存在 Passport（护照）和 Postcard（明信片）两种基本模式，具体如图 9-53 所示。

对于 Passport 模式，测量域的入节点需要为被测量报文添加一个 TIH（Telemetry Instruction Header，Telemetry 指令头），包含数据收集指令。中间节点根据数据收集指令，逐跳收集沿途数据，并将数据记录在报文里。在测量域的出节点处，上送所有收集的沿途数据，并剥离指令头和数据，还原数据报文。Passport 模式就好像一个周游世界的游客，每到一个国家就在护照上盖上一个出入境的戳。

Postcard 模式和 Passport 模式的区别在于，测量域中的每个节点在收到包含指令头的数据报文时，不会将采集的数据记录在报文里，而是生成一个上送报文，将采集的数据发送给收集器。Postcard 模式就好比游客每到一个景点，就寄一张明信片回家。

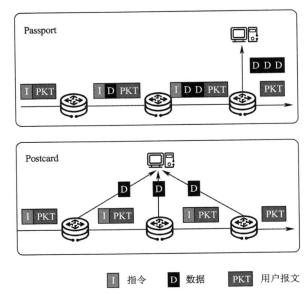

图 9-53　Passport 模式和 Postcard 模式对比

Passport 模式和 Postcard 模式各有优劣，适用于不同的场景，两种模式的对比如表 9-10 所示。

表 9-10　Passport 模式和 Postcard 模式的对比

优缺点	Passport 模式的特点	Postcard 模式的特点
优点	• 逐跳的数据关联，避免收集器工作 • 只需要出节点上送数据，上送开销少	• 可以检测到丢包位置 • 报文头长度固定且很短 • 硬件实现容易
缺点	• 无法定界丢包 • 报文头随跳数增加而不断膨胀（逐跳模式）	需要收集器将报文与路径节点产生的数据做关联

虽然随路网络测量有众多好处，但是在实际的网络部署中却面临诸多的实践挑战。

• 随路网络测量需要在网络设备上指定被监控的流对象，并分配对应的监控资源，用于插入数据收集指令、收集数据、剥离指令和数据等。受限于处理能力，网络设备只能监控有限规模的流对象，这对随路网络测量的大规模部署提出了挑战。

- 随路网络测量会在设备转发平面引入额外的处理，可能影响正常的转发性能。随之产生的"观测者效应"（指"观测"行为对被观测对象造成一定影响的效应），使得网络测量的结果不能够真正反映测量对象的状态。

- 逐包的监控会产生大量的 OAM 数据，全部上送这些数据会占用大量的网络传输带宽。考虑到数据的分析器可能需要处理网络中成百上千的转发设备，海量的数据接收、存储和分析将给服务器造成极大的冲击。

- 基于意图的自动化是网络运维的演进方向，网络虚拟化、网络融合、"IP＋光"的融合将会引入更多的数据获取需求。这些数据会交互式地按需提供给数据分析应用。预定义的数据集仅能提供有限的数据，且不能满足未来灵活的数据需求。因此，需要一种方式，能够实现灵活可扩展的数据定义，并将所需的数据交付给数据分析的应用。

IFIT 提供了一种随路网络测量的架构和方案，支持多种数据平面方案，通过智能选流、高效数据上送、动态网络探针等技术，并融合隧道封装的考虑，使得随路网络测量可以在实际网络中部署[21]。

9.4.2 IFIT 的实现原理

随路网络测量是一个较大的体系，包括 IOAM 和 IFIT。本节主要以基于交替染色法实现的 IFIT 为例，描述 IFIT 的基础原理，内容包括 IFIT 检测指标、端到端和逐跳的统计模式、IFIT 自动触发检测能力以及基于 Telemetry 的数据上送功能。基于交替染色法实现的 IFIT 属于 Postcard 模式的随路网络测量。

1. IFIT 与 IP FPM 的对比

IP FPM 也是基于交替染色法实现的，但是 IFIT 做了许多改进，能够弥补 IP FPM 的不足。IFIT 与 IP FPM 的对比如图 9-54 所示，二者存在如下主要差异。

- 在业务部署方面，控制器事先获取全网拓扑结构，通过将上报节点的设备标识、接口标识等信息映射到网络拓扑上实现路径的自动发现。IFIT 只需在头节点配置，可降低 IP FPM 逐点配置带来的部署难度，将部署效率提升 80%。

- 在扩展性方面，IFIT 通过为业务流增加 IFIT 报文头实现随流检测，相较于 IP FPM 基于 IP 报文现有字段实现检测，能提高可扩展性，可以满足未来网络长期演进的需求。

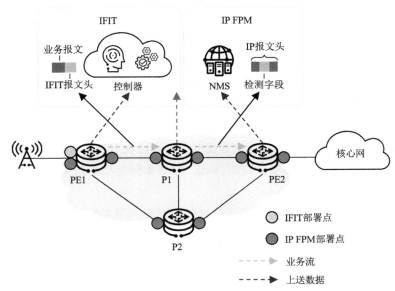

图 9-54　IFIT 与 IP FPM 的对比

表 9-11 进一步总结了 IFIT 与 IP FPM 的特点，从中可以看出，IFIT 在多个方面均展现出优势。

表 9-11　IFIT 与 IP FPM 的对比

对比项	IFIT 的特点	IP FPM 的特点
部署难度	低	高
逐跳检测	支持	支持
转发平面效率	高	中等
数据采集压力	仅使用染色功能：小；使用扩展功能：大	小
可扩展性	扩展能力强	基于 IP 报文头现有字段，扩展能力差

结合大数据分析和智能算法，基于 IFIT 可以进一步构建智能运维系统，使网络具有预测性分析和自愈能力，通过提前识别网络故障，主动进行故障修复和体验优化，为网络的自动化和智能化提供保障。

2. IFIT 如何精准定位故障

IFIT 通过在真实业务报文中插入 IFIT 报文头实现故障定界和定位，IFIT

可以应用在多种转发平面中。这里以 IFIT over SRv6 场景为例，展示 IFIT 报文头结构，再通过对染色标记位和统计模式位这两个关键字段功能的介绍，说明 IFIT 如何实现故障的精准定位。

以 IFIT over SRv6 场景为例，IFIT 报文头封装在 SRH 中，如图 9-55 所示。在该场景中，IFIT 报文头只会被指定的 SRv6 Endpoint 节点（接收并处理 SRv6 报文的任何节点）解析。运维人员只需在指定的、具备 IFIT 数据收集能力的节点上进行 IFIT 检测，从而有效地兼容传统网络。

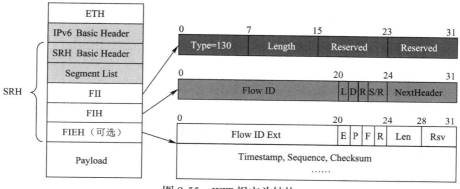

图 9-55　IFIT 报文头结构

IFIT 报文头主要包含以下内容。

- FII（Flow Instruction Indicator，流指令标识）：FII 标识 IFIT 报文头的开端并定义 IFIT 报文头的整体长度。

- FIH（Flow Instruction Header，流指令头）：FIH 可以唯一地标识一条业务流，L 字段染色可以防止乱序，D 字段可以对报文进行标记，二者提供对报文进行基于交替染色法的丢包和时延统计能力。

- FIEH（Flow Instruction Extension Header，流指令扩展报文头）：FIEH 能够通过 E 字段定义端到端或逐跳的统计模式，通过 F 字段对业务流进行单向或双向检测。此外，还可以支持如逐包检测、乱序检测等扩展功能。

（1）基于交替染色法的 IFIT 检测指标

丢包率和时延是网络质量的两个重要指标。丢包率是指在转发过程中丢失的数据包数量占所发送数据包数量的比率，设备通过丢包统计功能可以统计某个测量周期内进入网络与离开网络的报文差。时延则是指数据包从网络的一端传送到另一端所需要的时间。设备通过时延统计功能，可以对业务报文进行抽样，记录业务报文在网络中的实际转发时间，从而计算出指定的业务流在网络中的传输时延。

IFIT 的丢包统计和时延统计功能通过对业务报文的交替染色来实现。所谓染色，就是对报文进行特征标记，IFIT 通过对丢包染色位 L 和时延染色位置0或置1来实现对特征字段的标记。如图9-56所示，业务报文从 PE1 进入网络，报文数记为 P_i；从 PE2 离开网络，报文数记为 P_e。通过 IFIT 对该网络进行丢包统计和时延统计。

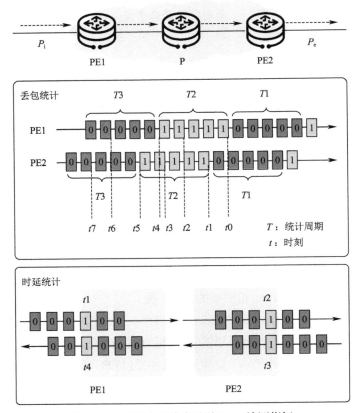

图 9-56　基于交替染色法的 IFIT 检测指标

这里以染色位置 1 的一个统计周期（$T2$）为例，从 PE1 到 PE2 方向的 IFIT 丢包统计过程描述如下。

• $t0$ 时刻：PE1 对入口业务报文的染色位置 1，计数器开始计算本统计周期内接收到的染色位置 1 的业务报文数。

• $t1$ 时刻：经过网络转发和网络时延，在网络中设备时钟同步的基础上，当 PE2 出口接收到本统计周期内第一个带有 Flow ID 的业务报文并触发生成统计实例后，计数器开始计算本统计周期内接收到的染色位置 1 的业务报文数。

- t2/t3 时刻：为了避免网络延迟和报文乱序导致统计结果不准，在本统计周期的 x（范围是 1/3～2/3）时间处，PE1/PE2 读取上个统计周期 + 截至目前本周期（对应图 9-56 中的 $T1 + x \times T2$）内染色位置 0 的报文计数后将计数器中的该计数清空，同时将统计结果上报给控制器。

- t4/t5 时刻：PE1 入口处及 PE2 出口处对本统计周期内染色位置 1 的业务报文计数结束。

- t6/t7 时刻：PE1/PE2 上计数器统计的染色位置 1 的报文数分别为 P_i 和 P_e（计数原则与 t2/t3 时刻相同）。

据此可以计算出：丢包数 = $P_i - P_e$；丢包率 = $(P_i - P_e) / P_i$。

PE1 和 PE2 间的 IFIT 时延统计过程描述如下。

- t0 时刻：PE1 对入口业务报文的染色位置 1，计数器记录报文发送时间戳 t0。

- t1 时刻：经过网络转发及延迟后，PE2 出口接收到本统计周期内第一个染色位置 1 的业务报文，计数器记录报文接收时间戳 t1。

- t2 时刻：PE2 对入口业务报文的染色位置 1，计数器记录报文发送时间戳 t2。

- t3 时刻：经过网络转发及延迟后，PE1 出口接收到本统计周期内第一个染色位置 1 的回程报文，计数器记录报文接收时间戳 t3。

据此可以计算出 PE1 至 PE2 的单向时延 = $t2 - t1$，同理，PE2 至 PE1 的单向时延 = $t4 - t3$，双向时延 = $(t2 - t1) + (t4 - t3)$。

通过对真实业务报文的直接染色，IFIT 可以主动感知网络细微变化，真实反映网络的丢包和时延（需要部署 1588v2 时间同步协议辅助）情况。

（2）端到端和逐跳的统计模式

现有检测方法一般分为 E2E（端到端）和 Trace（逐跳）两种统计模式，其中 E2E 统计模式适用于需要对业务进行端到端整体质量监控的检测场景，Trace 统计模式则适用于需要对低质量业务进行逐跳定界或对 VIP（Very Important Person，重要客户）业务进行按需逐跳监控的检测场景。IFIT 同时支持 E2E 和 Trace 两种统计模式。

E2E 统计模式仅需在头节点部署 IFIT 检测点触发检测，在尾节点使能 IFIT 能力即可实现。在这种情况下，仅头尾节点感知 IFIT 报文并上报检测数据，中间节点则做透传处理，如图 9-57 所示。

Trace 统计模式需要在头节点部署 IFIT 检测点触发检测，同时在业务流途经的所有支持 IFIT 的节点上使能 IFIT 能力，如图 9-58 所示。

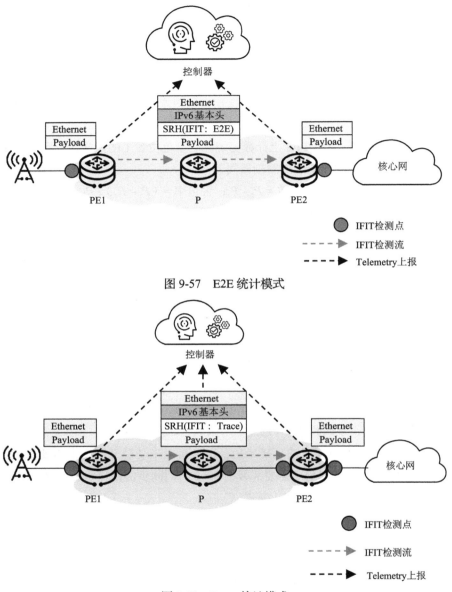

图 9-57　E2E 统计模式

图 9-58　Trace 统计模式

在实际应用中，一般是 E2E IFIT + Trace IFIT 组合使用。当 E2E IFIT 的检测数据达到阈值时，会自动触发 Trace IFIT，在这种情况下，可以真实还原业务流转发路径，并对故障点进行快速定界和定位。

3. IFIT 如何自动触发检测

为了自动触发 IFIT 检测，控制器需要能感知网络中设备对 IFIT 的支持情况，可以通过扩展 IGP/BGP 通告网络设备支持 IFIT 的能力，并通过扩展 BGP-LS 协议将设备支持情况汇总通告给控制器，控制器可以根据上报的信息确定是否可以在指定网络域中使能 IFIT。

下面以 BGP 扩展为例进行介绍。图 9-59 所示为扩展 BGP 团体属性所定义的 IPv6-Address-Specific IFIT Tail Community 结构，IFIT 尾节点可以使用该团体属性将其支持的 IFIT 能力通告给对端设备（即 IFIT 头节点）[22]。

在图 9-59 中，Originating IPv6 Address 字段携带了 IFIT 尾节点的 IPv6 单播地址；IFIT Capabilities 字段则标识了该节点支持的 IFIT 能力，包括端到端检测能力、基于交替染色法的检测能力等。

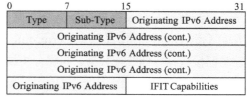

图 9-59 IPv6-Address-Specific IFIT Tail Community 结构

当需要快速检测已部署业务的 SLA 劣化情况以及时进行业务调整时，可以通过在扩展 BGP 或 PCEP（Path Computation Element Communication Protocol，路径计算单元通信协议）下发 SR Policy 时增加携带 IFIT 信息来实现。在这种情况下，下发 SR Policy 的同时，IFIT 将自动激活并运行，如图 9-60 所示。

```
SR Policy SAFI NLRI: <Distinguisher, Policy Color, Endpoint>
Attributes:
    Tunnel  Encaps  Attribute (23)
        Tunnel Type: SR Policy
            Binding SID
            SRv6 Binding SID
            Preference
            Priority
            Policy Name
            Policy Candidate Path Name
            Explicit NULL Label Policy (ENLP)
            IFIT Attributes
            Segment List
                Weight
                Segment
                Segment
                ……
            ……
```

图 9-60 携带 IFIT 信息的 SR Policy 结构

在 BGP 扩展下发 SR Policy 时，可以通过 IFIT Attributes 字段携带 IFIT 属性信息[23]，这样 IFIT 可以用相同方式检测 SR Policy 的所有候选路径。其中，候选路径包含多个 SR 路径，每个路径由一个段列表指定，IFIT 属性作为子 TLV 附加在候选路径层面。

4. IFIT 如何实时上送数据

在智能运维系统中，IFIT 通常采用 Telemetry 技术实时上送检测数据至控制器进行分析。Telemetry 通过订阅不同的采样路径灵活采集数据，可以支撑 IFIT 管理更多设备以及获取更高精度的检测数据，为网络问题的快速定位、网络质量的优化调整提供重要的大数据基础。

如图 9-61 所示，用户在控制器侧订阅设备的数据源，设备根据配置要求采集检测数据并封装在 Telemetry 报文中上报，其中包括流 ID（flow-id）、流方向（direction）、错误信息（error-info）以及时间戳（timestamp）等信息。控制器接收并存储统计数据，再将分析结果可视化呈现。

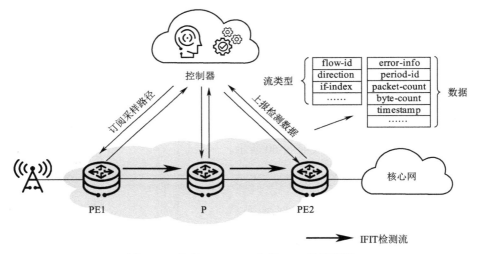

图 9-61　基于 Telemetry 上报 IFIT 检测数据

在 Telemetry 秒级高速数据采集技术的配合下，IFIT 能够实时将检测数据上报至控制器，实现高效的性能检测。

9.4.3　IFIT 的技术价值

IFIT 通过在真实业务报文中插入 IFIT 报文头的方法进行检测，这种方法可以反映业务流的实际转发路径的性能，同时配合 Telemetry 秒级高速数据采集技术，实现高精度、多维度的真实业务流检测。IFIT 支持通过网络控制器定制多种监控策略，可视化呈现检测结果，可以给用户带来良好的运维体验。此外，IFIT 结合大数据分析和智能算法能力，能够进一步构建闭环的智能运维系统。

1.　高精度、多维度检测真实业务流质量

传统 OAM 技术的测试报文转发路径可能与真实业务流转发路径存在差异，IFIT 提供的随流检测基于真实业务流展开，如图 9-62 所示，这种检测方式存在很大优势，具体描述如下。

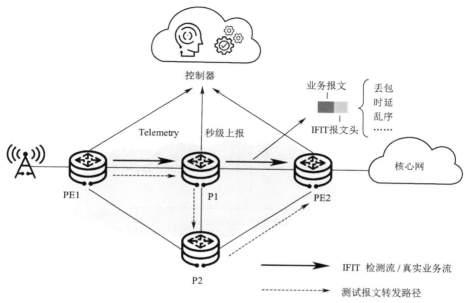

图 9-62　IFIT 基于真实业务流检测

- IFIT 可以真实还原报文的实际转发路径，精准检测每个业务的时延、丢包、乱序等多维度的性能信息，丢包检测精度可达 10^{-6} 量级，时延检测精度可达微秒级。

- IFIT 配合 Telemetry 秒级高速数据采集技术，能够实时监控网络 SLA，快速实现故障定界和定位。

- IFIT 可以实现对静默故障的完全检测、秒级定位。静默故障是指业务体验受损但没有达到触发告警门限且缺乏有效定位的故障，现网中 15% 的静默故障常常需要耗费超过 80% 的运维时间，危害较大。IFIT 能够识别网络中的细微异常，即使丢一个包也能探测到，这种高精度丢包检测率可以满足金融决算、远程医疗、工业控制和电力差动保护等 "零丢包" 业务的要求，保障业务的高可靠性。

2. 灵活适配大规模、多类型、业务场景

网络的发展并非一蹴而就的，随着网络需求的不断增长，一张网络中可能同时存在多种网络设备并且承载多样的网络业务。在这种情况下，IFIT 凭借其部署简单的特点，可以灵活适配大规模、多类型的业务场景，如图 9-63 所示。

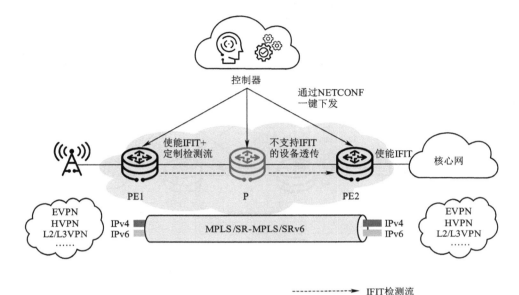

图 9-63　IFIT 适配多种应用场景

IFIT 支持用户一键下发、全网使能。只需在头节点按需定制端到端和逐跳检测，中间节点和尾节点一次使能 IFIT 即可完成部署，可以较好地适应设备数量较大的网络。

IFIT 检测流可以由用户配置生成（静态检测流），也可以通过自动学习或由带有 IFIT 报文头的流量触发生成（动态检测流）；可以是基于五元组（源/目的 IP 地址、源/目的端口、协议号）等信息唯一创建的明细流，也可以是隧道级聚合流或 VPN 级聚合流。基于以上原因，IFIT 能够同时满足检测特定业务流以及端到端专线流量的不同检测粒度场景。

IFIT 对现有网络的兼容性较好，不支持 IFIT 的设备可以透传 IFIT 检测流，这样能够避免与第三方设备的对接问题，可以较好地适应设备类型较多的网络。

IFIT 不需要提前感知转发路径，能够自动学习实际转发路径，可减小需要提前设定转发路径以对沿途所有网元逐跳部署检测所带来的规划部署负担。

IFIT 适配丰富的网络类型，适用于二、三层网络，也适用于多种隧道类型，可以较好地满足现网需求。

3.　提供业务流级的可视化用户界面

在可视化运维手段产生之前，网络运维首先需要通过运维人员逐台手动配置，然后通过多部门配合逐条逐项排查来实现，运维效率低。可视化运维可以提供集中管控能力，它支持业务的在线规划和一键部署，通过 SLA 可视支撑故障的快速定界定位。IFIT 可以提供灵活定制的可视化运维能力，以华为网络控制器为例，如图 9-64 所示，用户可以在网络控制器的可视化界面，根据需要下发不同的 IFIT 监控策略，实现日常主动运维和报障快速处理。

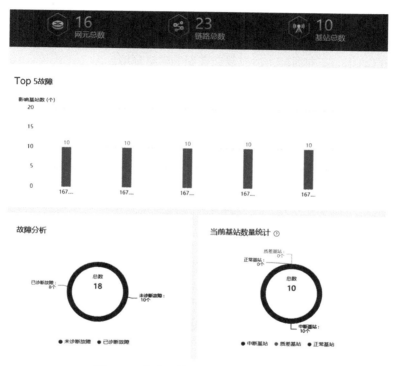

图 9-64　华为网络控制器的可视化界面

- 日常主动运维：在 5G 承载场景下，日常监控全网和各区域影响基站的 Top 5 故障、基站状态统计、网络故障趋势图以及异常基站趋势图等数据，通过查看性能报表及时了解 Top 5 故障以及基站业务状态的变化趋势；在 VPN 场景下，通过查看端到端业务流的详细数据，帮助提前识别并定位故障，保证专线业务的整体 SLA。
- 报障快速处理：在 5G 承载场景下，当收到用户申报的故障时，可以通过搜索基站名称或 IP 地址查看业务拓扑和 IFIT 逐跳流指标，根据故障位置、疑似原因和修复建议处理故障；还可以按需查看"7 × 24

小时"的拓扑路径和历史故障的定位信息。

从图 9-64 中可以看出，IFIT 的监控结果可以在网络控制器上直观、生动地可视化呈现，能够帮助用户掌握网络状态，快速感知和排除故障，为用户带来更好的运维体验。

4. 构建闭环的智能运维系统

为应对网络架构与业务演进给承载网络带来的诸多挑战，满足传统网络运维手段提出的多方面改进要求，实现用户对网络的端到端高品质体验诉求，需要将被动运维转变为主动运维，打造智能运维系统。智能运维系统通过真实业务的异常主动感知、故障自动定界、故障快速定位和故障自愈恢复等环节，构建一个自动化的正向循环，适应复杂多变的网络环境。

如图 9-65 所示，IFIT 可以与 Telemetry、大数据分析和智能算法等技术相结合，共同构建智能运维系统，该系统的具体工作流程描述如下。

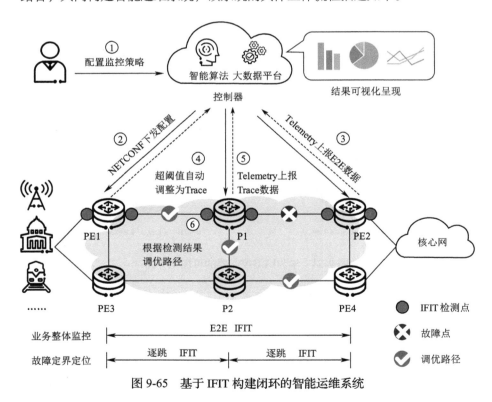

图 9-65 基于 IFIT 构建闭环的智能运维系统

步骤① 通过网络控制器全网使能 IFIT 能力并进行 Telemetry 订阅，根据需要选择业务源宿节点及链路并配置 IFIT 监控策略。

步骤② 网络控制器将监控策略转换为设备命令，通过 NETCONF 下发给设备。

步骤③ 设备生成 IFIT 端到端监控实例,源宿节点分别通过 Telemetry 秒级上报业务 SLA 数据给网络控制器,基于大数据平台处理可视化呈现检测结果。

步骤④ 设置监控阈值,当丢包或时延数据超过阈值时,网络控制器自动将监控策略从端到端检测调整为逐跳检测,并通过 NETCONF 下发更新后的策略给设备。

步骤⑤ 设备根据新策略将业务监控模式调整为逐跳模式,并逐跳通过 Telemetry 秒级上报业务 SLA 数据给网络控制器,基于大数据平台处理可视化呈现检测结果。

步骤⑥ 基于业务 SLA 数据进行智能分析,结合设备 KPI、日志等异常信息推理识别潜在根因,给出处理意见并上报工单;同时,通过调优业务路径保障业务质量,实现故障自愈。

从上述过程中可以看出,IFIT E2E 和逐跳检测的上送结果是大数据平台以及智能算法分析的数据来源,也是实现智能运维系统故障精准定界定位和故障快速自愈的基石。除了 IFIT 以及 Telemetry 高速采集外,大数据平台拥有秒级查询、高效处理海量 IFIT 检测数据的能力,并且单节点故障不会导致数据丢失,可以保障数据高效可靠地分析转化;智能算法支持将质差事件聚类为网络群障(即计算同一周期内质差业务流的路径相似度,将达到算法阈值的质差业务流视为由同一故障导致,从而定位公共故障点),识别准确率达 90% 以上,可以提升运维效率,有效减少业务受损时间。

以上四大技术共同保障智能运维系统闭环,推进智能运维方案优化,可以很好地适应未来网络的演进。

9.5 确定性 IP 网络技术

9.5.1 确定性 IP 网络的产生背景

IP 网络无法保证端到端报文转发时延的确定性,但工业互联网、5G 垂直行业的发展,都需要网络具有确定性承载能力,这就催生了确定性 IP 网络。

1. IP 网络的不确定性问题

IP 网络无法保证端到端报文转发的时延确定性,一方面是因为 IP 网络统计复用的"基因"如此,另一方面是因为业务发包突发大,加剧了时延不确定性。

IP 网络是统计复用（Statistical Multiplexing）网络。如图 9-66 所示，来自不同入接口的报文，汇聚后从同一个出接口发出，出接口报文输出顺序是根据报文到达出接口队列的时机决定的，先到的先发出，后到的后发出。

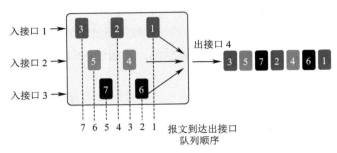

图 9-66 IP 统计复用示意

统计复用，也称为统计时分复用或异步时分复用，区别于同步时分复用。同步时分复用为每一个用户划分固定的时间片，每个用户使用的带宽是完全确定的。而统计复用不做固定的时间片划分，根据用户的流量使用情况动态划分时间片，每个用户使用的带宽是不确定的、变化的。

这样的好处是充分利用网络带宽，节省运营商的网络投资，相应的坏处是报文转发的时延不确定。如图 9-67 所示，虽然绝大多数报文的转发时延会集中在一定范围内，但总会有少量报文因为同一时刻突发而来的报文比较多而导致转发时延很长，形成长尾效应。

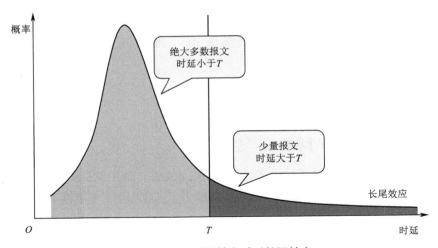

图 9-67 IP 网络转发时延长尾效应

业务流量突发加剧了时延不确定性。从实际的 IP 网络中抓取的业务发包数据，可以看到不同时间粒度情况下流量突发度差异很大，如图 9-68 所示。

从图 9-68 中可以看出，秒级流量曲线是一条平稳的线条，偶尔有个小突发；百毫秒级流量曲线是一条始终微微抖动的曲线，偶尔抖动得很厉害；毫秒级流量曲线是一条剧烈抖动的脉冲式曲线，剧烈抖动成为一种常态，比如，上一毫秒流量速率能冲到秒级流量速率的 5 倍以上，下一毫秒就能下落成零速率。

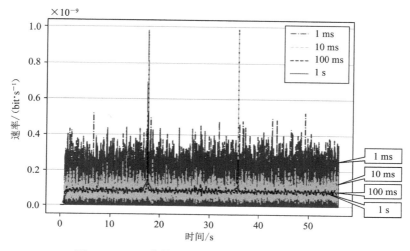

图 9-68　IP 网络接口不同时间级别流量突发情况

IP 网络接口出现不同时间级别流量突发情况的原因如下。

第一，IP 网络承载的业务种类繁多，绝大多数业务的报文发送时间不规律，导致多个业务的报文按一定概率在出接口处发生碰撞冲突；碰撞较严重，时延就变得较大；碰撞不严重，时延就相对较小。

第二，有的业务要么不发包，一发包就有很大的突发量，一旦这种类型的多个业务发生碰撞冲突，时延就变得尤其大。

2. 工业互联网需要确定性承载能力

工业互联网分为外网和内网，内网又分为 IT 网络和 OT（Operation Technology，操作技术）网络。OT 网络分为现场级网络和工厂 / 车间级网络。如图 9-69 所示，现场级网络是负责 PLC（Programmable Logic Controller，可编程逻辑控制器）、I/O（Input/Output，输入输出）子卡、传感器和执行器的连接，工厂 / 车间级网络负责 SCADA（Supervisory Control and Data Acquisition，监控和数据采集）系统和 PLC 的连接。

- I/O 子卡连接传感器、执行器，一般采用的是工业总线，如 PROFIBUS（Process Field BUS，程序现场总线）、CC-LINK（Control&

Communication Link，控制与通信链路系统）等。不同现场级网络使用的工业总线类型可以是不同的。

- PLC 连接 I/O 子卡，一般采用的是工业以太网，如 PROFINET（Process Field Network，程序现场网络）、EtherCAT（Ethernet Control Automation Technology，以太网控制自动化技术）、EtherNet/IP（Industrial Protocol，工业协议）等。不同现场级网络使用的工业以太网可以是不同的。

- SCADA 连接 PLC，一般采用标准以太网，少量采用工业以太网。

当前 OT 网络存在如下问题，这些问题阻碍了工业生产的进一步发展。

- 不同厂商的 PLC，向上开放接口不同、接口开放程度不同，阻碍了海量的现场级工业数据的向上流动，当前只有约 10% 的数据能够上送到 SCADA 系统中。

- 物理 PLC 升级换代速度缓慢，难以适应定制化产品比率逐渐增加的趋势。

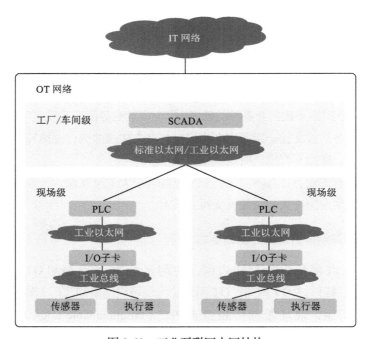

图 9-69　工业互联网内网结构

当前 OT 网络的发展改造，其中一个重要的措施是 PLC 云化。实现 PLC 云化后，PLC 部署在云端，被控 I/O 子卡分散在各车间内，距离较远；而 PLC 和 I/O 子卡之间的通信对时延、抖动有较严格的要求，是 PLC 云化的重大难点。

从工业控制协议来看，如图 9-70 所示，PROFINET 将通信等级划分为 NRT（Non Real Time，非实时）、RT（Real Time，实时）、IRT（Isochronous Real Time，等时同步）3 种类型。NRT 对时延、抖动没有要求，承载在 IP 网络之上；RT 一般要求循环周期（即 PLC 两次发送报文给 I/O 子卡的时间间隔）小于 10 ms，网络单向转发时延小于 1 ms，抖动小于时延的 15%，承载在以太网之上；IRT 一般要求循环周期小于 1 ms，抖动小于 1 μs，承载在以太网之上。

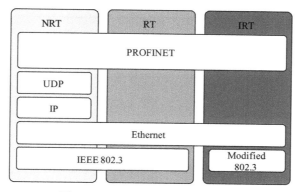

图 9-70　PROFINET 通信种类划分

从工业控制使用场景来看，不同业务场景时延要求不同。如物料传送，一般要求循环周期在 100 ms 级别；如机床控制，一般要求循环周期在 10 ms 级别，抖动小于 100 μs；而一些高性能的同步处理，则要在 1 ms 级别，抖动小于 1 μs。这几种业务场景的时延和抖动要求，基本和 PROFINET 定义的 3 种通信等级分别对应。

对于如上差异化的时延和抖动要求，现有的 IP 网络无法满足，这阻碍了 PLC 云化改造措施的落地，需要有新的技术来提供确定性承载能力。

3. 5G 2B 业务需要确定性承载能力

2015 年 6 月，ITU-R（International Telecommunication Union-Radiocommunication Sector，国际电信联盟无线电通信部门）5G 工作组第 22 次会议，确定了 5G 的三大主要应用场景：eMBB、URLLC、mMTC（massive Machine - Type Communication，大连接物联网，也称海量机器类通信）。根据 3GPP（3rd Generation Partnership Project，第三代合作伙伴计划）在 TS 22.261 中对 URLLC 的性能指标定义，某些行业的业务对低时延、低抖动、高可靠性等方面存在高要求，详见表 9-12。

表 9-12　5G 各场景性能指标

场景	端到端最大时延 /ms	生存时间 /ms	业务通信可用性	可靠性
分布式自动化	10	0	99.99%	99.99%
自动化过程控制：远程控制	60	100	99.9999%	99.999%
自动化过程控制：监控	60	100	99.9%	99.9%
中压电力配送	40	25	99.9%	99.9%
高压电力配送	5	10	99.9999%	99.999%
智慧交通系统：基础设施回传	30	100	99.9999%	99.999%

另外，在 TS 22.104、TS 22.186、TS 22.289 中，对网络物理控制应用、车联网、铁路通信中各使用场景的性能指标进行了更细致的定义，其中有很多场景都要求端到端最大时延控制在 10 ms 级别这样一个确定性的范围内。

由于使用现有 IP 网络很难满足以上场景性能指标中时延要求在 10 ms 级别的情况，所以需要有新的技术来提供确定性承载能力。

4.　确定性 IP 网络的产生

为了在现有 IP 网络基础之上提供确定性承载能力，满足工业互联网、5G 垂直行业的确定性承载需求，业界提出了确定性 IP 网络。确定性 IP 网络是一种新颖的、采用 DIP（Deterministic IP，确定性 IP）技术的三层网络技术架构[24]。

如何能称为确定性？业界有两种概念，一种是有界时延，另一种是有界抖动。如图 9-71 所示，有界时延是指时延小于等于上界 T，即时延的范围是 $0 \sim T$，抖动的范围也是 $0 \sim T$。有界抖动是指时延为 T 且存在少量抖动，抖动小于等于上界 Δt，即时延的范围是 $(T - \Delta t/2) \sim (T + \Delta t/2)$，抖动的范围是 $0 \sim \Delta t$。可以看出，有界抖动的条件更严格。因为有界抖动的时延小于等于上界 $T + \Delta t/2$，即满足有界抖动的同时也满足有界时延。

确定性 IP 网络，在数据平面引入周期调度机制进行转发技术的创新突破，通过控制每个数据包在每跳的转发周期来减少微突发，实现有界抖动，同时也实现有界时延。在控制平面使用免逐流逐跳时隙编排的高效路径规划与资源分配算法，可真正实现大规模、可扩展的确定性低时延 IP 网络。

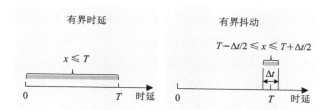

图 9-71 有界时延和有界抖动

9.5.2 确定性 IP 网络的总体架构

图 9-72 所示为确定性 IP 网络的总体架构，由边缘整形、周期映射、SRv6 显式路径规划 3 部分组成。

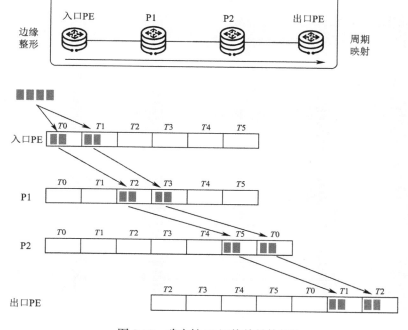

图 9-72 确定性 IP 网络的总体架构

边缘整形负责在网络入口 PE 上对报文做整形处理。通过边缘整形，可将到达时间不太规律的报文整形到按时间划分的不同周期中。边缘整形能消除对输入报文的严格时间依赖，既支持按严格时间周期性进入的报文，也支持进入时间不太规律或有突发流量的报文。

周期映射，负责在网络中的 P（Provider）骨干路由器设备或出口 PE 设备上逐跳转发报文的时延控制。通过周期映射，将上游设备一个 T 周期发送的报文，从本设备出接口一个 T 周期发送出去。首先，周期映射允许设备间链路传输时延很大，支持大网应用。其次，周期映射只看到报文所在周期，看不到报文所属的流，这简化了 P 节点的实现，有利于 P 节点流规格扩展，同时避免了三层网络各种隧道封装时 P 节点无法识别流的问题。

SRv6 显式路径规划负责转发路径规划控制和逐跳转发资源预留。通过 SRv6 显式路径规划控制报文的实际转发路径，并预留路径上的转发资源。固定的路径才能有确定的时延，有转发资源才能够确保转发时延的确定性。

如图 9-73 所示，报文在入口 PE 被整形到 $t0$ 周期中，会产生一个 T 周期的时延抖动。中间经过多个 P 节点一跳一跳地进行固定偏移的周期到周期映射，时延是确定的。PE 报文到出口从某个 T 周期发出，报文在入口 PE 是周期首包，到出口 PE，因其他 P 节点发来的报文排在前面而变成周期尾包，会产生一个 T 周期的时延抖动。确定性 IP 网络可以将端到端报文转发的时延抖动控制在两个 T 周期内，体现了其较强的抖动控制能力。

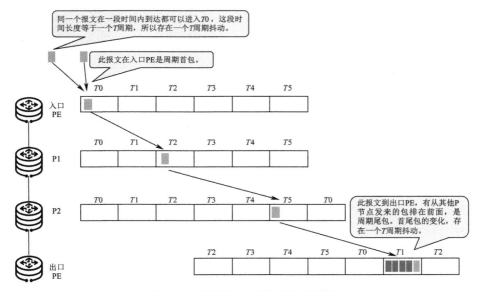

图 9-73　确定性 IP 网络的抖动原理

综上所述，不管一条流的报文什么时候到达网络入口设备，经过多少跳中间设备转发，到出口设备并发出，抖动都是有界且很小的，时延是有界的。

在工业互联网、5G 垂直行业中，对于抖动要求较小或时延要求较小的各种业务，可以放心地使用确定性 IP 网络。确定性 IP 网络的有界抖动、有界时延，原理上可计算、实现上有保证，所见即所得。

9.5.3　确定性 IP 网络的技术价值

确定性 IP 网络能够促进工业互联网继续发展演进，能够促进 5G 网络全行业接入，还能够促进新型业务种类孵化。

1.　促进工业互联网发展演进

如图 9-74 所示，使用确定性 IP 网络承载云化 PLC 和 I/O 子卡之间的通信，可以满足 OT 网络中生产控制业务通信的时延、抖动要求，促进工业互联网 OT 网络的发展演进。

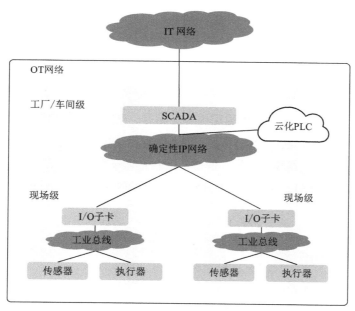

图 9-74　工业互联网内网结构的演进

云化 PLC 系统有如下价值。

- 海量现场级工业数据都通过云化 PLC 系统获取并存储在云上，方便与 SCADA 甚至是 IT 网络中的系统进行数据传递和交换，以及工业大数据分析。
- 实现从物理 PLC 到 IT 化的软件系统的改造，提升升级换代速度，更好地适应定制化产品比率逐渐增加的趋势。

2. 促进 5G 网络全行业接入

随着 5G 的快速发展，各个行业（包括电力、交通、金融、教育、医疗、矿山、港口等）也借着这股浪潮，推进本行业的数字化进程。各个行业存在多种业务场景，不同业务场景对转发时延确定性的要求不同。有些业务场景对承载网络的转发时延确定性有比较高的要求，用传统 IP 网络转发技术难以保证。

如图 9-75 所示，在电力差动保护场景中，多个继保设备之间相互发送实时电流数据，与本地相同时刻的电流数据进行比较，检测是否发生故障。这种设备间数据通信时延要求很严格，要求时延小于 5 ms，抖动小于 200 μs。这种时延和抖动要求用传统 IP 网络很难满足，需要使用确定性 IP 网络。

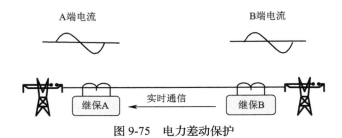

图 9-75　电力差动保护

确定性 IP 网络能够提供确定性转发能力，支撑对时延和抖动要求较严格的业务场景接入网络。例如，可以开展新型业务，比如远程驾驶、远程采矿、远程医疗等，突破距离的限制，使得资源能够充分利用、快速调配；也可以利用 IT 已有技术优势，通过大数据分析、智能分析等技术，改造行业现有业务，提升效率。

9.6　APN6 技术

9.6.1　APN6 的产生背景

随着应用差异化需求的不断涌现，网络技术与服务不断丰富，这也为网络运营和运维带来了相应的挑战。有效实现精细网络服务、精准网络运维，是满足应用差异化需求和提供 SLA 保障、促进网络持续发展与演进的关键，而 APN6 是其中的能力使能核心。

1. 应用的感知必要性凸显

5G 和云时代，各种具有差异化需求特征的应用层出不穷。基于互联网端到端分层设计原则和理念，网络和应用的解耦发展由来已久，但是随着网络和应用的不断发展,它们之间的关系逐渐产生了变化,完全解耦的方式不再适合,网络和应用互相感知的需求越来越强烈。

- 越来越多的网络和应用由同一个组织拥有以及管理,例如,OTT(Over-The-Top,超值应用)应用提供商在自建网络,如谷歌 B4 网络;而网络运营商开始构建云和自营应用,如中国移动的咪咕。

- 越来越多的应用对网络提出特殊要求,如视频会议、云游戏、车联网等,它们对网络存在天生的性能依赖,即对网络带宽、时延、抖动、丢包率等某一方面或多方面存在各自特殊的要求。

- 某些特殊场景中的应用,如工业控制场景中物料传送的应用,时延的确定性要求为 100 ms 级别;机床控制的应用,时延的确定性要求为 10 ms 级别,抖动的确定性要求为 100 μs 级别。如果不能有效区分应用,则无法为不同类的应用提供合适的确定性承载能力。

正是这些新需求的变化,引发了对网络和应用是否应该继续解耦发展的思考,以及对网络感知应用的探索。简单来说,感知应用至少有如下 3 点必要性。

第一,管道智能升级。在互联网创新的时代大背景下,新应用层出不穷,成为人们日常生活和工作中必不可少的一部分。随之而来的是,这些应用对网络性能提出的新需求和新挑战,以及网络运营商和应用、内容提供商对新型商业模式的探索。

网络需要能够感知其所承载的关键应用、关键用户的实际业务,从而为其多样化需求提供差异化保障,而不是单纯依靠大带宽、轻负载的"one for all"传统无差异化服务提供模式。这种传统模式在实际网络运营中,已经成为运营商持续扩容但并不增收的实际商业痛点。

具有完善的网络基础设施是网络运营商的优势,但是,由于无法感知其网络上所承载的实际业务诉求,这些基础设施只能无奈地沦为"管道"。

如果能够精细感知网络中关键应用、关键用户需求,并通过 SRv6 Policy、网络切片、确定性网络等网络新型技术提供满足不同业务需求的网络服务,就可以将网络运营商的"大带宽管道"升级为"智能管道",有效保障关键业务的性能质量。例如在行业专网中,视频会议是重要的企业办公应用形式,其中关键用户的重要视频会议是在网络运维中需要重点关注和保障的对象。要求能够在网络中准确识别关键用户的重要视频会议并予以区分,从而对其实施特殊重点保障,如安全接入、保证视频和语音质量(无花屏、平滑不卡顿等)。

第二,流量精细可视可维。结合自身特点以及新型业务需求,越来越多的行业选择自己建设专属网络,以满足其行业应用的特殊性能需求(如低时延、高可靠等)。由于行业网络上所承载的应用种类基本可知,且数量可控(千余种），所以行业网络有希望也有可能实现全应用可视。

如果网络中每种应用的性能需求都实现了集中呈现，就可以针对性能需求高的应用提供有效差异化服务。同时，结合智能化技术和大数据分析，进一步对每种应用进行流量画像，可以呈现这些应用的流量特征，实现应用流量的精细资源调度。

IFIT 可以真实反映业务流的实际转发路径，直观呈现网络的业务性能与路径质量，当性能出现劣化或者网络出现故障时，可以有效定位、定界。不过，全流 IFIT 检测上送会给控制器和分析器的实时分析和呈现带来挑战。如果可以精准标识和区分关键业务，就不需要全流 IFIT 检测，只需要检测关键的业务流，可以更好地实现可视化，这样在网络维护阶段，也能实时监控并保障关键应用、关键用户的业务性能，帮助业务性能劣化的快速定位和恢复，从而有效简化网络运维、保障用户体验、提高用户黏性。

第三，简化稳定 ACL（Access Control List，访问控制列表）配置。 行业专网中的关键业务节点，通常使用 ACL 来实现灵活的策略配置，例如流量过滤等安全接入控制和隔离策略。不同业务部门根据业务需要，在节点上都配置了自己的 ACL 及策略。业务变化导致配置失效的问题，通常是由于业务部门的变化和调整，没有及时撤销或修改相应的 ACL 配置，导致 ACL 的匹配项（如五元组等）失效。维护人员由于不清楚业务是否变更，也不敢擅自对 ACL 配置进行调整，这样常年累积的"只上不下"的 ACL 配置，导致节点上失效的 ACL 配置表项持续堆积，挤占原本就紧张的设备资源。

如果 ACL 配置匹配项不是与业务部门频繁变动的五元组相关联，而是直接与业务部门相对稳定的业务应用相关联，ACL 配置表项就会相对稳定。这样，设备的 ACL 表项可以始终保持简化、稳定，不会出现失效表项持续堆积的情况。

2. APN6 的提出与发展

2019 年 3 月，在捷克布拉格举行的 IETF 104 会议上，首先提出了 APN6[25]；2021 年 7 月，IETF 111 会议的 BoF（Birds of a Feather）组吸引了业界 220 余位专家参与讨论，APN6 的价值逐渐达成共识。APN6 利用 IPv6 报文自带的可编程空间，将应用信息（标识或网络性能需求）携带进入网络，使能网络感知应用及其需求，进而为其提供精细的网络服务和精准的网络运维。如图 9-76 所示，APN6 通过 IPv6 扩展报文头携带业务报文的相关应用信息（包括应用标识信息及其对网络的性能需求等）进入网络，使得网络具备感知应用的能力。

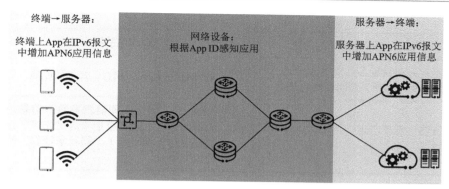

图 9-76　基于 APN6 的应用感知

关于在 IPv6 网络中 APN6 应用感知的具体含义，我们简单地将 IPv6 网络类比为物流网络、将应用的流量（IPv6 报文）类比为货物，如图 9-77 所示。

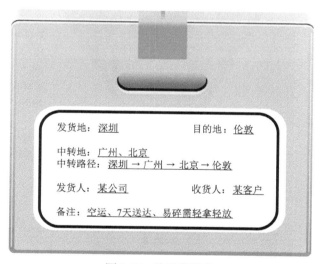

图 9-77　物流货运单

物流货运单与 IPv6 网络的信息类比如表 9-13 所示。

表 9–13　物流货运单与 IPv6 网络的信息类比

物流货运单的信息	IPv6 网络的类比信息
发货和收货地址：深圳到伦敦	IPv6 的"源和目的地址"信息：流量的源和目的
中转地址和中转路径：深圳→广州→北京→伦敦	SRv6 的"分段"信息：流量的中转和路径

续表

物流货运单的信息	IPv6 网络的类比信息
发货人和收货人：发货人为某公司，收货人为某客户，表明货物的归属	APN6 的 "标识" 信息：流量的归属
备注：需要空运、当天送达、易碎轻拿轻放	APN6 的 "网络性能需求参数" 信息：流量的需求，需要空运（高优先级）、当天送达（低时延）、需轻拿轻放（低丢包率）

当然，表 9-13 中提到的应用的 "标识" 信息和 "网络性能需求参数" 信息，属于 APN6 的关键要素之一。如图 9-78 所示，APN6 一共包含 3 个关键要素。

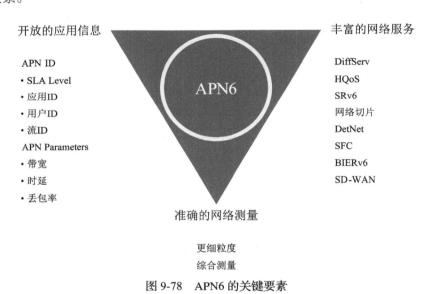

图 9-78　APN6 的关键要素

- 开放的应用信息：APN6 通过 Native IPv6 报文自带的编程空间携带应用信息，包括 "标识" 信息（APN ID）和 "网络性能需求参数" 信息（APN Parameters）。这样，针对不同应用（类/组）流量的精细化区分和网络内调度就成为可能。而对应用信息的封装和携带的权利，则是面向应用开放的，应用可以根据需要自主选择。

- 丰富的网络服务：近年来，网络技术不断发展，为应用提供越来越丰富的网络服务，也保障不同应用的各种差异化需求，包括 SRv6 Policy、网络切片、确定性 IP 网络等。APN6 可以和这些网络新型技术结合，保障更加精细化的网络服务。例如，APN6 结合网络切片技术，

可以精细地为某个 / 组关键应用和用户，提供专属网络切片，赋予专属资源，提供差异化的 SLA 和可靠性保障等。

- 准确的网络测量：网络测量技术不断丰富，包括 IFIT 等新型技术。APN6 可以和网络测量技术相结合，提供应用级精细化可视、实时性能测量和快速故障定界等，使能精准网络运维。

9.6.2　APN6 的实现原理

1.　APN6 的信息封装

APN6 的实现基础为 IPv6，IPv6/SRv6 数据报文封装为 APN6 应用信息提供了可编程空间。

IPv6 扩展报文头的报文格式如图 9-79 所示。其中，HBH（Hop-by-Hop Options Header）、DOH（Destination Options Header）和 SRH 提供了可编程空间，可以用来携带应用信息（APN Attribute）。

0	7	15	23	31
Version	Traffic Class		Flow Label	
Payload Length			Next Header	Hop Limit
Source Address				
Destination Address				
Hop -by-Hop Options Header				
Destination Options Header				
Routing Header/SRH				
……				
Destination Options Header				
Payload				

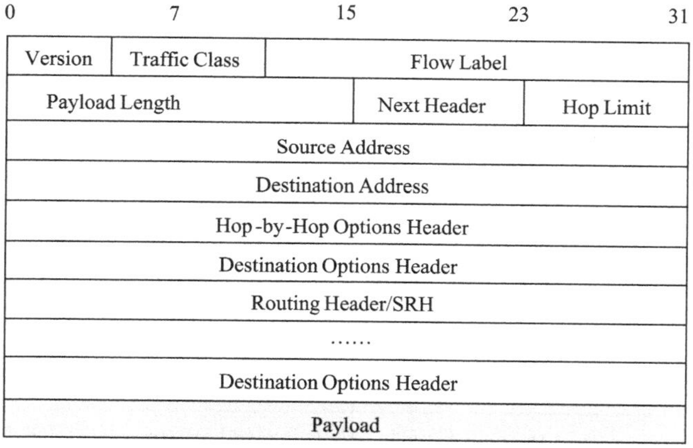

图 9-79　IPv6 扩展报文头的报文格式

IETF 定义了报文所携带的 APN Attribute，包括 APN ID 和 APN Parameters。

- APN ID ：提供便于网络区分不同应用流和某个 / 类应用的不同用户（组）等信息，可以包括 SLA Level、应用 ID、用户 ID、流 ID 等信息。
- APN Parameters：可选携带应用关注的网络性能需求参数信息，包括带宽、时延、丢包率等。

IETF 定义了 APN Header 来携带 APN Attribute。APN Header 的报文格式如图 9-80 所示，各个字段的介绍如表 9-14 所示。

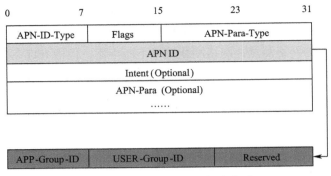

图 9-80　APN Header 的报文格式

表 9-14　APN Header 各字段的含义

字段	长度	含义
APN–ID–Type	8 bit	APN ID 的类型
Flags	8 bit	标志位，当前未定义
APN–Para–Type	16 bit	APN–Para 的类型，描述 APN–Para 里包含的网络性能的需求参数：带宽、时延、抖动、丢包率。暂未使用，填充保留值
APN ID	可变长度	应用唯一对应的 APN 标识信息编号，由如下 3 部分组成。 ·APP–Group–ID：应用组的标识信息，长度可变，由配置决定。 ·USER–Group–ID：用户组的标识信息，长度可变，由配置决定。 ·Reserved：预留字段
Intent（Optional）	4 Byte	可选，描述向网络提出的一组意图需求
APN–Para（Optional）	可变长度	可选，网络性能需求参数的具体内容信息，每个参数使用 4 Byte，包含哪些参数由 APN–Para–Type 决定

2．APN6 的网络架构和方案

如图 9-81 所示，APN6 的网络架构中的组件包含应用侧 / 云侧设备、网络边缘设备、网络策略执行设备（头节点、中间节点、尾节点）、控制器等[26]。

APN6 有应用侧和网络侧两种实现方案。

应用侧方案：即 APN ID 和 APN 参数由应用侧 / 云侧设备直接生成，并封装在报文中。应用侧 / 云侧设备直接将应用标识信息和需求信息（可选）封装进 IPv6 数据报文扩展报文头中。在 APN6 网络域内（包括头节点），可以根据报文中所携带的应用信息提供相应的感知应用的精细网络服务，如映射到 SRv6 Policy、驱动 IFIT 实时性能监控等。应用侧方案需要应用和运行应用的终端 OS（Operating System，操作系统）支持对应用信息和需求在数据报文中的封装，容易部署在网络和应用同时由一个组织拥有及管理的场景。

网络侧方案： 即 APN ID 和 APN 参数由网络边缘设备生成，并封装在报文中。APN ID 和 APN 参数信息无须由应用侧/云侧设备进行封装，而是由感知应用的网络边缘设备（如 CPE 等）根据预设策略进行封装，应用感知的信息来源为报文中的五元组信息或二层接口信息。这样就可以在 APN6 网络域内，根据报文中所携带的应用信息提供相应的感知应用的精细网络服务。网络侧方案无须得到应用侧的生态支持，在网络运营商和行业网络中都容易部署。

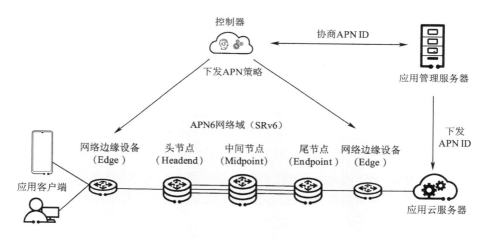

图 9-81　APN6 的网络架构

3. APN6 的关键节点和功能

在 APN6 端到端的网络中，关键节点（应用侧/云侧设备、网络边缘设备、网络策略执行设备、控制器）相互配合，实现 APN ID 的生成和封装，根据 APN ID 执行相应网络策略等功能。

应用侧/云侧设备： 通过应用感知的程序，感知应用的特征信息，生成"封装了应用特征信息"的数据报文，进入 APN6 网络域。

网络边缘设备： 应用侧/云侧设备不要求具备应用感知能力，如果不具备，就无法发出"封装了应用特征信息"的数据报文，则由网络边缘设备从五元组信息、业务信息（例如双 VLAN 标签 C-VLAN 和 S-VLAN 的映射）中解析出应用特征信息，并封装进数据报文，再转发至网络策略执行设备。

网络策略执行设备：以 SRv6 为例，网络头节点和尾节点之前存在着一组能够满足不同 SLA 需求的网络服务路径。

- 感知应用的头节点。头节点负责维护入方向流量与网络服务路径的匹配关系。头节点从网络边缘设备接收到数据报文后，根据报文中携带的 APN6 应用信息，将流量匹配引入满足需求的路径；也可以将应用信息复制并封装到外侧 IPv6 扩展报文头中，在 SRv6 网络中进一步提供感知应用服务。

- 感知应用的中间节点。中间节点根据头节点匹配的网络服务路径为应用提供网络转发服务。同时，中间节点还可以根据报文中携带的 APN6 应用信息提供其他的网络增值业务，如感知应用的 SFC、感知应用的 IFIT 等。

- 感知应用的尾节点。网络服务路径将在尾节点处终结，APN6 应用信息可以在尾节点与路径隧道封装被一起解除。

控制器：控制器可以统一规划和维护 APN ID 以及应用（组）与网络服务策略之间的映射关系，并将其下发到网络边缘设备和网络策略执行设备。

- 对于网络边缘设备，控制器可以下发应用（组）和 APN ID 之间的映射关系。其中，应用可以基于原始报文的类型 [分类规则如五元组、QinQ（802.1Q in 802.1Q，802.1Q 嵌套 802.1Q）等] 来进行分组。

- 对于网络策略执行设备，控制器可以下发报文中携带的 APN ID 和网络服务策略之间的映射关系。

4. APN6 的技术优势

基于 IPv6 的 APN6 具有如下技术优势。

- 简单直接：基于 IP 可达性，利用 IPv6 自身的报文封装，直接实现应用信息的携带。

- 无缝融合：应用侧 / 云侧和网络侧都基于 IPv6，易于实现应用和网络的无缝融合。

- 扩展性强：IPv6 报文封装提供的可编程空间可以用来携带丰富的应用相关信息。

- 兼容性好：如果应用信息不被网络节点识别，报文即作为普通 IPv6 报文被转发。

- 依赖性弱：应用信息传递和处理都基于转发平面，区别于 SDN 方式涉及多接口。

- 响应快速：应用信息传递和处理都基于转发平面，可以做到流驱动的直接响应。

9.6.3　APN6 的技术价值

APN6 能够有效感知关键应用（组）、关键用户（组）及其对网络的性能需求。SRv6、网络切片、DetNet（Deterministic Networking，确定性网络）、SFC、SD-WAN（Software Defined Wide Area Network，软件定义广域网）、IFIT 等技术与 APN6 结合，将极大地丰富云网服务维度，扩大云网商业增值空间，使能云网精细化运营。

1.　精细应用可视：直观的特征画像

通过 APN ID 标识关键的应用（组）或用户（组），与当前基于 VPN 或流的性能可视粒度相比，更直观、更精细。

典型应用场景一：应用流量可视监控。 为了对流经网络的流量有直观和完整的了解，网络需要可视化。网络可视化，简单地说，好比给网络做核磁检测，对网络性能和故障进行跟踪、分析与定位／定界。将网络性能和流量特征等数据以图形化的方式展示出来，快速、直观地总览网络相关数据，一方面可以辅助运维人员实时了解网络的运行情况，另一方面有助于挖掘与流量相关的实时动态信息。网络可视化有很多好处，其中一个重要的应用就是对应用流量进行可视监控，可以实时感知关键应用的性能，有效帮助预测其对网络资源的动态需求。

结合 APN6，人工智能和大数据分析可以对关键应用或用户进行流量特征画像，呈现其流量路径、特征、变化规律及趋势，实现应用流量可视监控。

典型应用场景二：应用故障明确定责。 在没有应用感知能力的网络中，应用出现故障时，无法快速判断是网络侧的问题还是应用侧的问题。这就造成了在应用侧出现故障时，网络运营商也会被投诉，无法自证清白。

在拥有 APN6 应用感知能力的网络中，结合 IFIT 构建的智能网络运维系统，可以很方便地解决这种网络故障定界、定责的难题，快速实施故障修复措施。

2.　精细应用导流：敏捷的自动选路

通过 APN ID 精细标识关键的应用或用户，引导进入相应的 SRv6 Policy、网络切片、DetNet 路径或者 SFC 路径等，实现应用分流和灵活选路。

典型应用场景一：算力网络统一调度。 算力网络是一种根据业务需求，在云、网、边之间按需分配和灵活调度计算资源、存储资源以及网络资源的新型信息基础设施。

2021年5月，我国提出"东数西算"工程，通过构建数据中心、云计算、大数据一体化的新型算力网络体系，将东部算力需求有序引导到西部，优化数据中心建设布局，促进东西部协同联动。

算力网络好比是电网，算力好比是电。电力时代，我们构建了一张"电网"，有电，可以用电话、计算机、电视机；人工智能时代，有算力，才能更好地使用自动驾驶、人脸识别、VR/AR等。算力网络是一种应用敏感型网络，因为每个应用的算力需求都是不一样的。

结合APN6，算力网络可以有效感知每个应用的算力需求，从而实现精细的全网资源统一调度。这种调度可以是弹性的，即可以实时监控和动态调整。

典型应用场景二：时延敏感边缘计算。对于时延敏感应用业务，传统网络的集中式部署方式难以满足其时延需求。同时，网络中的业务数据流量的不断增长，给网络的总体带宽持续造成压力。

如图9-82所示，多接入MEC作为算力网络统一调度的一种技术，部署在业务数据源附近，可以就近处理业务需求。

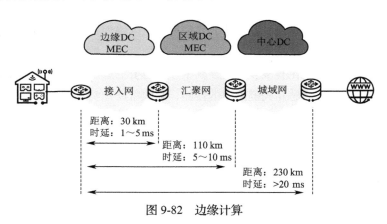

图9-82　边缘计算

APN6的网络边缘设备具备应用感知能力，可以识别出对时延有需求的应用业务。IETF文稿描述了APN在边缘计算中发挥作用的应用场景[27]，包括增强现实、云游戏、远程控制等。在这些场景中，边缘计算结合APN，可以为时延敏感应用提供优质的网络体验服务。

典型应用场景三：游戏加速专属路径。如图9-83所示，云游戏是时延敏感应用业务的一种。相对于传统本地游戏，云游戏可以使得任何人，在任何网络足够好的地方，以简单的硬件配置，玩多种多样的游戏。这其实对网络提出了很高的要求，比如游戏控制的立即响应、高清画质的无损渲染、海量玩家的实时互动和任务场景的流畅切换等。

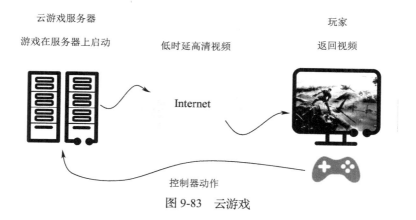

云游戏服务器

游戏在服务器上启动　　　　　低时延高清视频　　　　　返回视频

Internet

控制器动作

图 9-83　云游戏

APN 识别特定游戏应用的需求，将应用流量引导至靠近用户的数据中心游戏服务器，以提供低时延、高可靠的网络服务。网络头节点标识游戏的数据流量，将其引导至满足需求的特定传输路径；中间节点根据情况调整节点的网络资源，转发游戏数据流量至数据中心游戏服务器；经过处理的数据流量也会通过特定的游戏加速路径转发给同时参与游戏的玩家。运用 APN 技术，建立游戏加速专属路径，提升了参与同一游戏的多个玩家之间的互动体验 [28]。

典型应用场景四：SD–WAN 差异化服务。 SD-WAN 各站点间的业务有不同的网络 SLA 需求、等保（信息安全等级保护）需求、安全需求等，传统的 SD-WAN 解决方案通过在 CPE（Customer Premises Equipment，用户驻地设备，业界常称客户终端设备）上识别业务流量的应用类型以实施不同的服务策略。

APN 可以与 SD-WAN 场景相结合，如图 9-84 所示，感知应用的 APN 天然具有为应用提供不同类型服务的优势，与为应用提供服务的 SD-WAN 架构完美契合 [29]。

报文直接携带应用标识 APN ID，CPE 不再需要通过 DPI（Deep Packet Inspection，深度报文检测）来检测报文所属应用类型，压力减轻。更进一步，APN ID 可以由 CPE 封装携带进入运营商的 Underlay 网络（例如 SRv6 网络），实现 Underlay 层面的可视、导流、测量、调优，以及 Underlay 与 Overlay 两个层面的有机结合。从 SD-WAN 的角度来看，通过 Underlay 层面的 SRv6 Policy，保障了 Overlay 层面应用的需求。

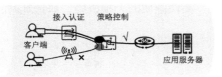

访问策略

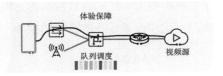

服务等级

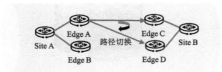

路径选择

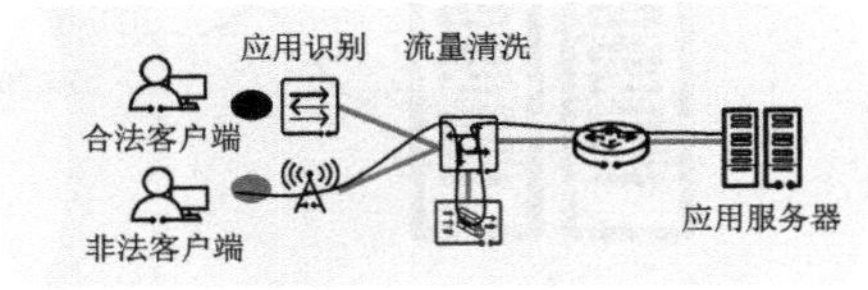

安全策略

图 9-84　各种应用差异化服务

3. 精细应用调优：VIP 的性能看护

APN6 可以看作网络的"应用感知"，IFIT 则可以看作网络的"质量感知"或"体验感知"。两者相结合，就形成了网络的"应用体验感知"解决方案。

通过 APN ID 精细标识关键的应用或用户，实施 IFIT，可以针对性能出现劣化的关键业务，以 APN ID 为 key（键）进行精细调优。

典型应用场景：重要视频会议。利用 APN ID，可以识别、区分出企业 /行业网络中关键用户的重要视频会议，并将其作为网络业务流量中的重保对象，从而对其进行重点保障，保证视频和语音质量（无花屏、平滑不卡顿等）。同时，可以与 IFIT 相结合，一旦检测到性能劣化等问题，快速进行调优。

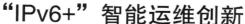

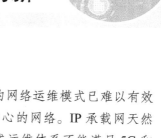

第 10 章
"IPv6+" 智能运维创新

随着 5G 和云时代的到来，当前以设备为中心的网络运维模式已难以有效起到支撑作用，需要构建一张真正以用户体验为中心的网络。IP 承载网天然就是比较灵活和复杂的 IP 网络，而传统投诉驱动式运维体系不能满足 5G 和云时代千行百业的多样化 SLA 诉求。努力发展智能化和自动化技术，提升智能运维水平，是在愈加复杂网络环境下最为行之有效的解决方案，也是运营商和企业面临的重要任务。

10.1　智能 IP 承载网理念

当前的 IP 承载网初步实现了部分领域的自动化，但智能化水平不足，总的来说，仍存在很多问题，如表 10-1 所示。

表 10-1　当前 IP 承载网自动化、智能化存在的不足

不足之处	待解决的问题
承载的业务 SLA 不可感知、不可承诺	运营商目前主要以带宽承诺为主，缺乏业务 SLA，如丢包、时延、抖动等的快速、准确、实时感知能力。在业务 SLA 劣化后，也缺乏业务的快速自愈能力，因此需要解决综合承载网络的多业务 SLA 可感知、可承诺问题
以网元为中心的被动运维模式	传统运维方式依赖投诉或网元告警，难以发现静默故障；故障处理工作压力大，故障信息搜集困难，难以快速定位故障；故障处理依赖人工，对运维人员的能力要求高
网络智能化程度较低	无法实现多参数系统的参数智能调优，例如 QoS 队列参数配置；无法实现故障库的自学习；不具备网络资源和故障的预测能力等
网络自优化能力差	网络优化是提升网络利用率、优化网络使用情况和保证用户体验的关键环节。 IP 承载网的优化包括网络容量优化、网络拓扑结构优化、网络负载均衡，也包括承载业务 KPI 优化等，但是当前这些优化大多依赖人工，对网规、网优人员的技能要求高

随着信息通信技术和人工智能技术的发展，人类社会正快速向着信息化、智能化的方向发展。人工智能技术能为人类社会的持续创新提供强大的驱动力，开辟广阔的应用空间。同时，种类繁多且不断增加的网络协议、拓扑和接入方式使得网络的复杂度不断增加，通过传统人工的方式对网络进行监控、建模、整体控制变得愈加困难。

IP 承载网急需一种更加强大、智能化的方式来解决其中的设计、部署和管理问题，网络和人工智能的结合水到渠成。将人工智能应用到 IP 承载网中，可以在一些很难通过人工实现的领域（例如网络故障定位、网络故障自恢复、网络预测、网络覆盖优化、网络流量优化、网络智能管理等）中，构筑网络的智能化能力，打造智能 IP 承载网。

网络管理的发展阶段如图 10-1 所示。智能 IP 承载网的设计目标包括如下两点。

- 将人工智能和大数据分析应用到网络领域中，实现承载业务的体验高度感知、故障自动定界、故障根因智能定位、故障自恢复。
- 基于预测技术和全局优化能力，实现网络智能优化、故障预测运维等，构建网络全生命周期的智能化能力。

手工时代	脚本执行	工具辅助	智能分析	自治自愈
网络开局部署等全手工，以命令行操作为主	重复操作以脚本批量执行，以命令行操作为主	网络布放自动化、可视化，将逻辑网络拓扑转换为配置	意图E2E落地自动化，基于AI和规则的主动分析/智能优化	完全自治，无人值守，基于AI的自适应和自优化

图 10-1　网络管理的发展阶段

智能 IP 承载网的关键特征定义如下。

- 高感知能力：对网络质量和业务质量具备高度、实时的感知能力和可视呈现。
- 智能化能力：基于人工智能、大数据，打造网络的高度智能化，网络具备一定的自我决策、分析和执行能力，可以针对非预定事件做出合理、快速的反应。
- 主动运维能力：基于业务 SLA 的主动检测，从被动的网络运维转为主动运维。主动实现网络的故障感知、快速定位、智能故障分析和快速自愈。

- 自优化能力：针对网络流量变化、业务变化，网络具备全局的、自适应的、主动的自优化能力，保证网络总体最优。
- 可预测能力：基于对网络未来的容量、状态、故障等的预测能力，实现网络的预测性运维。

智能 IP 承载网是一个高度自治的网络系统。基于 SDN 的自动化网络主要聚焦于网络的自动化、业务布放的自动化。基于智能化的自治网络是在自动化的基础上，进一步强化网络的实时可视感知、智能地完成业务 SLA 的保障和自愈、敏捷地实现网络智能运维和网络优化、智能地实现网络的防攻击。在网络自动化系统中，通过引入智能化能力，使网络自动化系统具备智能分析、决策和预测等能力，可以构建网络自治系统。

10.2　IP 承载网的 AI 架构

在 AI 技术的运用中，关键的 3 个元素就是算法、数据和算力。如图 10-2 所示，IP 网络构建了 3 层 AI 架构理念，即云端 AI、网络级 AI 和设备级 AI，对 AI 的 3 个元素进行合理使用和部署，构建可持续扩展和演进的智能化平台。

云端 AI，主要提供跨领域（DCN/IT/ 接入网 / 核心网）的公共 AI 能力和 IT/ 通信网络等需要搜集大量样本进行训练场景的智能解决方案，以及为网络 AI 提供公共的 AI 云端学习、训练能力。

网络级 AI，提供 IP 承载网的大数据平台能力和 AI 平台能力，提供 IP 承载网的智能化解决方案，包括智能流识别、智能运维、智能优化、智能预测等。智能流识别主要识别设备承载的不同业务类别，实现对不同类型流量的区分处理，从而更好地保障时延敏感性业务或者大带宽业务的 SLA；智能运维主要借助智能化技术，实现告警压缩、故障根因分析和故障自愈等；智能优化可以利用智能技术，针对多节点进行关联分析，可用于智能调优等场景；智能预测主要针对网络运行状况进行趋势预测和故障预测。网络级 AI 包含如下四大引擎。意图引擎通过网络推荐算法，可以将业务意图转换为网络设计。自动化引擎负责网络规划、业务发放和仿真校验。分析引擎建立一整套故障发现、故障根因与影响智能推理、故障处理维护的统一框架，是网络运维监控的入口。分析引擎通过大数据技术构建海量设备数据的采集与分析能力，实时感知设备 KPI、状态及表项变化，并支持全流采集分析。智能引擎提供应用识别、质差分析等多个 AI 通用算法学习能力。基于联邦学习技术，智能引擎可实现与其他端 AI 平台联动，持续优化算法库。

设备级 AI，支持嵌入式的 AI 能力，通过在网元本地进行大量原始数据的初步分析，或者智能算法的计算加速分析。核心目的是通过分布式的大量节点的数据处理和分析，避免大量数据被上送到网络级 AI 节点、大量消耗分析器的计算能力。

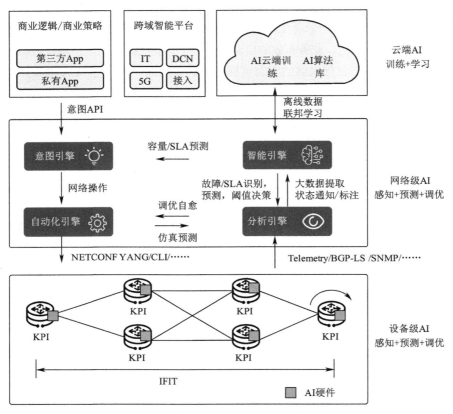

图 10-2　智能网络的 3 层 AI 架构理念

1．AI 算法

在网络智能化实现中使用了多种 AI 算法，这些算法通常被组合使用来实现特定的功能。下面列举一些在网络运维中常用的 AI 算法。

IDF（Inverse Document Frequency，反文档频率）是一种常用于资讯检索与资讯探勘的加权技术。包含某词语的文档越少，则 IDF 值越大，说明词条具有很好的类别区分能力。某一特定词语的 IDF 可以由总文件数目 N 除以包含该词语的文件的数量 n，再将得到的商取对数来算出。IDF 算法可以用于异常日志推荐。

指数平滑法（Exponential Smoothing）实际上是一种特殊的加权移动平均法，

用于时间序列的数据预测。指数平滑法可加强观察期近期观察值对预测值的作用，对不同时间的观察值所赋予的权重不等，并且能加大近期观察值的权重，使预测值能够迅速反映实际的变化。指数平滑法认为越老的经验数据对趋势的影响越小，因此能加大近期观察值的权重，使得预测值能够迅速反映实际的变化。指数平滑法是一种相对简单的无监督算法，实现代价较低，对计算资源的要求也较低。

KNN（K-Nearest Neighbor，K 邻近）算法几乎可以用来解决所有的分类和回归问题。KNN 算法的思路非常简单、直观，如果一个样本在特征空间中的 K 个最相似（即特征空间中最邻近）的样本大多数属于某一个类别，则该样本也属于这个类别。KNN 算法适用于样本容量比较大的类域的自动分类，而那些样本容量较小的类域采用这种算法比较容易产生误分类。

决策树（Decision Tree）是一种典型的分类方法。该方法首先对数据进行处理，利用归纳算法生成可读的规则和决策树，然后使用决策对新数据进行分析。本质上，决策树是通过一系列规则对数据进行分类的过程，选取特征对数据集进行划分，给数据贴上不同的标签。决策树的优势在于构造过程不需要任何领域知识或参数设置，对于探测式的挖掘，决策树更加适用。

NN（Neural Network，神经网络）是指模仿生物神经网络的结构和功能的计算模型。这种模型中包含大量用于计算的人工神经元，这些神经元之间会通过一些带有权重的连接，以一种层次化的方式组织在一起。每一层的神经元之间可以进行大规模的并行计算，在层与层之间进行消息的传递。神经网络是深度学习的标志性算法，特点是准确度高，可自动提取特征，但对算力要求高，可以用在较复杂的数据分析场景中。

DBSCAN（Density-Based Spatial Clustering of Applications with Noise，基于密度的噪声应用空间聚类）是一个基于密度的聚类算法。这种算法聚类速度快且能够有效处理噪声点和发现任意形状的空间聚类，可以用在异常点检测场景中。

知识图谱（Knowledge Graph）本质上是语义网络，是一种基于图的数据结构，由节点（Point）和边（Edge）组成。在知识图谱里，每个节点表示现实世界中存在的"实体"，每条边为实体与实体之间的"关系"。知识图谱是关系最有效的表示方式之一。通俗地讲，知识图谱就是把所有的异质信息（Heterogeneous Information）连接在一起而得到的一个关系网络。知识图谱提供从"关系"的角度去分析问题的能力。

线性回归（Linear Regression）利用数理统计中的回归分析来确定一个唯一的因变量（需要预测的值）和一个或多个数值型的自变量（预测变量）之间

的关系，即利用样本产生线性拟合方程。线性回归的学习过程是先给出一组输入数据，算法会通过一系列的过程得到一个估计的函数，这个函数可以对没有见过的新数据给出一个新的估计，即构建一个估计模型。线性回归是一种相对简单的有监督算法，模型比较简单，训练代价低，收敛快，在预测场景中有较广泛的应用。

2. 数据

为了杜绝海量数据上报，网络中的控制器需要支持触发式采集相关网元的数据，这些数据涵盖全部故障类型（硬件、软件、操作类）和网络状态数据（运行数据、配置数据），列举如下。

日志数据：记录网络状态变更、配置变更、操作变更以及网络异常或出错的情况，正常情况下不记录日志。获取日志数据后，通过 AI 算法，在发生故障时提取异常日志。

告警数据：即系统检测到非预期的状态、需提示用户干预而产生的通知。故障发生时，常会伴随故障的根因告警产生大量衍生告警，智能运维系统收集设备所有告警数据，通过三级告警去噪，考虑故障发生时间及故障位置在拓扑中的关联性，将可能的根因告警输出到故障诊断结果中。

KPI 数据：KPI 数据是系统定期记录设备各个子系统的运行数据，存储在存储卡中，用来体现设备当前或历史某一时间点的运行状态，以支撑现网故障分析和日常维护。KPI 数据涵盖 IP 路由器转发、协议、系统、增值业务、用户管理等各维度，数量庞大。运用 AI 算法在庞大的数据集合中寻找异常点，来帮助诊断模块获取故障根因。

拓扑数据：指构成网络的成员间物理的（真实的）或者逻辑的排列方式。网络拓扑（Network Topology）数据可以帮助智能运维系统寻找异常数据（例如告警）之间的关联性。

配置数据：指网元运行时所使用的配置数据，这些配置数据可以通过 CLI、网管、网络控制器或者其他第三方设备下发给网元并生效。通过各故障发生前后的配置变更、网元间的差异配置推理，可以获取导致故障发生的疑似配置。

3. 算力

算力包含云数据中心提供的算力、网络控制器提供的算力和 IP 网络设备提供的算力。云数据中心可以集中提供大智能和大算力，搜集大量数据进行学习，为网络提供公共的模型与训练服务。网络控制器已经实现了触发式数据采集，但是由于管理的网络庞大，其数量可以达到上万台，针对网元并发采集的频率提升困难，所以网络控制器处理数据的实时性大大受限。通过 IP 网络设备的嵌入式 AI 能力，可以提供可扩展的分布式 AI 算力，提升 AI 数据分析的实时性。

10.3　IP 承载网智能运维

蓬勃发展的万物互联和融合智能化给 ICT 投资带来新的发展机遇，同时也带来挑战。当今网络所产生的海量配置、网络和业务状态、告警和日志等运维数据呈指数型增长，数以万计甚至千万计的运维指标远远超出了运维人员可以凭经验进行准确掌握和判断的范围，监控阈值不合理或者"告警风暴"对故障的判断产生巨大干扰，AI 技术为更好地利用网络产生的这些海量数据提供了一种可能性。在 IP 网络中，将 AI 技术与其他技术相结合，对网络数据进行分析，不仅可以代替人工解决大量重复性的、复杂性的计算工作，进行网络精准可视化呈现、故障发现、根因定位，还可基于海量数据提升 IP 网络预防和预测能力，基于数据驱动差异化的产品服务，使能高度自动化和智能化的 IP 网络运维。

10.3.1　智能识别

智能识别即智能流量识别，其目的主要是识别设备承载的不同业务类别，实现对不同类型流量的区分处理，从而更好地保障时延敏感性业务或者大带宽业务的 SLA。

当前常见的流量识别技术包括基于 ACL 规则的流量识别、基于 SA(Service Awareness, 业务感知)的流量识别、基于 AI 的流量识别、基于 APN6 的流量识别。

基于 ACL 规则的流量识别：属于传统流量分类方式，主要通过配置 ACL 规则，匹配数据流量的五元组信息。这种方式存在如下两个问题。

- 业务流数量大，导致配置工作量大。
- IP 地址更新时，需要同步更新 ACL 配置，存在 ACL 更新不及时的问题。

为了解决上述 ACL 配置问题，出现了基于 SA 的流量识别和基于 AI 的流量识别等新方式。业务识别完成后，加速的方式一般分为 QoS 优先调度、专用加速通道（如 SRv6 Policy）和专用网络切片（信道化子接口、FlexE）等。

基于 SA 的流量识别：基于 SA 的流量识别加速，指利用 SA 技术将流量识别出来，然后将需要加速的流量引入隧道或网络切片。SA 的流量识别方式，既包括对报文端口的匹配，也包括对报文中 Payload 特征的匹配（例如报文端口），还包括多个报文间的关联识别（例如控制流里携带了媒体流信息）和行为分析（例如包长分布、包的时间间隔、流建立频率、上传/下载的数据量分布等）。

SA流量识别会用到专门的特征库，特征库中为识别规则。报文进入设备后，会与特征库中的规则进行匹配，识别出报文所属的应用。SA流量识别会解析报文的应用层部分，因此SA流量识别在设备上常采用专用的硬件实现，如路由器的SA板。SA流量识别相对ACL识别，无须配置，并且能解决IP变化后ACL规则更新的问题。但是SA流量识别也有局限，主要是由于应用的特征会有更新，因此这个特征库也需要定期更新。基于SA的流量识别可以根据流量识别具体的应用，可用于流量识别精度要求高的场景。

基于AI的流量识别：由于基于SA的流量识别需要解析报文的应用层特征，需要专门的业务板，成本会增加，推广困难，因此，针对流量识别精度不高的场景，提出了基于AI的流量识别方式。如图10-3所示，基于AI的流量识别方式不解析报文的应用层部分，只根据报文的长度、间隔、流的持续时间，判断报文所属的分类，如突发大流、平稳大流、小流。

根据流的速率及其变化、突发大小和最大报文间隔等特征，判断流的实时性需求

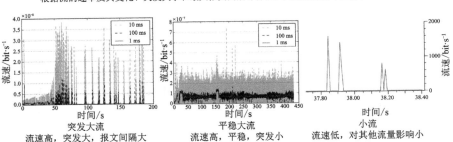

突发大流　　　　　　　　平稳大流　　　　　　　　小流
流速高，突发大，报文间隔大　　　流速高，平稳，突发小　　　流速低，对其他流量影响小

图10-3　基于AI的流量识别

采用AI算法进行大量数据训练，可以学习业务流模型，后续基于学习到的模型去推理业务流的类型。

基于APN6的流量识别：APN6的详细介绍见9.6节。APN6技术突破了传统感知技术间接推演应用及其需求的方式，直接对应用及需求进行自定义标识并将其带入网络中传输。

APN6的实现有两种方案。

- 网络侧方案，在网络边缘设备对应用进行标识（APN6标识）。这种方案在识别应用时采用传统方案，标记应用时采用明确的网络需求参数值，比如带宽、时延等，不再依赖于传统QoS优先级间接表达网络需求，标记粒度和数量不再受限，使得需求标记更准确。

- 应用侧方案，在应用客户端直接对应用进行标识（APN6 标识）封装进报文带入网络。网络头节点收到报文后，根据报文携带的 APN6 标识准确地识别具体的应用及需求，并将报文导入能满足应用需求的路径。中间节点只需根据头节点匹配的网络服务路径，为应用提供网络转发服务，直到尾节点完成网络服务。这种方案除了需求标记更准确，直接在应用侧对应用进行自定义标识，不再局限于传统五元组信息的间接识别，也使得应用识别更精细。

下面借助一个典型场景，介绍智能流识别技术和"IPv6+"技术结合的应用。如图 10-4 所示，在 IP 承载网的接入设备上采用流量识别技术对流量进行识别和标记，流量识别技术可以采用基于 APN6 和 AI 的流量识别等。

- APN6 通过 APN ID 来标识应用，通过 APN 参数来标识应用对网络的需求。

- AI 流量识别，识别出游戏类流量以后，将其标识为高优先级，进行 QoS 调度。

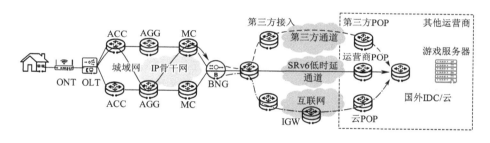

图 10-4 业务加速通道

流量识别完成以后，可以将高优先级的流量导入低时延的 SRv6 路径进行加速。加速通道分为两种。

- 第三方加速通道：指运营商租用第三方公司提供的加速通道，实现游戏数据传输的加速。第三方加速通道一般解决网络侧的时延问题，如 BNG 到游戏服务器之间的时延。采用第三方加速通道时，运营商可以借用第三方的资源，快速开通业务。

- 运营商自建加速通道：指运营商自己搭建的加速通道。该加速通道相对于第三方加速通道，有成本上的优势，便于运营商在大规模部署给游戏业务加速的业务时能够降低成本。运营商自建加速通道，既包括接入侧，如 ONT 到 BNG 之间的 SRv6 低时延通道；也包括网络侧（BNG

到游戏服务器），如 BNG 到游戏服务器之间的 SRv6 低时延通道。

10.3.2　网络可视化

1.　网络可视化的意义

由于 IP 网络运维存在 3 个"不可视"，导致运维效率低。

第一，协议路由不可视，看不到变化过程。协议路由不可视导致在 IP 网络运维过程中，经常出现终端用户申报了故障，而当运维人员进行故障定位时故障又消失了的情况，没有历史信息可以查询，无法找到故障原因，不能及时解决用户的问题。

第二，端到端业务管道不可视。端到端业务管道创建完成后，传统网管只能显示管道的状态，看不到管道对应的实际转发路径，不清楚转发路径的性能，导致故障发生后，只能逐点逐段去定界定位，费时费力。

第三，承载的业务品质不可视，不能感知终端用户体验。传统网管只能提供网络的性能，看不到内容的承载质量，网络性能与业务品质是分离的，造成故障定位需要跨部门专家协同工作，对人员技能要求高，故障定位效率低，互相推诿责任的现象时有发生。

IP 网络运维要求实现对用户的业务体验监控，运维人员周期性地收集网络性能和业务品质数据，并通过分析数据，将其中的趋势内容挖掘出来，对潜在的故障点和薄弱环节进行预判断，使运营商可以提前感知终端用户的业务体验程度，预先判断业务是否会发生劣化，并提前解决由此带来的一系列问题，从而减少终端用户投诉，并降低运维成本。

可度量，才可管理；可管理，才可改进。在网络 IP 化后，最先需要解决的问题就是可度量，即 IP 网络运维要做到可视化。

2.　网络可视化方案

网络可视化系统可以真正帮助运维人员感知网络，将网络的运行状态实时呈现给运维人员。网络可视化方案基于 Telemetry 实时传输技术、IFIT 采集、按业务所需的数据采集以及大数据处理系统，从网络、协议、业务等多维度快速、精准地呈现网络状态。

网络可视化方案包含如下设计目标：高精度的随流检测，秒级性能数据采集，业务体验精准可视；基于网络、协议、业务等多维度进行数据呈现，网络状态一目了然；提供海量、实时历史数据，指导网络优化、故障定位，提供决策。

网络可视化方案的总体架构分为数据采集、数据处理、数据呈现 3 个部分。

数据采集是指通过多种检测和采集技术对网络里的大量状态进行统一采集，并按照规定的格式上报给数据处理系统。数据采集需要具备秒级实时数据采集、高精度随流检测、路由变化可追溯等关键能力，为网络可视化提供大数据的来源。

数据处理起到承上启下的作用，主要基于 ODAE（Operation & maintenance Data Analytic Engine，运维数据分析引擎）构建，采用开源大数据组件，按照上层（数据呈现）注入的业务逻辑，接收从网络中采集的数据信息，以 Pipeline（流水线）的形式处理各种计算逻辑，进行数据存储。ODAE 具备海量数据处理、次秒级查询、实时流等能力，给上层提供实时、有效的数据。

数据呈现是网络可视化系统的窗口，对于从网络上采集并处理过的数据，通过统一呈现，从物理层、转发层、协议层、业务层等多个维度，直观、准确、及时地将网络及业务质量状态呈现给运维人员，为故障快速定界定位、网络资源优化提供可靠依据。

3.　网络可视化关键技术

网络可视化关键技术包括 Telemetry 和 IFIT 等，其关键在于数据采集。

Telemetry 也叫作 Network Telemetry（网络遥测），主要用于监控网络，包括数据收集与分析、性能监控、安全侵入和攻击检测等。

随着自动化网络运维的兴起，Telemetry 技术变得越来越重要。它是一种远距离获取测量参数的技术，比如航天和地质领域可以通过这种技术来获取卫星或者传感器的数据。将 Telemetry 应用到网络中，可以在远端收集网络节点参数。因此，网络 Telemetry 是一种自动化的网络测量和数据收集技术，支持测量并收集远端节点的信息，为信息分析系统提供可靠、实时、丰富的数据，是构建闭环网络业务控制系统的重要组成部分。

如图 10-5 所示，基于 Telemetry 的数据采集模型包括两种角色。

- 网络设备：与 SNMP（Simple Network Management Protocol，简单网络管理协议）类似，通过 Telemetry 管理的设备可以是路由器、交换机等。被管理设备上需要运行 Telemetry 组件，并与采集分析系统建立 gRPC（Google Remote Procedure Call，谷歌远程过程调用）/UDP 分布式连接，定期向采集分析系统上送有关设备的信息。Telemetry 组件：Telemetry 组件包括 Manager（管理器）和 Agent（代理）两部分。Telemetry Manager 用来建立与采集分析系统之间的数据传送通道，接收 Telemetry Agent 上送的数据，并通过传送通道将数据上送采集分析系统。Telemetry Agent 用来周期性采集设备信息并上送 Telemetry Manager，或直接上送采集分析系统。

- 采集分析系统：采集分析系统（例如控制器）需要向被管理设备下发 Telemetry 配置（例如采样周期和采样条件等），下发方式可以是 CLI 方式或 NETCONF 方式。采集分析系统上运行相应的侦听程序，可用来接收被管理设备上送的数据。

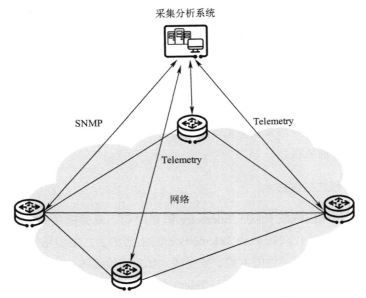

图 10-5　基于 Telemetry 的数据采集模型

随路网络测量是数据平面 Telemetry 的一种关键技术，可以提供逐包的数据平面信息。IFIT 的详细介绍见 9.4 节，IFIT 是全新一代的随路网络测量解决方案，提供真实业务流的端到端及逐跳 SLA（丢包、流量、时延、抖动等）测量能力，可快速感知网络性能相关故障，并进行精准定界、排障。相比传统检测技术如 TWAMP、IP FPM 等，IFIT 在组网灵活性、SLA 精准性、故障快速定界能力上具备更大优势。

此外，IFIT 不仅可以作为业务 SLA 的检测技术，还可以为智能运维系统提供实时的业务 SLA 大数据用于 AI 训练，帮助智能运维系统实现多维度业务 SLA 的可视、主动故障定界定位以及网络预测。

10.3.3 智能维护

传统承载网络采用的是一种"投诉驱动"的网络维护系统，客户业务受损后，维护系统才开始运作。运维工作过去常被比喻成"救火队"工作，哪里出现故障就赶去哪里解决。承载网络的运维人员每天接收大量无线、核心网、接入网络运维人员派发的问题，无效工单多，单个故障处理耗时长，故障无法快速恢复，故障影响巨大。

传统运维除了缺乏 E2E 运维自动化的能力外，在业务质量感知、故障定界、故障定位和故障业务恢复上也存在诸多问题，导致其运维效率低。

- 业务质量感知能力差：传统的使用检测协议构造探针的方式无法保障探针报文与业务报文共路共优先级，因此获得的检测结果无法真实反映业务的质量状态。

- 告警噪声多，无法直接获取故障根因：由于网元设备的告警日志系统需要真实反馈现网设备运行故障及业务影响，在此背景下，传统运维产生的告警数据巨大而且持续变动。因为告警间缺乏关联、业务识别、故障特征识别等原因，网元存在大量无效告警，为了处理这些无效告警，又会产生很多无效工单。无效告警占用采集系统带宽、消耗派单系统处理资源，无效、重复的工单让工程师产生困扰，影响真实故障处理效率。

- 承载网络静默故障定位难，恢复时间长：静默故障是指故障发生时没有显式的告警通知，系统无法感知故障，无法进行相应的故障保护动作。常见的静默故障有转发表项无效、芯片软失效、硬件 I/O 接口故障或者软件 bug 导致的转发丢包等。静默故障是质量事故的天然"伙伴"，因为故障发生后管理界面无感知，无法进行相应的快速干预，其一直是网络设备运维改进的一个重点。

智能运维提供一种全新的主动运维的方案，通过精确感知实时业务 SLA，实现业务故障自动发现，同时具备快速的故障定界和根因分析手段，自动恢复受损业务。同时，智能运维提供风险预警机制，支持硬件故障预测、资源增长临界预警等，从而具备网络潜在风险的感知能力，防患于未然。

智能运维系统通过 IFIT 技术对网络中的业务进行实时监控，可以精确呈现业务的体验。系统结合 Telemetry 采集技术，引入"AI + 大数据 + 故障智能分析算法"，实现故障精准定界定位，提升故障排除效率。当业务中断或 SLA 异常时，智能运维系统基于 PCE（Path Computation Element，路径计算单元）+ 网络路径优化算法，实现业务快速恢复，用户零感知。

智能运维的核心思想是运用智能算法对网络中的运维数据进行分析，提升故障定位准确性，减少故障影响时间，提升运维效率。智能运维系统将运维数据分成网络数据和业务数据两部分。智能运维系统将业务故障和网络故障抽象成 ISSUE（问题）来管理，把网络数据和业务数据按照两种不同类型的数据流分别进行处理。由于业务数据的故障分析依赖网络数据作为输入，因此两种数据流处理流程既相互独立，又彼此关联。整体的处理过程分为感知与可视、故障定界、故障诊断和故障恢复 4 部分。一个比较通用的智能运维流程具体如图 10-6 所示。

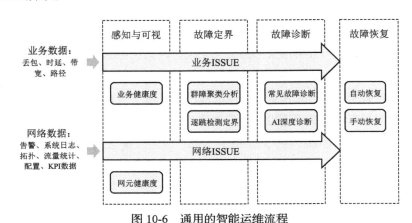

图 10-6　通用的智能运维流程

表 10-2 描述了通用的智能运维流程。

表 10-2　通用的智能运维流程

流程节点	流程详细描述
感知与可视	通过告警、业务质量检测等手段实时监控网络及业务的状态，通过 Telemetry、SNMP 等采集技术获取业务和网络的运行数据及监控数据，并上报控制器，控制器通过大数据分析，将业务的体验和网络的健康度通过可视化的界面呈现给运维人员，故障以 ISSUE 的形式展现
故障定界	当感知到业务体验受损时，智能运维系统会自动启动逐跳检测，进行定界分析，将故障位置锁定到网元或者链路。当出现群障时，会进行群障聚类分析，聚类分析后如果判断为同一种原因导致的故障，会选取 Top 3 质差业务启动逐跳 IFIT 检测，锁定故障位置
故障诊断	当锁定故障位置后，故障诊断系统会进行初步诊断，判断是否是队列突发、端口 CRC（Cyclic Redundancy Check，循环冗余校验）、错包等导致的网络故障。如果初步诊断无法得出结论，会启动故障深度诊断

流程节点	流程详细描述
故障恢复	业务故障恢复可以在故障定界之后启动，也可以在故障诊断之后再启动，运维人员可以按照故障紧急程度和影响程度来自行手动恢复，也可以按照质量劣化的程度定义自动恢复策略

10.3.4 自动控制

大规模网络仅靠人工运维很难满足要求，作为智能运维转型的一部分，需要引入网络自动化管控系统。自动控制的首要任务就是把简单且反复出现的手动过程自动化，同时，可以通过组件的灵活编排，构建可以不断演进、沉淀运维人员经验的自动化运维流程，并通过引入智能化，基于数据进行自动化的决策或者自动触发执行某些任务。

通过自动化控制协议可以实现网络拓扑的自动收集，自动建立端到端路径，缩短业务配置时间；发生路径故障后可自动恢复，提升业务可靠性，降低运维成本。控制器和设备之间使用的自动化控制协议有很多，常见的几个协议描述如下。

- NETCONF：主要作为南向配置通道进行业务及隧道布放，在第三方控制器的场景下也可以下发算路结果。

- SNMP：主要从网元采集端口、链路、隧道的流量性能数据，包括流速和带宽利用率，采集质量检测数据。接收网元的告警，进行网元运维、告警监控。

- Telemetry：主要从网元上采集链路的流量信息和隧道流量信息，采集频率可以到达秒级，支持调优结果的秒级回显。

- BGP-LS：主要负责收集网络中的链路信息（例如链路的带宽、时延等）和隧道状态信息（SRv6 Policy、SID List 等状态）。

- BGP SR Policy：控制器通过 BGP SR Policy 通知转发器更新 SR 路径，转发器负责进行业务切换。

- PCEP：PCEP 是控制器（用作 PCE）和转发器（用作 PCC）之间的通信协议。PCEP 最早是为了解决大型跨域网络路径计算问题被提出的，后来发展为计算和下发 SRv6 路径等。PCEP 配合控制器集中算路，可以实现路径全局最优，达到充分利用网络资源的目的。

10.3.5 网络优化

传统网络优化通常按照可预见的业务发展前景，通过人工进行流量增长预测和市场覆盖率（固定网络、移动网络、2B 业务）的计算，而后完成设计和部署。伴随 VR 视频、VR 游戏、无人驾驶汽车、云业务等低时延、大带宽和不确定性业务的快速发展，IP 承载网的复杂度不断提高。面向这些业务的优化设计、部署、操作，通过传统手段虽然可以完成网络资源分配，但存在如下局限性，显然无法充分响应高度动态且"always-on"（永远在线）的业务诉求。

第一，网络规模日趋扩大，人为规划无法满足多约束路径规划要求，无法保证全局最优分配。虽然可以通过人为规划充分利用带宽资源，但在复杂的大拓扑下，人为规划难以实现同时考虑多约束（时延、带宽、路径分离等）的路径规划，且难以保证带宽资源最优分配。

第二，人工优化无法实时保证业务 SLA 要求。由于网络状态在实时变化，即便初次算路时通过人工规划了满足业务 SLA 要求的路径，但是当网络发生拓扑变化或者产生拥塞时，需要人工观测后才能进行调整，无法实时响应。

第三，人工优化计算量大，静态配置下发工作量大，容易出错。过去的网络部署通常是人工计算、静态配置，随着业务的数量和复杂度的增加，这些过程出现错误的风险也在逐步增加。

在新兴业务快速发展的当下，用户的体验直接影响服务提供商的收益。因此，持续、自动、智能的网络优化才能实现保障业务体验最优，并实现网络资源利用率最大化。

网络优化方案从流量工程的角度出发，建立网络画像，描述端到端的网络模型、业务模型、流量属性模型，通过实时分析以及长期宏观分析，运用调优算法，进行全网最优的业务路径规划、全局均衡优化、智能规划设计。如图 10-7 所示，网络优化主要包括流量数据管理、流量控制与调优、OD（Origin to Destination，起点到终点）流量预测与网络规划 3 个步骤。

流量数据管理： 流量数据管理针对网络拓扑和业务进行流量画像，通过图形界面展示网络状态、业务 SLA，实时度量网络质量，使得网络运维更清晰、智能。

流量控制与调优： 针对流量优化可以分为业务设计规划和业务运行两个阶段。在业务设计规划阶段，为流量规划合理的隧道，在网络侧按照业务要求的优先级进行隧道调度。在业务运行阶段，实时感知网络状态与业务状态，当网络产生拥塞或者业务 SLA 不满足（如带宽、时延不满足）时，合理调整隧道路径，实现业务 SLA 最优和流量带宽分布均匀。

OD 流量预测与网络规划： 依靠离线网络规划工具，根据第一步中网络流量画像，识别热点 OD 对流量，并分析优化点，如大环、长链、星形、成环率、负载分担率等，从而进行合理规划（如增加链路）。

网络智能优化技术从流量工程和网络工程两个方面进行持续的网络资源优化。

- 流量工程：通过流量工程规划，适配网络架构，网络资源得以实现最大化利用。
- 网络工程：通过智能的网络架构设计，有针对性、低成本地进行投资扩容，来满足业务的需要。

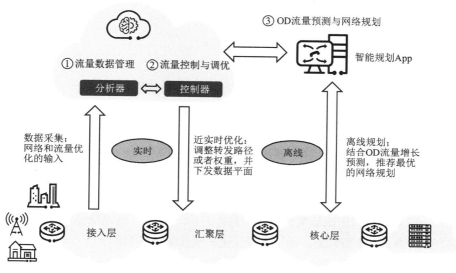

图 10-7　网络优化架构

基于以上两个方面，网络优化方案将 PCE 和网络路径优化、神经网络的流量预测、智能规划这 3 类算法有效组合在一起，在满足业务 SLA 的基础上持续优化网络 KPI，提升用户体验。

1. 流量工程

流量工程基于 SLA 的智能路径优化、持续提升网络容量和性能 KPI。随着业务体验要求不断提高，承载网络不仅需要保障业务所需的带宽资源，还需要满足业务的时延、丢包、抖动等相关要求，传统分布式流量工程技术已不能满足现网要求。在保障业务 SLA 的情况下期望获得资源最优配置，必须采用集中式的路径控制方案，方案包括如下技术点。

- 路径集中计算，带宽资源集中管理：通过全网优化算路，达到或逼近网络带宽利用率最大化的理论最优解，提高带宽资源的利用率；集中管理带宽资源，能简化转发设备侧业务建立复杂度、减少分布式计算时间，以及解决业务建立的带宽资源冲突问题。

- 多约束算路：支持基于带宽、时延等多个 SLA 约束进行路径计算。
- 跨区域算路：为了避免大规模网络中大量数据泛洪导致网络资源耗用，TE 链路信息只能在 IGP 区域内部泛洪，传统设备无法计算跨区域约束路径。控制器可以收集网络中多个区域的拓扑并进行合并加工，还可以基于加工后的统一拓扑计算跨区域的约束路径。
- 隧道和拓扑的可视化：提供整网隧道和拓扑的带宽及时延可视化，方便用户运维管理。

2. 网络工程

网络工程基于 AI 的流量预测与智能规划，助力网络架构优化。

网络建设需考虑后续业务发展需要，配置一定的冗余容量，但初期的规划很难完全符合后续的业务发展：部分热点区域业务发展迅猛，预留的网络资源会很快用尽，网络带宽不足，业务发展受阻；部分偏远地区由于人口和工业发展的瓶颈，流量增长受限，预留资源闲置。

网络工程优化方案基于网络流量画像，借助神经网络预测算法和智能规划算法，对业务的局向流量增长趋势、业务的 SLA 需求、网络整体利用率三者进行综合考虑、精细规划。网络工程优化方案具备如下优势。

- 精准 OD 流量预测，帮助运维人员发现热点业务区域与业务流向。
- 智能规划，通过网络流量画像，结合各节点间传输距离，识别排名靠前的优化点，以最小代价换取网络转发效率的最大化。

10.3.6 智能预测

网络运维不但包括对当前网络的决策和处理，往往还需要对未来情况进行预测、分析和规划，包括业务发展预测、扩容预测、硬件故障预测等。传统人工预测方式存在如下几方面不足。

- 效率低：需要投入大量人力进行网络信息搜集、汇总和评估。
- 准确性差：人员能力差异导致预测结果不准确。
- 覆盖领域有限：网元内部的软件资源、硬件故障预测领域，依赖传统手段无法实现信息搜集和预测。

将 AI 引入 IP 承载网，带来的一个全新价值是"可预测性"。借助大数据分析和 AI 推理，实现流量预测、质量预测和故障预测，基于预测结果来调度和优化网络，实现故障发生前规避故障、质量劣化前优化网络、网络拥塞前调整流量，系统地提升运维效率。由于预测效率提升，可以进行快速迭代预测，以获得更为准确的预测结果。

智能预测分为资源预测和故障预测，这方面属于智能运维的前沿技术，有待未来进一步探索，当前实际应用并不多，本书暂不做过多描述。

10.4 网络业务智能运维设计

10.4.1 5G 业务智能运维

1. 5G 业务对网络运维的挑战

在 5G 时代，不论是新兴业务的体验诉求，还是运营商本身革新的诉求，行业对承载网络提供的业务质量保障诉求都提升到了新的高度。

5G 各领域新兴业务百花齐放，在引领用户不断享受极致体验的同时，对业务端到端的 SLA 也提出了更高的诉求，分解给移动承载网络的 SLA 指标要求也越来越高，例如 URLLC 的 V2X（Vehicle-to-Everything，车联网）要求承载网络的时延不超过 1 ms；垂直行业中智能电网的配电差动保护等要求承载网络的时延不超过 2 ms；eMBB 的 Cloud VR 要求承载网络的时延不超过 2 ms。此外，对于车联网 / 智能电网等垂直行业，99.999% 的业务可靠性保证也是必不可少的。

与此同时，越来越多的运营商在业务逐渐趋于同质化、ARPU（Average Revenue Per User，每用户平均收入）值逐渐下降的大背景下，从如下两个方面寻求业务增长。

- 寻找新的业务增长点，关注重点也已经由传统的"重流量"转变为"重体验"，并期望通过提供差异化的用户体验来保证用户拥有量、收入的继续增长。

- 在用户数 / 流量大幅度增长的情况下，运营商在提升用户体验的同时，努力寻求有效降低运维成本之道，主要包括保持 / 减少运维人员数量，提升运维人员的效率，帮助运维人员主动、快速识别质差业务、定位故障根因和快速恢复业务等。

以投诉驱动的被动运维方式，缺乏快速有效的定位手段，在业务质量感知、故障定界、故障定位和故障业务恢复上存在诸多问题，成为运营商提升运维效率的主要瓶颈。

2. 5G 业务智能运维方案

为了满足行业的诉求，IP 承载网智能运维方案应运而生，多维度辅助运维人员快速排障，提升 5G 用户体验。

图 10-8 展示了 5G 智能运维方案的主要流程。

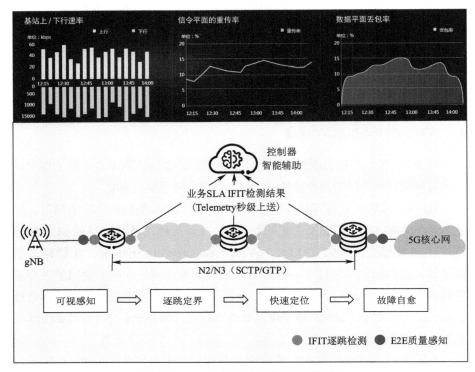

图 10-8　5G 智能运维方案的主要流程

- 可视感知：一方面是全量基站业务质量的主动可视感知，改被动响应
  为主动运维，对全量（按区域）基站—核心网业务 SLA 进行 E2E 的
  主动感知，并可视化呈现；另一方面是基站业务质量按需可视感知，
  对某条基站与核心网的业务流（如五元组或"五元组 + DSCP"等标识）
  进行 E2E 监控，满足按需监控的诉求。

- 逐跳定界：在感知到业务 E2E SLA 超过阈值后，运维系统会自动触发
  IFIT 逐跳定界检测，输出故障定界结果，包含导致业务质差的节点 / 链
  路。这样不仅能确定是否是 IP 承载网引入的问题，而且能确定网络中
  引入问题的具体的节点 / 链路，满足运营商问题定界效率提升的诉求。

- 快速定位：基于设备内置 AI、结合设备 KPI 等信息进行潜在根因分
  析，给出处理意见，并上报工单，辅助运维人员快速排障。

- 故障自愈：运维系统可以基于识别的故障节点 / 链路，自动 / 手动
  进行业务路径重优化，绕开故障的节点 / 链路，确保业务质量快速
  恢复。

10.4.2 专线业务智能运维

1. 专线业务对网络运维的挑战

随着当前行业数字化转型的加速推进,"上云"作为企业拥抱数字化转型的重要手段已经席卷各行各业。据相关机构预测,到 2025 年,85% 的企业会将其业务搬上云端,企业从购买 IT 设备到购买云服务已成为必然趋势;同时,一些国家已经将企业上云上升到国家战略层面。

行业数字化转型对专线产生了多样化和差异化需求。如图 10-9 所示,专线业务总体上分为企业上网专线、企业组网专线、企业上云专线及云间互联专线,说明如下。

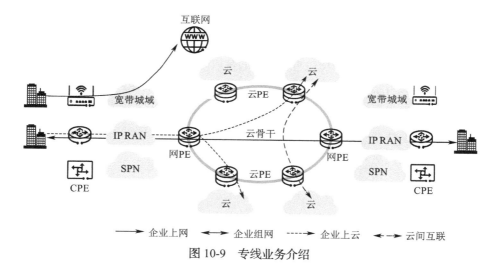

图 10-9 专线业务介绍

企业上网专线:运营商为企业提供访问互联网的服务,满足企业固定网络业务上网需求。

企业组网专线:是指企业通过专线组建企业总部与各分支机构间的网络,通过专线总部和各分支机构、私有云间实现互联互通,每个分支机构以及总部都算作专线网络的一个接入点。

企业上云专线:总体分为本地上云专线、跨域上云专线。本地上云专线是指企业接入点和云数据中心位于同一个省(自治区、直辖市)内,此时企业通过云专线访问云数据中心,云专线在省(自治区、直辖市)内终结,不需要通过云骨干网;跨域上云专线是指企业接入点和云数据中心位于不同的省(自治区、直辖市),此时企业通过云专线访问云数据中心,云专线需要通过云骨干网。

云间互联专线:运营商通过云骨干网的网 PE,汇聚各个地市的云资源池和公有云资源，实现多云互联互通。运营商通过网 PE 接入城域 /IP RAN/PTN 等多种网络接入资源，基于云骨干网承载云间互联专线业务，实现多云互联、一点入多云。

结合对行业客户的调研数据来看，行业客户对运营商专线业务诉求集中于 3 个方面。

- 服务可按需灵活购买，价格具有竞争力。
- 业务可快速便捷开通，带宽可按需选择。
- 业务 SLA 可视、可查、可保障，最大限度满足用户的体验。

当前运营商提供的专线网络与客户最新需求还有很大差距，存在诸多挑战和问题，例如：响应慢，开通时间长；缺少按需选择体验；业务无法实现自动化；业务 SLA 可视性差等。

对运营商而言，专线业务一直以来是其重要的收入来源，尤其是近些年来在整体收入中的占比不断攀升，成为运营商开拓政企市场、实现价值增长的一个重要突破口。然而，单纯以带宽驱动的发展模式会不可避免地造成运营商专线产品的同质化，激化同业价格竞争，不可避免地降低 ARPU 值。尤其在提速降费的大背景下，差异化保障的精品专线发展策略更成了运营商努力寻找的一个突破口，其中，保障专线业务 SLA（丢包、时延、抖动等）的可感、可视、可控是提供差异化服务的重要手段。

2. 专线业务智能运维方案

为了满足专线业务的诉求，提升用户体验，业界出现了专线智能运维系统。该系统可为运维人员提供专线的快速排障能力，实现主动的业务 SLA 可感、可视、可控。专线智能运维系统具有如下特点。

覆盖业务关键 SLA：能够覆盖具体专线行业重点关注的 SLA 指标，包括带宽、时延、丢包（率）。尤其是丢包（率），能感知微小丢包，实现高精度的丢包检测。

变运维从"被动"到"主动"：主动监控和保障专网的业务质量，改变传统的依靠客户 / 业务部门投诉或分解工单的方式被动响应。

端到端环节的闭环运维：包括专线业务整体质量画像、E2E 业务质量主动感知、质差业务逐跳快速定界定位、质差业务快速恢复等，可以最大化地提升用户体验。

人工智能使能运维智能化：基于预测性和智能化提升用户的业务体验，提供全新智能的、自动化的主动网络分析系统，融入大数据计算能力、AI 分析能力，同时对故障进行预测，提前对网络进行调整，降低故障的发生率。

第 11 章

"IPv6+" 安全技术创新

在网络安全方面，IPv6 新协议架构也将带来安全领域的技术创新和体系架构变革，从而为解决"IPv6+"时代的网络安全问题提供新思路、新方法和新手段。

11.1 "IPv6+" 安全的产生背景

IPv6 安全问题无论好坏都可以理解为"内生的"，由于 IP 网络设计之初缺乏对安全的考虑，外挂的"补丁式"安全技术难以为网络通信提供保障，IPv6 需要提供内生的安全机制。长地址、长报文头和 SRv6 可编程为内生安全提供了基础。

IPv6 可解决如下安全问题。

- 内置 IPsec 安全机制：IPv4 也可以叠加 IPsec 等安全技术，但是受限于成本，这种方法仅应用在金融和政务等一些关键领域，未在 Internet 大规模应用。IPv6 增加了 AH 和 ESP 这两种可选的按需携带项，协议安全性比 IPv4 大大提升。

- 攻击可溯源：IPv6 的地址空间巨大，理论上不会再有 IP 地址短缺困境，也不需要广泛使用 NAT 设备去节省 IPv6 公网地址。IPv6 终端之间可以直接建立点到点的连接，无须进行地址转换，因此 IPv6 地址非常容易溯源。

- 防止 IP 地址欺骗：通过 CGA（Cryptographically Generated Address，加密生成的地址）技术，可以防止 IP 欺骗（IP Spoofing）攻击。

- 反黑客嗅探：扫描几乎是任何攻击手段的必要前提。攻击者利用扫描收集目标网络的数据，据此分析、推断目标网络的拓扑结构、开放的服务、知名端口等有用信息，以作为真正攻击的基础。扫描的主要目的是通过 Ping 每个地址，找到作为潜在攻击目标的在线主机或设备。

IPv6 地址分为 64 bit 的网络前缀和 64 bit 的接口地址。一个 64 bit 的前缀地址支持 64 bit 的主机数量，攻击者无法扫描一个 IPv6 网段内所有可能的主机。假设攻击者以每秒扫描 100 万个主机的速度扫描，50 万年左右才能遍历一个 64 bit 前缀内所有的主机地址。64 bit 的主机地址使得网络扫描的难度和代价都大大增加，从而进一步防范了攻击。

- 避免广播攻击：IPv6 定义了多播地址类型，而取消了 IPv4 下的广播地址，有效避免了 IPv4 网络中利用广播地址发起的广播风暴攻击和DDoS（Distributed Denial of Service，分布式拒绝服务）攻击。同时，IPv6 不允许向使用多播地址的报文回复 ICMPv6 差错消息，因此也能防止 ICMPv6 报文造成的放大攻击。

- 避免分片攻击：IPv6 只允许端侧进行分片，可避免对网络中间设备的分片攻击。

IPv6 是网络层的协议，自身只能解决部分网络层的安全问题。IPv4 下的安全防护能力需要进化到 IPv6 下，同样 IPv6 也会引入一些特定的新的安全问题。IPv6 主要带来如下安全问题。

- 新增协议或机制引入的攻击。如 ND（Neighbor Discovery，邻居发现）协议报文缺少认证机制，存在中间人攻击、地址伪造等风险。无状态地址分配会存在利用地址冲突检测机制的 DoS 攻击的风险。MLD 存在针对转发 MLD 报文的路由转发设备的 DoS 攻击、数据窃听的风险。

- IPv4-IPv6 过渡机制存在的安全风险：双栈机制、隧道机制和翻译机制都会引入新的安全风险。

11.2　"IPv6+" 网络安全防御体系

随着万物互联时代的到来，以往明确的网络边界已经越来越模糊，安全设备的部署成了一个难题。尤其是业务上云之后，传统边界防护方式更是面临攻击难溯源、威胁易扩散、数据易泄露等问题。如图 11-1 所示，传统的网络安全架构已无法解决新时期的网络安全问题，那么未来的网络安全架构应具备哪些特征呢？一般认为有以下 3 点。

第一，智能分析：云端、本地、边缘实现智能化全网分析，威胁模型实现自主进化。

第二，动态检测：实现动态关联分析，实时感知全网安全态势。

第三，全局防御：实现云网安协同，可以快速处置威胁。

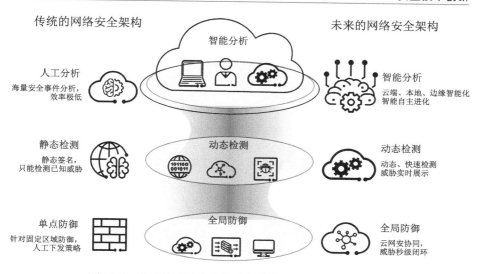

图 11-1 传统的网络安全架构与未来的网络安全架构对比

如图 11-2 所示，基于上述安全解决方案三层架构，打造 "IPv6+" 的立体、分层、智能安全防护体系，构建 "IPv6+" 的可信一张网。

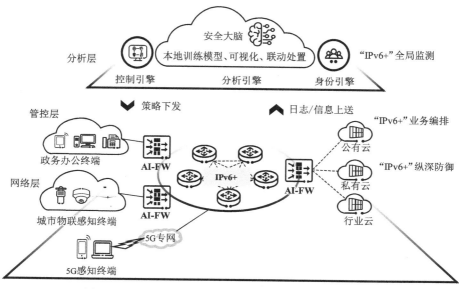

图 11-2 基于安全解决方案构建 "IPv6+" 的可信一张网

该网络围绕网络层、管控层、分析层打造纵深防御、业务编排、全局监测的 IPv6 安全方案，并支持基于 SRv6 的云网安一体编排。该网络具有三大核心能力。

第一，"IPv6+"全局监测，智能分析。传统威胁分析依赖人工，分析效率很低，往往无法及时处理新发生的威胁。当前大型跨国公司每天需要分析的安全事件数量可达数十亿级，恶意样本数达到百万级，这种量级的工作依靠人力来分析简直是"天方夜谭"。智能分析的优势如图 11-3 所示，通过流量采集分析，实现全网安全监测、威胁模型自主进化，大大提高威胁的处置效率，可以由传统的数天乃至数十天缩短到几小时。威胁检出率也更高，整体可以达到 96%。

传统威胁需要人工辅助，威胁识别率低   基于智能技术实现高性能精准检测

图 11-3　智能分析的优势

第二，"IPv6+"动态检测，精准溯源。传统的静态检测无法实现用户访问权限的动态调整，一旦首道防线被突破，很容易被攻击者长驱直入，造成严重的破坏。动态检测的优势如图 11-4 所示，动态检测通过对设备终端信息、用户身份信息、流量信息、业务应用信息，结合 IPv6 扩展报文头字段携带更多的信息进行关联分析，动态评估对象的安全性，实时刷新对象的评估结果（可以理解为"网络安全码"），并调整相应的策略和权限，实现攻击的精确溯源，权限动态控制。

第三，"IPv6+"纵深防御，秒级处置。传统的安全防御主要是单点防御，需要在每台设备上单独配置策略，各个设备之间也没有联动配合。发现威胁后需要人工分析，设备上的策略调整也完全依靠人工，效率很低。全局防御的实现如图 11-5 所示，通过云网安协同，可以实现对威胁的智能分析和自动化处置，秒级处置威胁事件。

智能图谱关联分析，实时刷新"安全码"，快速发现威胁

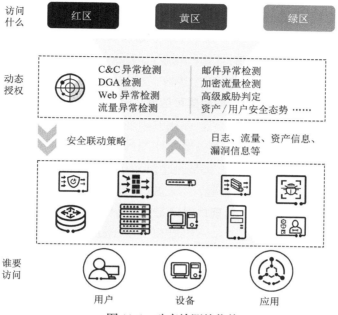

图 11-4 动态检测的优势

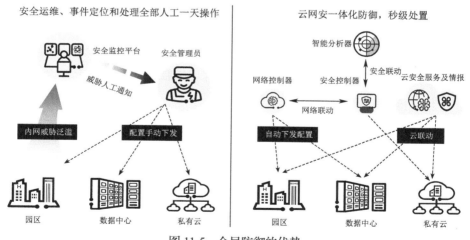

图 11-5 全局防御的优势

11.3 "IPv6+"新兴安全技术

IPv6 作为面向未来的下一代网络协议，正在加速规模化部署。构建基于"IPv6+"的可信一张网是 IPv6 加速演进的关键。IPv6 基础协议目前均有成熟

安全方案应对，在此基础之上，基于"IPv6+"技术，可以实现如下一些安全方案。

第一，网络切片技术实现业务隔离。通过网络切片技术，实现不同网络流量之间的安全隔离。详细内容请参考前文描述。

第二，可信网络路径。对于敏感业务，通过 SRv6 基于可信度量来动态进行路径计算及优化，网络控制器自动识别和验证网络拓扑内设备的可信度，确保敏感业务按预期规划路径进行安全传输。

第三，针对 SRv6 攻击防护构建可信域。SRv6 源路由安全的方案主要分为基础方案和增强方案两部分[30]。基础方案是基于 SRv6 ACL 过滤、禁止越权访问等"IPv6+"安全能力，可实现针对"IPv6+"的攻击行为的防攻击、防越权、防窃取和防篡改。增强方案是通过 SRv6 HMAC 校验，对通信源进行身份验证，并对 SRv6 报文进行校验，防止 SRv6 报文被篡改引起的攻击。

第四，基于 SRv6 SFC 实现广域网安全服务化。SRv6 可以支持的另一个重要业务是 SFC[31]，SFC 通常指一组由 SF（Service Function，服务功能）节点组成的序列。为满足特定的商业、安全等需求，对于指定的业务流，通常要求在转发时经过指定 SF 序列的处理，这些 SF 包括 DPI、FW（Firewall，防火墙）、IPS（Intrusion Prevention System，入侵防御系统）和 WAF（Web Application Firewall，网络应用防火墙）等多种 VAS 节点。如图 11-6 所示，以电子政务外网场景为例，通过网络控制器、安全控制器的协同，利用 SRv6 SFC 技术，将流量按需动态引入防火墙 / 安全资源池 SF，实现安全服务化。

- 安全资源池化：通过防火墙多租户构建安全资源池，提供独立的 IPS、AV（Antivirus，防病毒）、安全策略控制防护能力，进行安全防护，杜绝病毒扩散。
- 安全业务自动发放：通过安全控制器实现安全策略的下发。

第五，基于 APN6 实现威胁精确溯源。传统方案中，广域威胁联动处置时无法根据五元组信息选定 PE 设备下发，需要接入单位的详细信息，如接口的信息。如图 11-7 所示，借助 APN6 技术，融合网络安全，可使溯源和处置更准确。利用 IPv6 报文自带的可编程空间携带设备、接入单位的信息，安全智能系统支持 APN ID 信息的采集、分析、检测，威胁事件直接可以关联溯源到设备。威胁事件精确溯源后，网络控制器可以准确地下发策略阻断威胁。结合图 11-7 中的①～⑧，详细流程描述如下。

步骤①　网络控制器配置 VPN 信息，分配 APN ID，APN ID 中包含 VPN 信息和入接口信息。为了区分不同的接入单位，需要分配不同的 APN ID。

步骤②　转发器识别流量，封装 APN ID，随流转发。

步骤③　探针获取网络里的镜像流，上报流量、文件信息，包含公网源

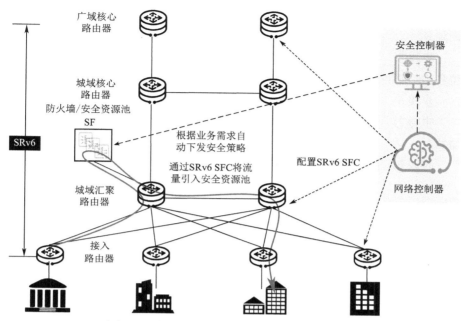

图 11-6 基于 SRv6 SFC 实现广域网安全服务化

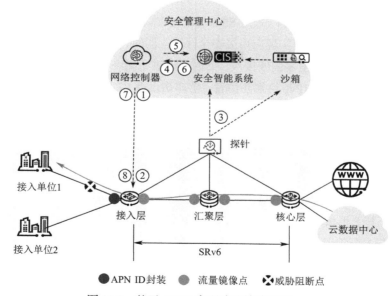

图 11-7 基于 APN6 实现威胁精确溯源

IP 地址和 APN ID 等。

　　步骤④　安全智能系统基于公网源 IP 地址和 APN ID 等信息向控制器溯源。

　　步骤⑤　网络控制器利用公网源 IP 地址和 APN ID 等信息，获取接入单位名称，返回给安全智能系统。

　　步骤⑥　安全智能系统进行安全态势呈现，并下发联动策略给控制器。

　　步骤⑦　网络控制器基于公网源 IP 地址、APN ID 和五元组信息，下发阻断策略。

　　步骤⑧　转发器利用 ACL 对威胁流量进行阻断。

11.4　"IPv6+"未来安全演进路径

　　"IPv6+"未来安全演进路径划分为 3 个阶段。

　　第一阶段：IPv6 网安协同。通过控制器、分析器和态势感知的结合，通过策略路由、IPv6 ACL 等模板方式配置，实现网络与安全的协同编排、联动。

　　第二阶段："IPv6+"云网安一体。该阶段云网和算网不断融合，业务接入多云场景占比增多，需要端到端"IPv6+"云网安一体联动，共享情报信息，精准溯源并联动云网端实施近源阻断。对于不同云内应用或用户组需要不同级别安全保障的情况，可以采用 SRv6 SFC 技术，通过 SRv6 SID List 编排需经过的 VAS 设备，快速实现应用级安全保障。同时，端侧如果通过 IPv6 快速接入，则需要实现安全零信任接入，此时可通过智能终端指纹识别、终端多类型认证等方式以实现 IPv6 终端防仿冒、防非法设备（如无线路由器）私接入网。同时结合用户组、终端识别和安全策略联动等实现 IPv6 业务随行，确保接入策略在任意位置有效。

　　第三阶段："IPv6+"可信网络。通过"正向建 + 反向查"，构建"IPv6+"可信网络，结合可信根和可信连接、持续地分析和验证等方式实现设备可信、连接可信。同时持续监测可信根与可信因子，并采用可信因子算路，动态调整路由拓扑，形成可信路由拓扑，以设备可信为基础建立可信连接。

　　在 3 个阶段的目标均实现以后，"IPv6+"安全的目标是实现业务可信。该目标主要聚焦在 APN6 的网络感知与安全协同联动；基于"IPv6+"关键资产网络行为建模和自动分类；基于"IPv6+"的动态网络行为可信验证技术；基于全网可信标识与寻址等关键技术，支撑"IPv6+"业务可信，整体实现基于"IPv6+"的可信一张网的目标。

本篇参考文献

[1] FILSFILS C, PREVIDI S, GINSBERG L, et al. Segment routing architecture[EB/OL]. (2018-12-19) [2022-07-15]. RFC 8402.

[2] FILSFILS C, DUKES D, PREVIDI S, et al. IPv6 Segment Routing Header (SRH)[EB/OL]. (2020-03-14) [2022-07-15]. RFC 8754.

[3] FILSFILS C, CAMARILLO P, LEDDY J, et al. SRv6 network programming[EB/OL]. (2021-02-01) [2022-07-15]. RFC 8986.

[4] CARL A. Source routing in computer networks[EB/OL]. ACM SIGCOMM computer communication review Vol. 7, No. 1. 1977[2022-07-15].

[5] DEERING S, HINDEN R. Internet Protocol, version 6 (ipv6) specification[EB/OL]. (2020-02-04) [2022-07-15]. RFC 8200.

[6] WIJNANDS IJ, ROSEN E, DOLGANOW A, et al. Multicast using Bit Index Explicit Replication (BIER)[EB/OL]. (2018-06-05) [2022-07-15]. RFC 8279.

[7] MCBRIDE M, XIE J, DHANARAJ S, et al. BIER IPv6 requirements[EB/OL]. (2020-09-28) [2022-07-15]. draft-ietf-bier-ipv6-requirements-09.

[8] XIE J, GENG L, MCBRIDE M, et al. Encapsulation for BIER in Non-MPLS IPv6 networks[EB/OL]. (2021-02-22) [2022-07-15]. draft-xie-bier-ipv6-encapsulation-10.

[9] GEN L, XIE J, MCBRIDE M, et al. Inter-domain multicast deployment using BIERv6[EB/OL]. (2020-10-27) [2022-07-15]. draft-geng-bier-ipv6-inter-domain-02.

[10] DONG J, BRYANT S, LI Z, et al. A framework for enhanced virtual private networks (VPN+) services[EB/OL]. (2020-10-25) [2022-07-15]. draft-ietf-teas-enhanced-vpn-09.

[11] PSENAK P, HEGDE S, FILSFILS C, et al. IGP flexible algorithm[EB/OL]. (2021-10-25) [2022-07-15]. draft-ietf-lsr-flex-algo-18.

[12] Optical Internetworking Forum. Flex ethernet implementation agreement[EB/OL]. (2016-03) [2022-07-15].

[13] PSENAK P, MIRTORABI S, ROY A, et al. Multi-Topology (MT) routing in OSPF[EB/OL]. (2007-06) [2022-07-15]. RFC 4915.

[14] PRZYGIENDA T, SHEN N, SHETH N. M-ISIS: Multi Topology（MT）routing in Intermediate System to Intermediate Systems（IS-ISs）[EB/OL]. （2008-02）[2022-07-15]. RFC 5120.

[15] DONG J, LI Z, XIE C, et al. Carrying Virtual Transport Network（VTN）identifier in IPv6 extension header for enhanced VPN[EB/OL].（2021-10-24）[2022-07-15].draft-ietf-6man-enhanced-vpn-vtn-id-00.

[16] SONG H, QIN F, CHEN H, et al. A Framework for In-situ flow information telemetry[EB/OL].（2022-02-22）[2022-07-15]. draft-song-opsawg-ifit-framework-17.

[17] SONG H, QIN F, MARTINEZ-JULIA P, et al. Network telemetry framework[EB/OL].（2019-10-08）[2022-07-15]. draft-ietf-opsawg-ntf-02.

[18] BROCKNERS F, BHANDARI S, PIGNATARO C, et al. Data Fields for In-situ OAM[EB/OL].（2020-03-09）[2022-07-15]. draft-ietf-ippm-ioam-data-09.

[19] SONG H, ZHOU T, LI Z, et al. Postcard-based on-path flow data telemetry[EB/OL].（2019-11-15）[2022-07-15]. draft-song-ippm-postcard-based-telemetry-06.

[20] ZHOU T, LI Z, LEE S, et al. Enhanced alternate marking method[EB/OL].（2019-10-31）[2022-07-15]. draft-zhou-ippm-enhanced-alternate-marking-04.

[21] SONG H, LI Z, ZHOU T, et al. In-situ flow information telemetry framework[EB/OL].（2020-03-09）[2022-07-15]. draft-song-opsawg-ifit-framework-11.

[22] WANG Y, ZHUANG S, GU Y, et al. BGP Extension for advertising in-situ flow information telemetry（IFIT）capabilities[EB/OL].（2022-03-07）[2022-07-15]. draft-wang-idr-bgp-ifit-capabilities-04.

[23] QIN F, YUAN H, YANG S, et al. BGP SR policy extensions to enable IFIT[EB/OL].（2022-07-07）[2022-07-15]. draft-ietf-idr-sr-policy-ifit-04.

[24] FINN N, THUBERT P, VARGA B, et al. Deterministic networking architecture [EB/OL].（2019-10-24）[2022-07-15]. RFC 8655.

[25] LI Z, PENG S, VOYER D, et al. Problem statement and use cases of application-aware IPv6 networking（APN6）[EB/OL].（2019-12-04）[2022-07-15]. draft-li-apn6-problem-statement-usecases-01.

[26] PENG S, VOYER D, XIE C, et al. Application-aware IPv6 Networking（APN6）framework[EB/OL].（2019-11-03）[2022-07-15]. draft-li-apn6-framework-00.

[27] LIU P, DU Z, PENG S, et al. Use cases of Application-aware Networking （APN） in edge computing[EB/OL]. （2022-06-16）[2022-07-15]. draft-liu-apn-edge-usecase-04.

[28] ZHANG S, CAO C, PENG S, et al. Use cases of Application-aware Networking （APN） in game acceleration[EB/OL]. （2022-06-11）[2022-07-15]. draft-zhang-apn-acceleration-usecase-03.

[29] YANG F, CHENG W, PENG S, et al. Usage scenarios of Application-aware Networking （APN） for SD-WAN[EB/OL]. （2022-07-04）[2022-07-15]. draft-yang-apn-sd-wan-usecase-05.

[30] FILSFILS C, DUKES D, PREVIDI S, et al. IPv6 Segment Routing Header （SRH）[EB/OL]. （2020-03-14）[2022-07-15]. RFC 8754.

[31] 李振斌，胡志波，李呈 . SRv6 网络编程：开启 IP 网络新时代 [M]. 北京：人民邮电出版社，2020.

产业篇

第 12 章

"IPv6+" 产业生态体系价值巨大

随着新通信与信息技术的到来，全球正迈向数字化时代。我们正在见证前所未有的历史时刻——5G、云计算、物联网、人工智能等塑造未来的新兴技术百花齐放。在提供海量地址资源的基础上，IPv6 技术不断演进发展，结合网络协议、网络智能以及产业融合创新，"IPv6+"不断催生新技术、新应用以及新模式，为社会数字化转型发展提供质量更高且更加智能的连接。基于这些特性，IPv6 和"IPv6+"技术促进了 5G、云计算和工业物联网等领域的技术创新应用，为千行百业的数字化转型发展打下了坚实的基础。

12.1 从政策推动走向产业自驱

2021 年 7 月，中央网信办、国家发展改革委和工信部联合印发《关于加快推进互联网协议第六版（IPv6）规模部署和应用工作的通知》，该通知强调要坚定不移推进 IPv6 规模部署和应用，以全面推进 IPv6 技术创新与融合应用为主线，以提升应用广度深度为主攻方向，着力建设开放创新的技术体系、性能先进的设施体系、全面覆盖的应用体系、生态良好的产业体系、系统完备的标准体系、自主可控的安全体系，实现 IPv6 规模部署和应用从能用向好用转变、从数量到质量转变、从外部推动向内生驱动转变，打造创新发展新优势，为建设网络强国和数字中国提供坚实支撑。该通知正式提出"加强基于 IPv6 的新型网络体系结构技术研究。开展'IPv6+'网络产品研发与产业化，加强技术创新成果转化，不断展现 IPv6技术优势"。该通知还将到 2025 年末，我国成为全球"IPv6+"技术和产业创新的重要推动力量，网络信息技术自主创新能力显著增强作为工作目标之一。

从 IPv6 演进到"IPv6+"，体现出我国对 IPv6 规模部署的思路由政策推动向产业驱动的转变，这是技术能力和需求拉动的共同结果。从技术能力看，围绕网络核心技术有条件、有基础地逐步开展"IPv6+"网络创新。从需求拉动看，产业数字化转型需求对"IPv6+"提出了更高要求。因此，从 IPv6 走向"IPv6+"是遵循网络技术自身发展阶段和发展规律的必然结果。从国家推进《行动计划》以来，通过"IPv6 网络就绪""IPv6 端到端贯通能力提升""IPv6 网络性能提升""IPv6 业务流量提升"等系列专项工作，IPv6 网络基础设施贯通、应用基础设施升级、网络性能优化、Top 行业应用改造以及终端能力支持等若干核心问题得到解决，IPv6 真正实现从通路走向通车、从能用走向好用的转变。"IPv6+"网络创新应用将进一步挖掘更多 IPv6 产业需求和应用场景，有效提升信息通信基础设施对其他产业数字化赋能的价值，这些是促进 IPv6流量提升的关键因素，更是"IPv6+"产业创新的要义所在。

从目前发展态势来看，IPv6 规模部署的驱动力正逐渐向市场侧转移。一方面，IPv6 用户的快速增长、用户侧产生的多样化需求将反向带动 IPv6 的快速发展。2016—2021 年，全球 IPv6 流量使用占比逐渐提高，IPv4 流量使用占比逐渐降低。2020 年，全球 IPv6 流量使用占比为 20.78%，截至 2021 年 8 月，全球 IPv6 流量使用占比为 23.67%，全球 IPv6 普及率逐渐提高。另一方面，从 IPv4 过渡到 IPv6 的过程将伴随着产业链变革，并由此产生巨大的商业诉求和市场空间。随着升级改造的逐步展开，数据通信领域的网络设备厂商、网络软件和服务提供商、云和 CDN 服务商等都将受益。

12.2　构筑"IPv6+"产业生态

"IPv6+"是 IPv6 下一代互联网的升级，是面向 5G 和云时代的 IP 网络技术创新体系，能够促进 5G、云计算和产业互联网等领域的应用，为千行百业数字化转型提供坚实的基础设施支撑。从宏观角度来看，IPv6 和"IPv6+"的广泛应用能够促进数字经济转型、推动创新创业、加强社会治理、跨越数字鸿沟等。

"IPv6+"产业包括围绕"IPv6+"产业链上下游的所有信息通信硬件、软件、应用以及服务的综合。作为数字化转型的信息通信基础设施，"IPv6+"产业可以为数字政府、智能制造、智慧金融、智慧医疗、智慧教育、智慧能源、智慧交通等提供有力支撑。从更大范围来看，"IPv6+"产业在为传统产业提供更高效、更安全、更智能的网络承载的同时，结合千行百业需求，必将衍生出更多的新业务、新应用、新模式，进而构筑"IPv6+"产业生态体系。

"IPv6+"产业生态体系如图 12-1 所示。构建"IPv6+"产业生态不是简单的技术创新路径，而是一项涵盖网络基础设施建设、应用基础设施支撑、终端设备载体、网络安全保障、智能运维管理、需求应用驱动的协同创新体系，需要政府加强引导作用、企业发挥主体力量以及公众的积极参与。

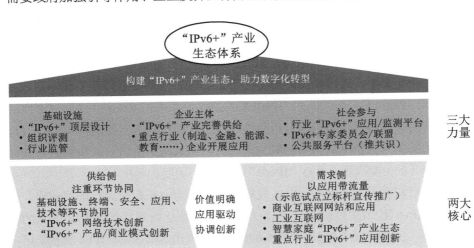

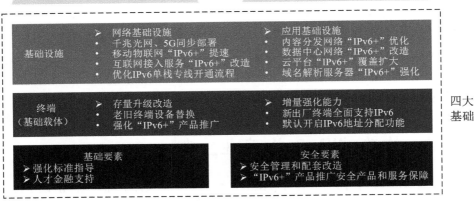

图 12-1　"IPv6+"产业生态体系

目前我国"IPv6+"产业生态总体处于发展培育阶段，首先要加快构建支持"IPv6"功能的"云—管—端—用"的产业体系架构。

- "云"主要指应用基础设施，包括数据中心、云服务平台、CDN 以及域名系统等。
- "管"主要指网络基础设施，包括路由 / 交换设备、园区网络、城域网、骨干网、移动网络以及服务系统。
- "端"主要指固定终端、移动终端以及物联网终端。
- "用"主要指互联网应用，包括网站、应用系统以及移动 App 等。

其后应该围绕不同重点行业、领域加快"IPv6+"业务模式创新，尤其是围绕 5G、云网融合、工业互联网等场景推动形成示范应用标杆，逐渐形成

"IPv6+"重点产业创新生态的破局。随着千行百业中"IPv6+"技术、应用、业务以及模式的融合创新发展,最终形成网络促进应用、应用带动流量的良性发展局面,打造涵盖"云—管—端—用"全产业、全场景的"IPv6+"产业创新生态。

12.3　"IPv6+"产业生态价值

1. "IPv6+"产业价值

2021 年 11 月,中国科学院科技战略咨询研究院发布《中国"IPv6+"产业生态的价值、战略和政策研究》报告[1]。

《中国"IPv6+"产业生态的价值、战略和政策研究》报告根据产业链的思路,在对"IPv6+"各环节进行分别测算的基础上进行合并计算。"IPv6+"产业链主要分为三部分,一是网络设备(硬件)市场,二是软件及服务市场,三是终端市场。其中,网络设备主要包括交换机、路由器、无线接入点和光缆等承载网络设备,以及软交换、中继媒体网关、信令网关、IMS(IP Multimedia Subsystem,IP 多媒体子系统)、基站控制器、智能网系统等集中在边缘的业务网络设备;软件及服务主要包括路由软件、协议栈、网络优化软件、系统集成服务、网络运营服务、测试及相关服务;终端主要包括数据中心"IPv6+"开通和扩容、CDN 节点的软硬件设施"IPv6+"升级改造、云平台中公有云全部可用域"IPv6+"升级改造等应用基础设施,以及物联网终端(家庭级、企业级、其他)的固件及系统升级。如图 12-2 所示,统计数据显示,2020 年"IPv6+"市场规模为 647.4 亿元,预计 2025 年将达到 2480.6 亿元;2020—2025 年,将累计实现市场规模约 8648.6 亿元。"IPv6+"增速将呈现稳中上升的态势,预测 2025 年增速将达到 26.5%。

在行业 GDP 带动方面,"IPv6+"的发展将通过行业间投入产出联动关系,传导至经济系统中的各部门,引起生产效率的提升和生产规模的扩大,最终反映在各行业 GDP 的变化。

通信行业:通信行业 GDP 增长最为显著。《关于加快推进互联网协议第六版(IPv6)规模部署和应用工作的通知》指出,在强化网络承载能力方面的重点任务包括:提升 IPv6 网络性能和服务水平、增强 IPv6 网络互联互通能力、积极推进 IPv6 单栈网络部署、加快广电网络 IPv6 改造;同时在优化应用服务性能方面,需强化应用基础设施业务承载能力,推动数据中心、边缘云等支持 IPv6,扩大 IPv6 服务覆盖范围,提高 IPv6 带宽资源占比,提升应用服务性能,推动新上线云产品和新建节点全部支持 IPv6。推动 IPv6 与信息基础设施融合发展，推动人工智能、云计算、区块链、超算中心、智能计算中心等信息基础设施全面支持 IPv6。上述发展指向都将带动对 IPv6 设备的极大需求，推动通信行业 GDP 大幅度提升。

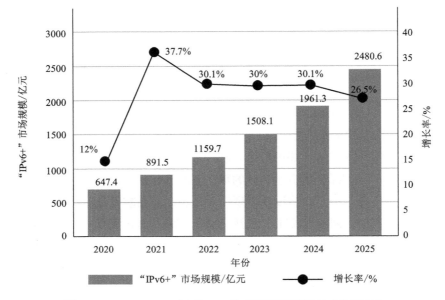

图 12-2　2020—2025 年"IPv6+"市场规模及增长（含预计）

工业领域：工业领域是受"IPv6+"带动间接效应影响最显著的行业，主要来源于工业互联、多云与数据中心数据的配置管理以及打造确定性转发网络。"IPv6+"技术可以打通工业企业的外网与内网，推动 IT 与 OT 的融合，实现海量设备以 IP 接入，便于进行资源统一管理，在智能制造系统中真正做到"数据上得来，智能下得去"。加快"IPv6+"技术在典型行业、重点企业的应用，可以推动工业互联网深化发展，促进工业 GDP 增长。

互联网应用行业：互联网应用行业由于"IPv6+"软件服务需求增加，GDP 累积增长也较为显著。特别是 IP 网络作为数字化发展中新基建基础中的基础，"IPv6+"将推动传统 IP 网络向智能 IP 网络跃迁，结合智能家居、智能硬件等消费物联网终端，工业联网设备、传感器节点等生产物联网终端，以及智慧城市、智慧安防等公共物联网终端对 IPv6 的同步支持，带来整个互联网应用市场的大幅增长。

医疗行业："IPv6+"将会推动数字医疗健康和社会保障信息化发展，推动远程医疗、医院信息化、智慧健康养老、社会保障信息化等领域服务升级。

金融行业：金融行业具有较强的互联网依赖属性，将受到"IPv6+"强劲的 GDP 带动效应。"IPv6+"助力金融行业广域一张网和数据中心网络统一架构,通过端到端 IPv6/SRv6 统一协议,打破金融核心骨干网和金融泛在接入网的界限,提供金融业务一跳入云能力。随着金融机构广域网、分支机构网络、数据中心的 IPv6 改造,金融服务机构面向公众服务的互联网应用系统 IPv6 支持能力将持续提高,支持海量接入,让金融服务无处不在。同时,IPv6 也将进一步健全金融行业监控运维体系,完善网络安全保障和防护体系,稳步推进金融行业信息化体系平滑演进升级。"IPv6+"将成为金融行业优化服务效率、提高网络安全性能、改善服务体验的重要技术抓手。2019 年,中国人民银行、中国银行保险监督管理委员会(简称银保监会)、中国证券监督管理委员会(简称证监会)发布的《关于金融行业贯彻〈推进互联网协议第六版(IPv6)规模部署行动计划〉的实施意见》,成为推动金融行业有序推进 IPv6 部署的重要指导,金融行业将成为"IPv6+"深化应用发展的先行行业。

交通领域:交通领域也将受到"IPv6+"相对较强的带动辐射。未来,在交通领域,随着智慧交通、智慧物流、智慧铁路的部署推进,"IPv6+"将通过高效网络吞吐、高速移动性、安全性等特征助力交通领域泛在的物联网和车联网建设,实现实时海量信息采集和通信,从而提高系统运行效率、改善交通服务水平、赋能行业发展。

政务领域:"IPv6+"的应用将进一步推动各级政府及其部门网站、政务类移动客户端升级改造,推动政务服务门户功能优化升级;支撑国家电子政务外网、地方政务外网、政务专网的海量连接和高效管理,提升政务数据中心、政务云平台、智慧城市平台安全运营,提供差异化用户体验。

能源领域:"IPv6+"对能源效应的带动主要来源于推动智能电网、综合能源服务、传统能源行业数字化转型等多场景应用。"IPv6+"发展将为电力系统海量智能终端接入及其实时数据采集、传输和处理提供有力支撑,为油气行业资源一体化自动化管理、业务质量智能自动化感知等智能化提供敏捷解决方案,带来经济效益。

2. "IPv6+"创新价值

"IPv6+"是重要的网络基础设施。形象地讲,数字时代更需要搭建一个信息的"高速公路",只有先建设好网络基础设施,才有可能在设施的基础上搞好物联网、大数据和云计算等。2021 年 5 月,国家多部委联合印发了《全国一体化大数据中心协同创新体系算力枢纽实施方案》。这一方案提出,"统筹围绕国家重大区域发展战略,根据能源结构、产业布局、市场发展、气候环境等,在京津冀、长三角、粤港澳大湾区、成渝,以及贵州、内蒙古、甘肃、宁夏等地布局建设全国一体化算力网络国家枢纽节点，发展数据中心集群，引导数据中心集约化、规模化、绿色化发展。国家枢纽节点之间进一步打通网络传输通道，加快实施'东数西算'工程，提升跨区域算力调度水平"。"东数西算"工程的背后，必然需要高质量的网络基础设施作为支撑，特别是在集群间、跨云、跨运营商等场景下，可靠、高效、智能的网络至关重要。

具体到数字时代的关键领域，如5G、云计算、人工智能、物联网、区块链等，都在与"IPv6+"逐步融合，未来必将促进各个领域的大发展。

"IPv6+"的发展与5G和云的需求相互促进。"IPv6+"是5G和云最重要的使能要素之一，在实现创新场景应用突破方面，发挥着不可替代的作用。"IPv6+"可扩展5G连接的范围，提高5G连接的稳定性，并凭借其几乎无限的地址和精简的地址管理，使云计算的规模不受限制。

"IPv6+"促进人工智能及其应用的发展。从技术角度看，"IPv6+"代表"IPv6 + 创新 + 智能"，本身包括智能化方面的需求。随着网络连接属性的变化以及网络规模的扩大，传统OAM技术不再能满足需求。"IPv6+"网络需要借助智能化技术实现智能运维，具体包括实时健康感知、网络故障主动发现、故障快速识别、网络智能自愈、系统自动调优等，这些需求将会刺激人工智能技术的创新应用。"IPv6+"还会促进其他行业人工智能技术的创新发展，比如，人工智能包括机器学习和自然语言处理，IPv6的可扩展性和灵活性能方便人工智能相关的数据收集。

"IPv6+"可以提升物联网效率。IPv6不仅可满足物联网和工业互联网的海量地址需求，也可满足物联网对节点移动性、节点冗余和基于流量的服务质量保证的要求。物联网与垂直行业结合，为新兴行业变革提供驱动力。垂直行业，比如自动驾驶、智能电网、工业自动化等领域，都将会从以IPv6为主的机机通信中受益。过去几年，国际标准化组织IETF、ETSI、IEEE（Institute of Electrical and Electronics Engineers，电气电子工程师学会）及IEC在物联网领域开发了大量的面向低功率无线通信，TSN（Time Sensitive Networking，时间敏感网络）的基于IPv6的通信标准，促进了IT及OT技术的融合。

"IPv6+"可以推动区块链发展。区块链的网络层存在着不少需要面对的挑战，区块链需要快速交换大量数据，此时需要高吞吐量和较快的并发处理，但是最突出的问题是当前P2P（Point-to-Point，点到点）网络无法满足上述要求。"IPv6+"技术体系有助于提高网络带宽、降低网络处理时延，所以以上述问题都可以通过"IPv6+"技术解决。

正因如此，《关于加快推进互联网协议第六版（IPv6）规模部署和应用工作的通知》中针对产业创新也提出了如下明确的要求。

推动 IPv6 产业链协同创新。制定发布 IPv6 技术演进路线图、实施指南等指导性文件，加大引导支持力度。强化 IPv6 行业组织力量，整合产学研用各方力量，建设 IPv6 产业链协同创新平台。提高 IPv6 技术、设备、网络、应用、服务、安全等企业的协同创新能力，优化 IPv6 产业链结构，打造共建共享的 IPv6 产业生态。

推动 IPv6 应用创新。选择重点区域和特色领域开展 IPv6 应用试点。开展基于 IPv6 的下一代互联网示范城市、IPv6 创新基地建设。支持 IPv6 与 5G 应用协同推广，促进面向 5G 的业务和商业模式创新。

第 13 章

"IPv6+" 打造云网融合优质底座

在数字化时代，云网是实践数字战略的基础设施主体，网络连接是行业和社会数字化转型的基石。新时代带来新使命，运营商需要利用自身优势，从传统网络向智能云网迈进，转型成为 DICT 供应商，在数字经济中获得更大的价值收益，同时也为数字经济和人类社会的进步做出重大贡献。"IPv6+"是智能云网核心技术，也是其发展的必由之路。"IPv6/IPv6+"在电信运营商网络中的部署是互联网全局部署的前提，只有在通信网络支持"IPv6/IPv6+"的情况下，网络内容与其他应用才有部署 IPv6 的基础。换言之，网络服务提供商部署"IPv6/IPv6+"，对 IPv6 在用户侧的广泛普及至关重要。

13.1 "IPv6+" 赋能云网融合

所谓云网，就是连接云、使能云的网。在数字经济加速发展的过程中，云网扮演着关键角色。

云网是基础设施已经成为国家层面的广泛共识。云是核心，网是基础，云的价值要高质量发挥，离不开高性能的网。全球数十个国家/地区制定了数字战略及规划，明确提出数字基础底座是云和网。比如我国提出新基建，围绕连接、计算、交互、安全展开，实现消费互联网向产业互联网升级；欧盟提出复兴计划，以绿色和数字孪生为主题，加强云、网、边缘计算等基础设施生态和数字生态构建。

如图 13-1 所示，云网是千行百业上云的关键。行业数字化转型进入第二波关键期，不同于第一波云原生行业数字化，第二波是把云上应用通过互联网向个人和家庭推进，重塑社交、娱乐和生活。当前金融行业、制造业、教育医疗行业等纷纷开展与新型信息技术的融合，以数据为处理对象，将生产管理系统向云迁移，打通全链条的数据流动。在这个阶段，云网成为企业上云的关键，对企业可持续发展的价值凸显。

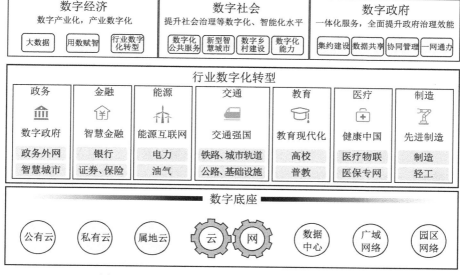

图 13-1 云网是运营商提供 DICT 服务的技术底座

对运营商来说，发展好云网、支撑千行百业上云，成为运营商新的历史使命，也是运营商实现商业可持续发展的关键。

全球领先运营商已将行业数字化转型作为重大战略机会，其基本业务策略是立足网络做强连接，其次是开展多云集成服务，最后是抓住入口、积极发展云网生态。

在我国，企业上云将创造 3 万亿元的空间，其中，1.3 万亿元是以连接为主，运营商做好云网就能抓住；1.7 万亿元是运营商基于云网向上探索和延展、可触及的新空间。据最新统计数据，中国三大运营商 DICT 服务成为新的增长引擎，增速平均高达 40%。

网络是数字化转型的基石，是物理世界与数字世界连接的桥梁。云网是未来新型信息基础设施的基础核心能力，"IPv6+" 创新方案将助力电信运营商客户推进云网资源一体化建设，构筑差异化云网融合服务能力，并实现向新型 DICT 服务提供商的转型。基于 "IPv6+" 的智能云网解决方案，旨在为运营商云网融合提供承载各种业务、海量连接、极致体验、高度智能的新型网络。

经过 3 年实践，电信运营创新探索 "IPv6+" 在骨干网承载领域具有巨大潜力，已经取得商业上的成功，在新型城域网领域结合 "IPv6+" 提供云承载方案也出现了加速落地的局面。目前，我国三大运营商 IPv6 改造均已完成，骨干网均支持 IPv6，当前正在围绕 "IPv6+" 进行创新应用。

- 中国电信：提出 2030 年要构建云网一体的融合架构[2]。当前构建了全球最大的 SRv6 网络，通过 SRv6 及网络切片构建云网一体化服务。

- 中国移动：提出 5G + AICDE（AI、IoT、Cloud Computing、Big Data、Edge Computing）的发展战略 [3]。当前正在构建以 G-SRv6 和 G-BIERv6 为核心框架的创新体系，推进 CFN（Computing Force Network，算力网络）建设。

- 中国联通：发布 CUBE-Net 3.0，明确提出"连接 + 计算 + 智能"的新发展方向 [4]。当前正以"IPv6+"为技术底座，围绕 CUBE-Net 3.0 网络技术创新体系实现从新一代网络到新一代数字基础设施的跨越。

我们可喜地发现，"IPv6+"的应用不断拓宽加深，逐步走入园区网络和数据中心示范试点，相信经过持续的技术验证，下一步企业客户以及家庭用户也将快速接受"IPv6+"云网融合创新方案。

13.2 中国电信"IPv6+"云网融合实践

中国电信在 IPv6 领域长期耕耘，成效显著。在技术研究方面，中国电信长期专注网络演进架构方面的相关研究；在现网试点方面，中国电信建设了国内最大的运营商 CNGI，开展 IPv6 验证示范，承接国家下一代互联网首批示范工程；在规划部署方面，中国电信大力开展移动网和固定网络等网络基础设施改造，新增网络默认支持开启 IPv6，着力推动 IPv6 单栈、"IPv6+"新技术在现网中试验验证。"十四五"时期，中国电信将持续做好 IPv6 规模部署和应用，围绕全面建设网络强国的总目标，切实履行运营商和央企的双重职责，落实国家要求，重点做好增强 IPv6 网络安全能力、提升 IPv6 云网端到端能力、提升 IPv6 云网运营能力、深化 IPv6 应用改造、推进 IPv6 技术创新、加强统筹协调 6 个方面工作，加快推进 IPv6 规模部署应用。

目前，中国电信已建成端到端畅通的 IPv6 高速公路，云网端到端 IPv6 改造基本全面完成。

- 在网络基础设施方面，中国电信移动网络和固定网络已全面完成 IPv6 改造；移动网络 31 个省（自治区、直辖市）4G、5G 核心网用户平面均已开启 IPv4/IPv6 双栈，5G 核心网控制平面已开启 IPv6 单栈；固定网络 12 000 多台网络设备开启 IPv6。

- 在云、CDN 方面，天翼云平台完成 IPv6 改造，85 款云产品、96 个公有云资源池全部支持 IPv6；CDN 平台软件支持 IPv6 加速，已提供服务。

- 在终端方面，90% 以上的可控家庭网关已经支持并开启 IPv6，新增手机终端、家庭网关、智能家居终端、物联网终端等默认支持并开启 IPv6 功能。

- 在应用方面，中国电信集团门户网站 IPv6 浓度已达 100%，全网 21 个自营 App 均完成了 IPv6 改造，浓度达到 85%；网上营业厅浓度均达到 90%；在线服务窗口浓度均达到 85%。

与此同时，为了突破传统的 IPv6 组网模式，中国电信率先开展 5G SA 网络 IPv6 单栈技术现网试验，效果良好。此外，中国电信还持续推进 "IPv6+" 在骨干网、城域网和移动承载网等多个场景的试点和部署。

2020 年 11 月，中国电信发布《云网融合 2030 白皮书》，提出全面推进云网融合发展战略 [2]。在该白皮书中，中国电信在 CTNet 2025 的基础上，又进一步提出了 "网是基础，云为核心，网随云动、云网一体" 的 CT 2030 云网融合发展战略 [2]，如图 13-2 所示。

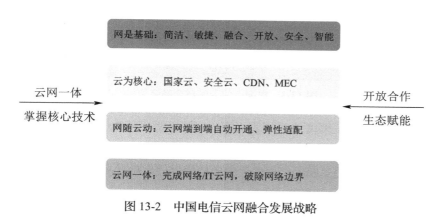

图 13-2　中国电信云网融合发展战略

中国电信云网融合发展战略的核心要义详细解释如下。

网是基础：简洁、敏捷、融合、开放、安全、智能的网络为云和数字化转型提供高容量、高性能、高可靠的泛在智能承载，是新型信息基础设施的基础。

云为核心：云是数字化平台的载体，为面向数字化转型的大数据、物联网、人工智能、5G/6G 和全光网络等技术演进提供资源和能力，是新型信息基础设施的核心。

网随云动：网络需要根据云的需求自动进行弹性适配、按需部署和敏捷开通，形成网主动适配云的模式，促成云网端到端能力服务化。

云网一体：突破传统云和网的物理边界，构筑统一的云网资源和服务能力，形成一体化的融合技术架构。

《云网融合 2030 白皮书》明确指出，对云网基础设施来说，需要实现端到端全 IPv6 网络，云网融合网络架构如图 13-3 所示。

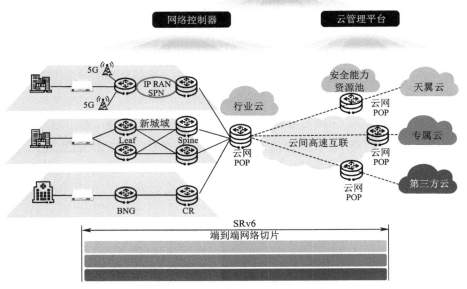

图 13-3　中国电信云网融合网络架构

中国电信认为云网融合有三大需求：网随云动、网络云化、云数联动（数字化平台和云网之间的联动）。其中，云对网具有如下多个维度的需求。

- 网络可用性：指网络面向云业务持续提供可靠连接服务的能力，主要包括 SLA 保障和差异化保障等。
- 网络性能：指网络支撑云业务的基本性能要求，包括网络覆盖程度和网络带宽等指标。
- 网络智能性：指传统网络为满足云的灵活多变需求，在智能化方面需要提升的能力，包括弹性伸缩、网络可编程、故障快速发现和流量自动切换、全局网络资源动态优化等。
- 柔性适配能力：指网络能力服务可以一站式开通、终止，且服务的种类、功能、性能等可以便捷修改和变更，包括快速开通、原子能力服务化和整体化网络供给等。
- 网络安全：指网络为云业务提供的网络本身的安全保障，包括地址与标识安全、协议安全、身份安全等。

如图 13-4 所示，云网融合需要在如下重点技术领域进行创新：全 IPv6 承载的泛在连接、云网边智能协同、云网资源一体化管控、端到端云网安全。"IPv6+"成为云网融合最坚实的技术底座，表现在如下几个方面。

- 云网融合：SRv6 两端配置，SDN 云网协同调度。

- 专网保障：大规模网络切片，各行业高质量连接。
- 体验感知：随流检测，业务体验可视可管理。
- 智能运维：AI 分钟级精准定位，查患于细微。

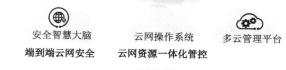

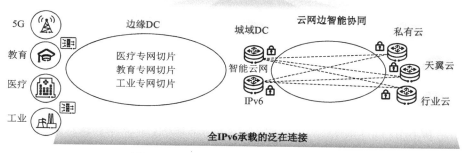

图 13-4   云网融合的重点技术创新领域

案例分享：宁夏电信政企行业切片专网

（1）背景情况

宁夏电信建设行业专网是在国家政策、中国电信集团和业务发展多重驱动力的背景下开展的。从政策角度来看，宁夏回族自治区要建立我国第一个"互联网 + 医疗健康"示范区，"统一医疗信息专网、建设区—市—县—乡—村五级远程医疗网络"。宁夏电信针对该建设需求，需要构建全自治区统一，任意互联的医疗专网。同时，中国电信集团提出了对传统专线体系升级的要求，推出 FIRST [快速发放（Fast Delivery）、灵活（Intelligent）、可靠（Reliability）、安全（Security）、低时延（Time Latency）] 专网体系，并要求各省（自治区、直辖市）落地。另外，在企业专线业务发展中，中国电信集团提出按照行业线纵向打通业务全流程，"一点"即可实现业务受理、开通、计费、运营等流程的要求。宁夏电信在医疗、教育、智慧城市等领域开展探索，尝试打造高品质、大带宽、快速接入的切片专网服务。

（2）场景需求

随着企业业务的快速发展，对网络的需求也日趋多样化。远程医疗、远程教育、视频监控等行业应用，需要运营商支持在任意多点间快速建立全互联的同时，提供安全可靠的高品质行业专网。以医疗行业为例，地市三甲医院与县医院实现互联需要业务通道天级打通，村卫生室、乡卫生院、二三级医院等医疗机构全面提速至百兆/千兆接入，而且遇突发情况带宽可动态、灵活调整，医疗核心系统上云、PACS（Picture Archiving and Communication System，影像存储与传输系统）、HIS（Hospital Information System，医院信息系统）等业务需要网络时延稳定在 10 ms 以下。在教育领域，教育信息化推动建设覆盖义务教育所有学校及各级教育管理部门的专用网络通道，实现优质教育资源全覆盖，为教育服务提供可管、可靠的信息化网络。

宁夏电信当前建设有两张政企网，即城域网络的电子政务外网和 IP RAN 的政企专网。但是这两个网络分别存在不同的问题。

城域网络的电子政务外网采用 VPN 技术，将一套物理网络平台逻辑上划分为 "2 + N" 个业务网络。其中，"2" 是指公用网络区和互联网接入区，"N" 是指根据政务部门业务需求开设的多个虚拟业务专网。网络采用交换机 + 路由器的架构，不利于管控，设备老旧，继续投资收益不大。

IP RAN 的政企专网由多场景厂商设备混合组网，汇聚层和接入层由 C1、C2、C3 这 3 家设备组网，核心层为 C1 厂商设备，目前仅能通过综合网管复杂操作实现业务数据下发。不同厂商设备组网无法实现端到端业务随选、业务监测、SLA 劣化自动重路由、网络切片等功能。

（3）建设思路

通过分析不难发现，宁夏电信现有政企专网无法满足 "互联网 + 医疗" "互联网 + 教育" 等行业政企用户对网络的需求。宁夏电信针对业务诉求提出新网络的 5 项能力，即业务快速开通、用户间灵活互通访问、基于业务的访问质量监控、故障处理时间最小化、优化投资满足多用户专网构建。针对这 5 项创新网络能力，宁夏电信前瞻性地规划了 "IPv6+" 智能云网解决方案，提供相应的设计方案。

- 全网部署 SRv6 编程能力，实现多场景业务快速开通。
- 根据业务部署 L2VPN/L3VPN，满足点到点、点到多点、多点到多点的灵活访问。
- 通过引入 IFIT 实现随流检测能力，实现业务流真实性能监控。
- 基于随流检测及智能运维技术，实现故障自动发现、自动定位以及自动分析。
- 通过链路层 / 网络层切片技术实践，实现各行业、各用户差异化的专网级业务体验。

（4）方案要点

宁夏电信新建一张基于"IPv6+"智能承载的政企专网，采用端到端独家组网，发挥最强网络特性能力。该网络采用智能云网解决方案，通过"IPv6+"网络切片技术，将一张物理网络分隔成医疗、教育、政务等多个行业专网，各行业专网间严格隔离，互不影响。通过新一代网络协议 SRv6，实现专网上业务快速开通，路径智能灵活调度。部署基于 SDN 技术的智能管控平台打通 OSS/BSS 端到端全流程，提供云网一站式服务能力，行业客户可在线自助、按需购买丰富的云网产品，这成为运营商云网融合的优秀实践。宁夏电信的行业切片专网方案如图 13-5 所示，具有如下要点。

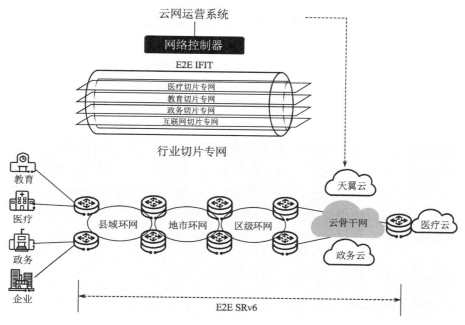

图 13-5 宁夏电信行业切片专网方案

- 灵活互通：基于 L3VPN 实现医疗、教育等行业分支间快速接入、任意互访。

- 云网自动化：OSS/BSS 集成，实现流程自动化全打通。企业用户可自助进行调速及 SLA 监控等。

- 一网多云：云骨干预连接政务云、行业云和公有云等。企业一点接入，多云通达。

- 一网多用：基于"网络控制器 + 网络切片 + SRv6"实现一网多用，行业切片之间硬隔离，互不影响。

- 一体安全：企业侧安全网关设备和安全云管理平台相结合，企业一站式安全上云，省钱又省心。

（5）应用价值

宁夏电信行业切片专网提供"医疗健康云网""教育云网"等产品，为"互联网+"战略实现提供最强的网络底座，切片专网投产以来带来了巨大的价值。

行业用户价值方面：匹配医联体、校校通等发展趋势，用户可实现一站式业务自助订购、带宽调速，可按需采购云网业务。医疗/教育类企业可以快速接入，满足任意互通需求，享受专网高品质体验。业务 SLA 保障方面，用户访问中国电信云池时延由 20 ms 降低到 4 ms，医院带宽从 200 Mbit/s 提升到 400 Mbit/s，以前业务开通需要 5～7 天，现在缩短到 30 s。

运营商价值方面：打造医疗、教育、政务高品质专网，服务民生，满足全区教育用户 2400 多个点位、医疗机构 1800 多个点位的连接需求。政务切片专网实现政府机构的全覆盖，真正发挥行业专网的价值，带来稳定可观的收益。

在新冠疫情期间，宁夏电信发挥专网带宽随选价值，根据需求及时调整教育云网的保障能力，为全自治区教育"空中课堂"200 万师生提供统一的保障；为"自治区远程会诊"及"抗疫调度指挥"部署了独立医疗云网平台，保障医院视频会议、远程会诊等重要业务的稳定可靠，确保宁夏回族自治区抗疫工作取得胜利，被纳入宁夏回族自治区民生工程，实现了商业价值和社会价值的统一。2021 年 1 月，"宁夏电信行业切片专网"在通信世界全媒体主办的"2020年度 ICT 产业龙虎榜暨优秀解决方案评选"活动中被评为"2020 年 ICT 行业优秀解决方案"[5]。

案例分享：江苏电信"IPv6+"综合云网一体承载

（1）背景情况

江苏省作为我国经济大省、创新大省，数字经济是江苏新发展格局的创新标签。快速的数字经济增速与江苏对网络基础设施的重点投入不无关系。IPv6作为下一代互联网的基石，在互联网应用、网络基础设施、应用基础设施、网络安全等产业方面，为数字江苏发展提供坚实的数字底座，驱动江苏数字经济转型升级。

自《行动计划》实施以来，江苏省 IPv6 规模部署持续发力，截至 2021 年末，江苏重点网站（含政府、媒体、高校、金融机构和国有企业的网站）IPv6支持度稳居全国前列。IPv6 特色应用创新加速推进，江苏省工业互联网标识解释体系灾备节点、地规节点和 40 多个二级节点全面支持 IPv6，江苏电信 4个创新项目入选全国 100 个 IPv6 规模部署和应用优秀案例，入选数量位居全国前列。

（2）建设思路

江苏电信全面引入"IPv6+"云网一体承载新技术，建设"IPv6+"城域网，加快 IPv6 战略全面落地，提供确定性网络服务，支撑工业互联网转型。江苏电信"IPv6+"建设思路呈现如下几个突出特点。

- 全国落地最早、规模最大的新一代城域网架构，承载用户 30 余万，满足未来 5G 2B 和云业务需求，实现网络智能化升级。
- 规划一线多云方案并实现商用落地，企业按需动态订购多云资源，满足企业混合多云需求，加速企业数字化转型进程，提升数字化服务能力。
- 创新引入云网运营系统，实现云网资源的统一封装、编排，开发线上云网订购门户，实现云网资源一键订购，为企业用户提供电商化体验。
- 创新政企行业应用，面向客户提供"云网安一体"的云网融合承载服务，在 20 多家企业应用落地，推动江苏进入创新驱动经济发展新时代。

（3）视频监控云承载场景

近年来，随着城市化的持续推进，以及"平安城市""智慧城市"建设的不断加快，视频监控设备的部署日趋广泛、普及程度日渐提升。IDC 数据显示，我国是全球视频监控设备部署增长最快的国家 [6]。从应用方面来看，视频监控应用在安防、交通、金融、能源、教育等场景的发展空间更为广阔。江苏省视频监控需求旺盛，年增长率超过 20%，成为支撑政企收入增长的重要来源。除公共监控外，银行、加油站、公安等行业客户视频存储需求量也很大。江苏电信视频云业务有如下诉求。

- 摄像头监控流量存储："7×24 小时"存储，每路带宽 4～8 Mbit/s。
- 管理平台管理视频云流量：对业务开户管理等。
- 用户监控观看: 通过管理平台访问视频云回看和访问视频网关实时监控。

当前，江苏省在南京、苏州、南通、徐州、盐城、泰州 6 个地市新建了视频云存储节点。对江苏省的 13 个地市来说，6 个有视频云存储节点的地市采用本地接入方案，另外 7 个地市视频监控上云需要跨地市就近接入。传统的跨域方式如 CN2、传输专线等有着费用高、开通周期长等缺点，如何满足视频云业务快速开通跨域 VPN 业务、提供差异化的服务等诉求，成为江苏电信希望解决的重点问题。如图 13-6 所示，江苏电信的视频监控云专网方案利用现网 MPLS VPN 的覆盖快速接入网点，同时在 PE 设备上引入 SRv6 实现 L3VPN，利用 SRv6 协议简化实现快速跨域。

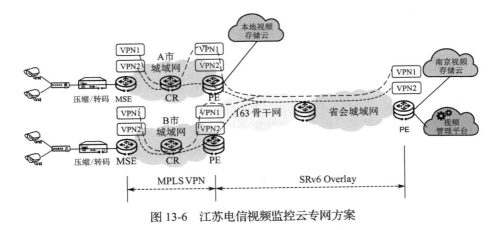

图 13-6　江苏电信视频监控云专网方案

江苏电信视频监测云专网方案具有如下特点。

- 平滑演进：按需升级、快速开通，易于演进，头节点设备支持 SRv6 转发，而中间设备只需支持 IPv6 转发即可。

- 网业分离：只有接入业务的端点感知业务，中间网络与业务解耦，中间网络的变更、扩容对业务不感知。

- 超高可靠：利用 SRv6 TI-LFA 保护技术，确保网络发生故障后能够达到 50 ms 内收敛的目标。

视频监控云专网方案落地后，江苏电信为客户提供"摄像头＋云专线接入＋视频云存储＋管理平台"的全套服务，持续带来云网业务收入。

（4）国际互联网云专线场景

数据网络与水、电、燃气一样，成为每个人工作、生活的必备。越来越多的企业加速适应在线办公的场景，开始在线上召开视频会议、在线上协同开发软件产品、在线上实时交互生产数据。对跨国公司来说，线上办公需求更是广泛且迫切的。根据商务部发布的数据，截至 2019 年底，我国累计设立外资企业突破 100 万家 [7]。江苏省作为外资大省，省内外资企业生产、办公、视频交互类国际专线业务对实时性、带宽、时延提出更高要求。传统国际互联网专线没有针对业务级别的保障，网络服务无法满足业务诉求，形成供需差距，网络的主要问题表现在如下方面。

- 对于生产和办公业务，国际出口易拥塞；部分路径不合理，存在绕行时延大等问题。

- 视频会议也是跨国公司的刚性需求，但是传统专线网络不稳定、易丢包，视频会议有卡顿、易花屏。

- 对于软件协同开发业务，云上协同，服务器中心化，导致跨域网络时延差异大。

为满足企业跨国生产、办公业务需求，专线网络需具备以下能力。

- 加速服务：网络可以主动区分用户和业务流量，普通流量直接 IP 转发，购买加速服务的业务流量导入加速通道转发。
- 网络 SLA 保障：以视频会议业务为例，体验达到画面清晰流畅，声音清晰，网络的质量要达到时延 ≤100 ms、抖动 ≤30 ms、丢包 ≤1%。

江苏电信通过引入 SRv6 技术轻松解决了上述问题，具体如图 13-7 所示。

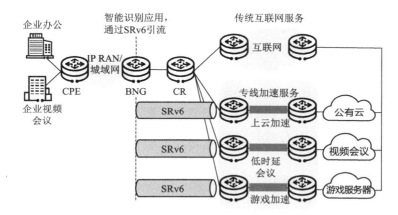

图 13-7　江苏电信国际互联网云专线

江苏电信国际互联网云专线方案具有如下特点。

- 智能引流加速：通过在 BNG 上智能识别应用，灵活导入不同的 SRv6 路径，按照不同的策略进行加速，提升终端用户体验。整个过程对用户来说不需要任何操作。
- 轻松业务变现：对运营商来说，只需要预部署 SRv6，后续不需要过多操作，即可通过提升业务体验实现商业变现。

案例分享：四川电信视频云业务承载

（1）背景情况

四川电信视频云业务是中国电信云网融合战略在四川的落地实践，依托于天翼视频云平台和电信承载网，融入中国电信在 5G、AI、大数据、云计算、DICT 领域的优势，为四川的家庭和企业用户提供智能超高清视频监控服务。

（2）场景需求

视频云业务要求网络提供视频体验保障，具备快速开通、弹性扩容、业务可视等多种能力。传统 IP 城域网络固移分离承载、网络灵活性低，难以提供云网融合业务一致性体验以及快速自动化开通、智能化运维等能力。

（3）建设思路

四川电信从顶层架构设计着手，发挥边缘机房、算力优势，以边缘云为核心构建新型城域架构，部署城域 Spine-Leaf 网络，引入"IPv6+"新型承载技术，同步推动新一代云网运营系统演进，构建融合、智能、敏捷、简洁、云化、安全新一代城域基础设施。

为了应对视频云业务当前业务开通慢、质量难保障的现实问题和对网络能力提出的挑战，四川电信在新型城域网的架构基础上，基于"IPv6+"新技术，实现了视频云业务的快速开通、业务质量实时可视和业务路径动态调整等新特性。主要应用目标描述如下。

- 基于"IPv6+"的 SRv6 技术，实现业务天级开通。
- 基于"IPv6+"的 FlexE 网络切片技术，实现视频云业务与公众业务隔离承载。在其他业务拥塞发生时，视频云业务抖动不增加。
- 基于"IPv6+"的业务可视技术，实现视频云业务的端到端可视。
- 基于"IPv6+"的 SDN 实时算路技术，实现视频云业务路径动态调整。

（4）方案要点

四川电信选择在成都市进行新型城域网的试点，分 2 个 POD（Performance-Optimized Data Center，高性能数据中心）进行建设，覆盖成都东西部热点区域。新型城域网范围内所有设备启用 IPv4/IPv6 双栈模式，全面部署和应用"IPv6+"新技术，结合视频云资源池的规划下沉部署，为保障视频云业务的体验提供坚实的网络基础。四川电信"IPv6+"视频云业务承载如图 13-8 所示，四川电信将新网络与新技术相结合，从业务质量保障、业务快速开通、业务质量可视和业务路径调优 4 个方面进行验证和应用。

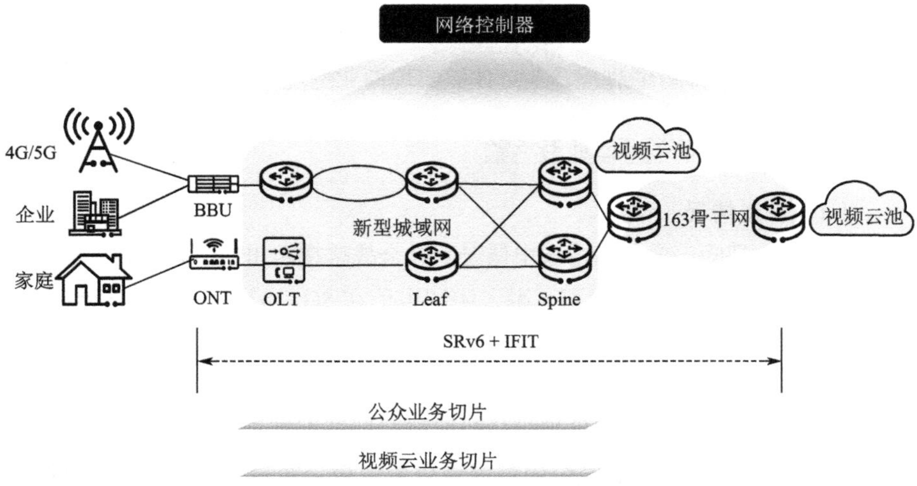

图 13-8　四川电信"IPv6+"视频云业务承载

业务质量保障。FlexE 切片是 IP 网络中的硬切片技术，是 "IPv6+" 的重要组成部分。FlexE 技术是在物理接口基于时隙切片，业务流量硬隔离，实现业务从承载网络入口到出口的端到端 SLA 保障。新型城域网定位于固移融合承载，多种业务混杂在一起承载，部署 FlexE 切片可以有效进行业务隔离，互不影响。从接入侧的 A 设备开始，经过新型城域网的 A-Leaf、Spine 和 S-Leaf 设备，端到端部署视频云业务切片，保障业务质量。经过测试，当家庭宽带业务峰值时刻出现拥塞时，视频云业务不受影响，时延抖动在 50 μs 以下。

业务快速开通。传统方案网络分段跨域规划，逐点配置，设备种类多，协议复杂，无法支撑端到端的业务快速部署。基于 "IPv6+" 中的 SRv6 技术为视频云业务构建快速、敏捷的入云专线。从用户光猫或 CPE 开始，经过新型城域网的 A-Leaf、Spine 和 S-Leaf 设备，跨域连接 163 骨干网，到达视频云池，两端部署 SRv6，中间节点只需要支持 IPv6，易跨域部署，简化跨域节点配置，降低对中间的跨域设备要求，实现天级开通跨域专线，以及业务的敏捷发放。

业务质量可视。传统的运维模式是投诉驱动的，网络运维部门往往是最后一个知道网络出了问题的部门。为了改善用户体验，改变网络运维模式，首先需要能够实时感知网络状态，了解网络是否有问题发生或有潜在风险，精确找到问题根因并自动修复，在用户体验受损前解决问题，保障业务不受影响。从新型城域网的 A-Leaf 设备开始到视频云池，部署 "IPv6+" 的随流检测，实现用户业务质量 KPI 的秒级数据可视。

业务路径调优。在业务路径调优的应用中，网络控制器负责网络拓扑信息的采集和还原，并通过 BGP-LS 等手段采集网络带宽、链路时延等信息，根据大数据和人工智能等技术实现网络信息的还原，然后基于多因子算路，根据业务对时延、丢包、路径亲和属性等条件，按需计算满足业务 SLA 诉求的约束路径。在业务路径部署完成后，网络控制器通过业务质量可视等手段持续监控业务质量，当业务质量劣化时，重新执行最优路径计算过程。在新型城域网的验证中，当业务质量劣化发生时，可以实现分钟级业务路径切换。

（5）应用价值

综上所述，5G 和云的兴起，给传统的电信网络带来结构性挑战。网络需要满足大流量、海量连接、确定性时延等新的要求，还需要改变传统的企业专线组网和业务部署方式。这些都要求新时期的电信网络进行变革，以结构性的创新和新技术的应用来应对新时期的问题和挑战。四川电信持续创新和探索 "IPv6+" 在全业务承载领域的巨大潜力，在新型城域网的基础上，结合 "IPv6+"

提供的视频云承载方案方案，经过持续的技术验证，已经进入家庭和企业用户的试商用阶段，客户反馈业务效果良好，后续将全面覆盖新型城域网建设的地市。

13.3 中国移动"IPv6+"云网融合实践

中国移动自 2003 年便开始了 IPv6 领域创新技术研究，历时多年，中国移动 IPv6 发展从技术研究走向了规模应用。中国移动端到端打造 IPv6 网络基础能力，自研 IPv6 浓度测试工具，推动 IPv6 端到端升级改造。截至 2022 年 6 月底，移动网络 IPv6 地址分配数达到了 7.72 亿，固定网络宽带的 IPv6 地址分配数量为 1.69 亿；移动网络 IPv6 用户流量占比达 41.7%，固定网络 IPv6 用户流量占比达 12.6%；承载网络、核心网、IDC 以及移动云的各种产品都已经实现了 100% 支持 IPv6；自营网站二三级链接 IPv6 浓度达到了 100%，自营 App IPv6 浓度也达到了 97.8%。

中国移动认为算力网络将推动后 IPv6 时代持续创新。中国移动将持续推动"IPv6+"创新，构建统一算网 IPv6 底座，推动算力网络技术发展，利用算网一体的基础设施和融数注智的算网大脑为客户提供融合统一的运营服务。面对三大流派、5 种方案的竞争局面，中国移动推动 IETF 成立 SRv6 头压缩设计组，几经周折，G-SRv6 压缩帧及转发机制被 IETF 接纳，实现 IP 领域核心协议标准突破。基于 G-SRv6，中国移动在 OAM、保护、路径标识、网络切片、智享 WAN（Wide Area Network，广域网）等方面布局技术创新，形成完整的技术和标准体系，为规模应用奠定了基础。目前，中国移动已经形成包括芯片、设备、控制器、测试仪表在内的全面的 G-SRv6 产业链，并已实现规模部署，全球多家运营商计划引入。展望未来，中国移动将基于 IPv6/G-SRv6，构建大带宽、低时延、高可靠、智能调度的 IP 底座，支撑算力网络演进。

2021 年 11 月发布的《中国移动算力网络白皮书》[8] 提到，算力网络是以算为中心、网为根基，网、云、数、智、安、边、端、链（ABCD-NETS）等深度融合、提供一体化服务的新型信息基础设施。算力网络的目标是实现"算力泛在、算网共生、智能编排、一体服务"，逐步推动算力成为与水、电一样，可"一点接入、即取即用"的社会级服务，达成"网络无所不达，算力无所不在，智能无所不及"的愿景。中国移动将充分发挥自身的网络优势，打造网络与算力深度融合的新型信息基础设施，为用户提供低时延、高可靠的算力连接，让用户享受更优质的算网服务。

中国移动算力网络体系架构从逻辑功能上分为算网基础设施层、编排管理层和运营服务层。

- 算网基础设施层：是算力网络的坚实底座，以高效能、集约化、绿色安全的新型一体化基础设施为基础，形成云边端多层次、立体泛在的分布式算力体系，满足中心级、边缘级和现场级的算力需求。网络基于全光底座和统一 IP 承载技术，实现云边端算力高速互联，满足数据高效、无损传输需求。用户可随时、随地、随需地通过无所不在的网络接入无处不在的算力，享受算力网络的极致服务。

- 编排管理层：是算力网络的调度中极，智慧内生的算网大脑是编排管理层的核心。通过灵活组合算网原子能力，结合人工智能与大数据等技术，向下实现对算网资源的统一管理、统一编排、智能调度和全局优化，提升算力网络效能，向上提供算网调度能力接口，支撑算力网络多元化服务。

- 运营服务层：是算力网络的服务和能力提供平台，通过将算网原子能力封装，使客户享受便捷的一站式服务和智能无感的体验。同时通过吸纳社会多方算力，结合区块链等技术构建可信算网服务统一交易和售卖平台，提供"算力电商"等新模式，打造新型算网服务及业务能力体系。

在算网基础设施层，网络基础设施起着至关重要的作用。白皮书还指出，要加快构建光电联动的全光网络和云边端全连接的智能 IP 网络，打造高品质网络基础设施，优化网络结构，扩展网络带宽，减少数据绕转时延，以运力促算力。其中，智能 IP 网络离不开"IPv6+"核心技术，包括 SRv6、确定性网络、智享 WAN、应用感知、无损网络等。中国移动持续打造可编程、确定性、可感知、业务随选和智能化的 IP 网络，实现算网灵活、敏捷、高效供给。

- SRv6：具备简化协议、统一承载、TI-LFA FRR 保护、网络可编程等技术优势，能够为算力资源提供覆盖省级网、骨干和云数据中心的端到端按需调度能力，并通过灵活的 SFC 使能丰富的增值业务，是实现算网融合的核心技术。

- 确定性网络：通过资源预留、网络切片、路径规划等技术结合，实现可预期、可规划的流量调度，将时延、抖动和丢包率等指标控制在确定的范围内，满足不同类型业务的需求。

- 智享 WAN：智享 WAN 是融合 Overlay 网络和 Underlay 网络的新一代 SD-WAN。该技术可利用 SRv6/G-SRv6 实现端到端网络可编程，利用应用感知能力实现差异化的网络服务，利用随流检测进行 SLA 闭环控制，实现网络质量可靠保障。智享 WAN 结合网络和应用需求提供统一编排、统一管理的能力，为算力资源的分发提供质量可保障的连接服务。

- 应用感知：使算力网络能够有效且低成本地感知应用，并提供差异化服务。
- 无损网络：有效支撑存储和高性能计算的低时延及无损需求，最大化释放云数据中心算力。

案例分享：天津移动智慧云网一体承载

（1）背景情况

中国移动通信集团天津有限公司是中国移动有限公司的全资子公司，于 2000 年改制重组，并分别在香港联交所和纽约证交所上市。天津移动致力于构建"连接＋算力＋能力"新型信息服务体系，创新打造"京津冀超低时延圈"，并已实现"光网络京津冀一体化"，为数字经济发展提供高速路。

（2）场景需求

国家"十四五"规划明确"加快数字化发展，建设数字中国"，天津市委、市政府基于"一基地三区"定位，构建数智化转型的新格局，"上云用数赋智"成为数智化转型的重要抓手。为满足政企客户数智化转型新需求，天津移动深入建设高速泛在、云网一体、智能安全的新型基础设施。

（3）建设思路

天津移动针对 IPv6 规模应用的大背景、大趋势，提出加快高速泛在、云网一体、智能安全的新型基础设施建设思路。一是加快形成以 5G 为基础的无线千兆能力、以智能切片为基础的智能专网能力，以及以绿色数据中心为基础的泛在云计算能力，把网络的高速运力和云的高效算力有机协同起来，助力全社会、全行业的数智化转型。二是在推进数智化转型的进程中，通过政企全面上云的大趋势，同步快速推进 IPv6 的应用，最终实现 IPv6 规模部署的目标。

（4）方案要点

天津移动打造中国移动集团首个云网一体解决方案，该方案创新地将 "IPv6+" 新技术融入其中，借行业、政企机构的上云大势，推广 IPv6 规模应用部署。天津移动通过持续构筑差异化的智能云网解决方案，面向不同的行业场景，发挥"IPv6+"特有的技术优势，持续为客户提供高品质云网服务，让客户"上多云、好上云、快上云、上好云"，赋能千行百业数智化转型。图 13-9 所示为天津移动云网一体方案架构。

市内云骨干通过 SRv6 连通，具备云网融合、路径编程、动态调优和高可靠等优势；SPN 城域网具备 SRv6 演进能力。通过控制器拉通市内云骨干网和

SPN 城域网，统一规划网络切片能力，助力政企用户快速上云。

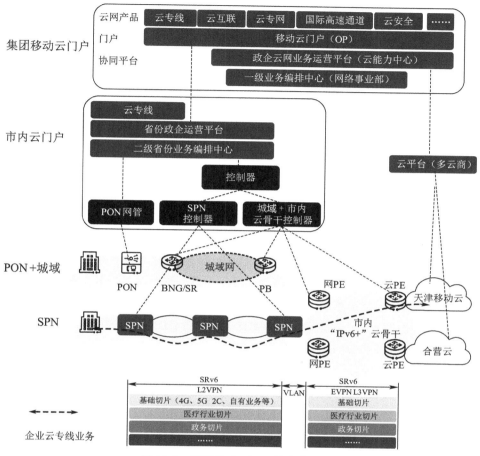

图 13-9　天津移动云网一体方案架构

（5）应用价值

天津移动利用市内"IPv6+"云骨干网作为云和其他网络衔接，通过 SRv6 使能全网"IPv6+"能力，实现一跳入云、一网入多云。天津移动智慧云网一体方案提供四大核心能力。

- 多云一体聚合：通过部署市内云骨干，与移动云、和云、行业云等对接，实现云服务的预连接和预配置，聚合业界头部云服务能力，从而实现政企用户"上多云"的需求。

- 云网一体融合：通过构建云网融合产品体系，为政企客户提供统一的业务订购服务。基于行业特定业务场景，提供适配行业特点的云网融合基础套餐，客户也可选择定制化服务，按需选购云服务、云专线或切片云专网，既可保障客户业务体验，又可提升客户业务订购的效率，让客户"好上云"。

- 云网一站开通：依托智能网络编排和预接入能力，客户线上即可触发云网业务一站式开通，为客户快速交付云网服务。交付周期可大幅缩短到天级，满足政企客户业务"快上云"的需求。

- 智慧一站运维：通过部署 IFIT 等技术，实现网络服务化，为客户提供路径最优选择、网络拓扑可视化、网络 SLA 可视化等服务；客户可动态监控业务运行状态，自助实现调速、调优等智能化服务，满足"上好云"的需求。

13.4 中国联通"IPv6+"云网融合实践

作为 IPv6 规模部署的"国家队、主力军、排头兵"，中国联通通过四轮驱动、多管齐下，全面开展 IPv6 规模部署工作。在强化网络承载能力方面，中国联通深化网络基础设施 IPv6 改造，网络承载能力明显提升，新建千兆光网、5G 网络同步部署 IPv6，4G 网络、固定宽带网络全部升级改造。在优化应用服务性能方面，中国联通已有 IDC、云平台、DNS 全部完成 IPv6 改造，新建节点全部支持 IPv6。在提升终端支持能力方面，中国联通新增家庭网关、家庭智能组网产品、物联网终端全部支持 IPv6。结合"三千兆"业务发展，计划在"十四五"期间完成全部老旧固定网络宽带终端设备的升级替换。在拓展行业融合应用方面，中国联通集团主要门户、在线窗口、App 都全面支持 IPv6。在培训创新产业生态方面，中国联通在北京、广东及大湾区成立了 3 个 IPv6/5G 创新实验室、积极参加中国 IPv6 创新发展论坛、IPv6 试点项目申报等重大行业活动。在加强标准规范制定方面，中国联通积极参与了 IETF、ETSI、ITU-T 及 CCSA 相关标准的制定工作，参与国际标准 9 项、国家标准 13 项、行业标准 6 项。

目前，中国联通已经全面开启现网"IPv6+"1.0 的规模部署工作，并将创新目标设定为构建"IPv6+"的"四梁八柱"，形成算网一体产品与可编程服务能力，助力网络强国、数字中国和智慧社会的建设。具体从以下 5 个方面发力以达成这一目标。一是强化网络承载能力，全面推广复制北京冬奥会数据专网、雄安新城"IPv6+"网络建设经验；二是提升终端支持能力，突破终端短板，实现终端智能化，提高 IPv6 渗透率，加大替换老旧固定网络宽带终端设备的力度；三是在北京、天津、河北、河南、山东、广东、重庆等省、市推进 IPv6 单栈试点和物联网单栈试点；四是在北京、天津、上海、深圳等 40 个城市完成"IPv6+"1.0 升级改造；五是推动行业系统升级，不断提升应用服务水平，启动传统主要生产类业务平台的集约化 / 云化改造，改造后的系统全面支持"IPv6/IPv6+"能力。

2021 年 3 月，中国联通正式发布 CUBE-Net 3.0 网络创新体系 [4]。CUBE-Net 3.0 作为新时期中国联通网络创新体系，旨在携手合作伙伴共同构建面向数字经济新需求、增强网络内生能力、实现"连接 + 计算 + 智能"融合服务的新一代数字基础设施。中国联通将新一代通信网络基础设施升级为新一代数字基础设施，体现了中国联通全面服务经济社会数字化转型的价值追求、持续深化通信网络 IT 化转型的战略思路，以及加快推动数字技术与实体经济深度融合的愿景目标。

CUBE-Net 3.0 网络架构包含 5 个组成部分，分别为面向用户中心的宽带接入网络、面向数据中心的云互联网络、面向算网一体的融合承载网络、面向品质连接的全光网络和面向运营及服务的智能管控平面。为推进 CUBE-Net 3.0 网络架构的实现，中国联通将启动一系列的网络技术创新工作，聚合产业链和创新链，通过技术研发、试验验证和商用实践加速新一代数字基础设施的构建，包括其中算网融合的承载网络。未来 IP 承载网将向算网一体演进，在云网融合的基础上，重点关注网络与算力融合，将算力相关能力组件注入网络框架中。在算网一体的架构下，网络感知算力，实现云、网、边、端、业协同，以更加灵活、弹性、可靠的能力为最终商业服务。中国联通算网一体的 IP 网络架构如图 13-10 所示。

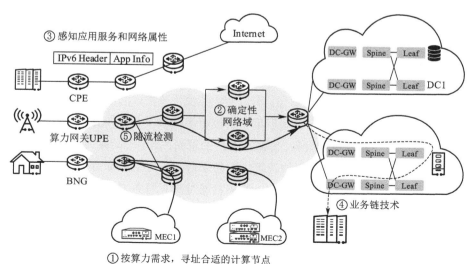

图 13-10 中国联通算网一体的 IP 网络架构

中国联通算网一体的 IP 网络架构包含以下关键技术。

算力资源信息感知技术。算力网络将计算资源整合，以服务的形式为用户提供算力。与基于链路度量值进行路径计算的网络路由协议类似，在算力网络中，基于算力度量值来完成路径的计算，而算力度量值来源于全网计算资源信息及网络链路的带宽、时延、抖动等指标。算力网络的实现不可能一蹴而就，面向算力承载的网络应遵循"目标一致、分期建设"的原则，通过数据中心网关设备联网来搭建 MEC 节点之间的算力"薄层"，可以首先在 Overlay 层面引入 SRv6 与 CFN（Compute First Network，计算优先网络）等协议，进而逐步扩大到承载网络全网 Underlay 层面的算力感知和算网联合优化。

确定性网络技术。DIP（Deterministic Internet Protocol，确定性 IP）是在 IP 网络上，通过增强的周期排队和转发技术实现的一种新型网络转发技术。DIP 网络能够保证网络报文传输时延上限、时延抖动上限、丢包率上限满足要求。它既适用于中小规模网络，也适用于解决大规模、长距离 IP 网络端到端确定性传送问题。DIP 技术通过在原生报文转发机制中加入周期排队和转发技术，通过资源预留、周期映射、路径绑定、聚合调度等手段实现大网的确定性转发能力。通过确定性技术和算力结合，发展增强 DIP，可以提供精确保障的业务体验，满足算力抖动敏感型业务的需求。

APN（Application-aware Networking，应用感知网络）技术。APN 利用 IPv6 扩展报文头将应用信息及其需求传递给网络，网络根据这些信息，通过业务的部署和资源调整来保证应用的 SLA 要求。特别是当站点部署在网络边缘（即边缘计算）时，APN 技术有效衔接网络与应用，以满足边缘服务的需求，将流量引向可以满足其要求的网络路径，从而充分释放边缘计算的优势。

SFC 技术。SFC 使得不同算力服务链接成为现实，可以快速提供新型业务。SFC 是一种业务功能的有序集合，可以使业务流按照指定的顺序依次经过指定的增值业务设备，以便业务流量获取一种或者多种增值业务。SFC 在算力网络中的本质是意图驱动算力服务，即依据客户的意图，实现不同算力服务的连接，结合 SRv6 SID 即服务，可以构建算力交易平台。各种生态算力将自己的服务以 SRv6 SID 的形式注册到网络中，购买者通过购买服务来使用算力，网络则通过 SFC 将算力服务链接起来，从而无感知地将服务提供给购买者。

随流检测技术。算力路径可视、性能可度量成为算网一体阶段的关键能力。随流检测技术可以实现随流逐包检测，精准检测每个业务的时延、丢包、抖动等性能信息，通过 Telemetry 秒级数据采样，实时呈现真实业务流的 SLA；采用逐跳部署模式，实现毫秒级故障恢复，保障算力的无损传递。

案例分享：北京联通"IPv6+"云网融合综合承载

（1）背景情况

北京联通长期致力于北京市信息化基础设施建设，在北京市范围内为公众客户、商企客户和政府机构等客户提供包括固定电话、移动电话、数据传输、互联网接入、专线接入等基础电信业务和增值电信业务，以及与上述业务相关的行业应用、系统集成、技术开发、技术服务、信息咨询、工程设计施工等相关服务。目前，北京联通骨干互联网设备均已支持并开启 IPv6，IP 城域网设备 IPv6 改造完成率达 100%，产业互联网已全面开启 6VPE（IPv6 VPN Provider Edge，IPv6 VPN 提供商边缘）。四星级及以上 IDC 全面支持 IPv6。中国联通联合合作伙伴构建了支持 IPv6 的云网一体体系，可以满足公有云、私有云、混合云环境的企业云化需求，助力企业快速实现 IPv6 升级改造。

北京联通认为"IPv6+"是实现算网一体的重要手段，一直以来都是"IPv6+"的积极践行者。面向云网融合业务发展诉求，北京联通规划在多个领域部署"IPv6+"新技术。作为北京 2022 年冬奥会和冬残奥会的官方唯一通信服务合作伙伴，北京联通当仁不让地承担着赛事举办地的重保工作。从北京冬奥会通信服务的规划阶段，北京联通就在思考如何建设一张技术简约先进、服务安全可靠、应用丰富多彩的奥运专网，为各方提供最佳的办赛、参赛和观赛体验，积极促成"IPv6+"系列新技术首次在奥运赛场上亮相，以充分展现中国通信产业的最新发展成果。

（2）场景需求

随着云计算技术和产业的快速普及，北京联通越来越多的客户业务和数据被迁移到云端，网络上已经分布着大量具有计算功能、存储能力的 IT 基础设施资源。当前公有云、行业混合云、企业私有云之间相互孤立，不能作为整体的 IT 资源池为用户服务。云计算基础设施的承载网络主要包括云内网络、云间网络和用户上云，这些网络尚不能构成整体，也无法实现对算力资源的端到端调度、管理以及控制。云要发挥作用，最关键的就是用户可以便捷使用算力资源，云到用户网络的条件和能力是关键。当前"不可知、不可管、不可控、不能保障安全、尽力而为质量服务"的基础设施发展现状下，无法实现按照用户要求提供按需服务。因此，如何统筹云网 / 算网融合发展目标，推进算力与网络构成融合资源交付能力，成为制约未来发展的一大难题。

（3）建设思路

北京联通以打造"IPv6+"承载基座开始向未来目标网络演进，在生产实践中推动"IPv6+"各项关键技术快速落地。从用户体验出发，一网多云需要网络支持低时延、安全可信的通信，以及高确定性的服务质量，网络再次成为价值中心。北京联通通过网络切片实现多业务差异化承载，通过"SDN+SRv6"提供确定性用户体验保障，基于随流检测实现 SLA 实时可视，故障快速定位，对管理、运营、维护进行全方位的重构与优化，构建一张真正以用户体验为中心，差异化承载的智能 IP 承载网。

（4）多云灵活接入场景

北京联通通过部署基于 SRv6 的云汇接网络，实现多云的互联互通。传统网络下，云资源是互相独立的，行业云、IT 云、通信云、MEC 边缘难以互通，资源难以共享和调度，特别是不同云内采用差异化承载方案，比如 IT 云内采用 VLAN 技术，通信云采用 VXLAN 技术，由此 IT 云与其他云形成异构云，难以打通。北京联通通过部署网 PE 和云 PE，实现了业界首个异构云承载互联的商用。

在通常情况下，云的服务开通速度相对较快，但是网络的传统业务开通速度非常慢，可能要一个月，甚至几个月。慢的原因主要是流程的问题，工单驱动、多点部署、业务的开通需要大量部门间的协调沟通。按照传统的办法开通多云及行业客户到多云的连接，需要多个部门协调，多次操作，多次界面跳转，整体开通业务要很多天的时间。如图 13-11 所示，传统的方式由创建行业云、MEC 及互联网线几个部分组成，能够看到从业务单的录入、工单生成、派发、多网络域的配置协调资源沟通，都耗费了比较多的时间。

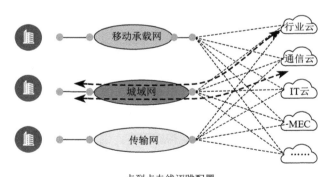

点到点专线逐跳配置
12个部门，38次操作，70次界面跳转，18天开通

图 13-11　传统方式的多云接入示例

如图 13-12 所示，北京联通基于 SRv6 建立云汇接网络以后，整个端到端业务的打通过程不需要人工参与，配置过程完全基于云的视角、基于 SDN 的视角来进行。它可以根据客户的商业诉求，生成不同服务质量、不同时延、不同带宽的路径，称为云路径。它不是面向一个节点，也不是面向一个端口进行

配置的,而是完全基于业务来配置的。从整个网络的视图看,从边缘到云内是一跳直达的。通过云汇接提供的多云互联、一线入多云的能力,可以很好地提供一站式云网服务开通,真正实现电商式的体验。

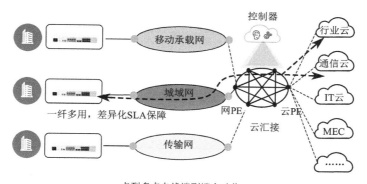

点到多点专线端到端自动化
云路径跨域免配置,1天开通

图 13-12　北京联通基于 SRv6 多云接入

（5）跨省（自治区、直辖市）云骨干专线场景

传统 IP 承载网存在诸多跨域业务,包括移动 4G/5G、VoIP（Voice over IP,基于 IP 的语音传输）与专线业务等。现网采用分段式业务部署方案,不仅端到端部署复杂,而且做分段跨域配置操作时,需要多个部门对接协调操作,业务开通速度很慢,时间按月计,很大程度上影响了业务运营。此外,当前网络里多种协议并存,运营商希望能够简化网络架构,实现业务自动化部署,并提升业务部署速度。

北京联通基于 SRv6 技术,跨 169 骨干网,成功构建了从北京市至广州市的跨域云专线网络,可以为企业用户提供灵活快速的跨省（自治区、直辖市）专线访问服务 [9]。如图 13-13 所示,中国联通采用 SRv6 Overlay 方案,仅对北京市的城域设备和广州市的数据中心出口设备升级,就可以部署 SRv6 功能。通过 SRv6 VPN 跨越联通 169 骨干网,从而快速构建了北京、广州两大核心城市之间的跨省（自治区、直辖市）云专线。

（6）专线一键开通场景

2019 年 12 月,中国联通完成雄安现网 SRv6 实验部署,打造了全球第一张 SRv6 综合承载网,满足了快速开通、高可靠性、高可用性的业务要求,为后续跨域业务快速部署打下坚实基础 [10]。2020 年 1 月,北京联通和河北联通协同,实现了北京至雄安的 SRv6 跨域税务专线一键开通。如图 13-14 所示,传统方式下开通专线需要多个管理部门配合,通常需要数周。现在借助 SRv6

跨域优势，只需在两端进行配置，即可快速开通业务，时间缩短到 1 天，可满足客户快速开通、高可靠性、高可用性的要求，以实际行动支持了雄安新区的建设。

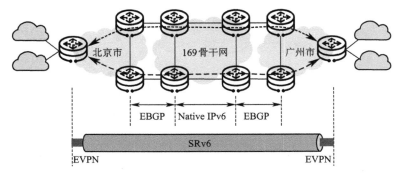

图 13-13 北京联通 SRv6 Overlay 跨省（自治区、直辖市）云专线

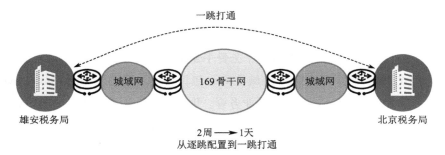

图 13-14 北京至雄安的 SRv6 跨域税务专线

（7）智慧奥运专网场景

北京联通为了落地智慧冬奥战略，建设了一张全新的冬奥专网，借助"IPv6+"先进的网络技术及智慧保障能力，为奥运大家庭、观众、媒体及相关行业，提供安全可靠的网络服务和丰富多彩的智慧应用[11]。2022 年北京冬奥会是"IPv6+"技术在大型赛事活动上的首次应用。如图 13-15 所示，智慧冬奥专网选择了目前最新的网络架构，部署了"IPv6+"协议中的端到端SRv6、随流检测、网络切片等关键技术，被誉为智慧冬奥的网络"黑科技"。

- 端到端 SRv6：借助 Native IPv6 能力，实现无缝跨域。基于"IPv6+"的网络编程能力，可以为媒体客户提供快速开通服务，如提供一键开通专线的能力，开通时间从天级缩短到分钟级。结合网络控制器实现低时延选路，保障业务 SLA。SRv6 借助 TI-LFA FRR 技术，可以实现任意故障 50 ms 保护。基于 EVPN 统一承载传统 L2VPN/L3VPN 业务，协议简化，易于运维。

- 随流检测：通过随流检测实现业务路径精准可视，SLA 实时感知；实现故障自动定界，辅助运维人员快速排障。联通依托前期通信的重保经验，建设了智能管控系统平台，并在智慧冬奥专网中引入"IPv6+"的随流检测、AI 辅助运维以及能 100% 覆盖所有链路的保护倒换技术，实现了分钟级粒度的主动感知业务质差、分钟级人工智能辅助故障处理以及任意故障场景下的 50 ms 保护倒换，形成业务监控、故障判断、数据导通的完整闭环。

- 网络切片：联通在智慧冬奥专网上为重要的业务部署了"专用车道"。通过"IPv6+"的网络切片技术，在同一张物理网络上按业务类型划分了不同的切片，不同业务独享切片资源，不同切片间实现隔离，从而满足冬奥业务安全隔离的要求。媒体记者进行赛事报道的"媒体+"、互联网专线业务不会受到运动员、志愿者等其他上网流量的影响，保证了高优先级业务的体验。

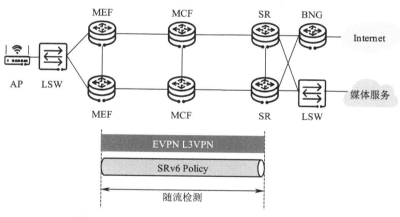

图 13-15　北京联通"IPv6+"智慧奥运专网服务

北京联通以"IPv6+"为底座的智慧冬奥专网成功应用于全球高标准赛事活动，证明"IPv6+"技术适用于大规模、高质量、业务复杂的网络，能够满足用户高品质的要求，可为各类应用提供精彩的业务体验。

（8）应用价值

北京联通认识到"IPv6+"是 IPv6 规模部署的加速剂，是对 IPv6 价值的充分挖掘与升华。在"IPv6+"发展过程中，北京联通重点关注"IPv6+"六大核心价值。

- 基于 SRv6 和 EVPN 协议创新带来的统一承载能力，可以极大简化协议及部署。

- SRv6 带来的按需升级部署、跨域快速开通能力，可以实现网络平滑升级，老网设备纯 IPv6 转发无须升级或替换。

- SRv6 天然的高可靠性，基于 TI-LFA FRR 实现故障快速收敛、端到端快速保护。

- 基于 SRv6 为三层网络带来的灵活可编程能力，实现网络和业务的统一可编程、报文携带信息可编程、网络节点行为可编程，可以帮助运营商快速实现网络服务化。

- 超大规模组网能力和易规划性，相比传统 MPLS 技术路由随规模线性增加，SRv6 能简化网络部署的复杂程度。

- "IPv6+" 相关的协议创新正在蓬勃发展，基于 IPv6 和 SRv6 的易扩展性，网络可以非常容易地支持新协议扩展，实现与未来创新应用的结合，减少当前的网络投资成本。

第 14 章

"IPv6+" 构筑 5G 智能承载坚实基础

4G 改变生活，5G 改变社会。5G 打破了传统移动网络的服务边界，使能更多的垂直行业场景，为了满足 5G 时代垂直行业对差异化服务质量和不同隔离等级的网络诉求，构筑运营商 5G 时代的差异化竞争力，"IPv6+" 通过切片资源隔离技术对网络资源实现精细化管理，为用户提供 SLA 保障的专网承载服务，使得运营商实现从带宽运营转向体验运营，提升网络资源变现水平。此外，"IPv6+" 随流检测可实时感知网络状态，主动识别业务故障，通过业务自愈流程，进而实现对低时延、高可用性业务的 SLA 保障，构建服务质量可承诺的高质量承载。

14.1　"IPv6+" 与 5G 高效协同

在过去几十年里，移动通信技术在需求和技术的双轮驱动下得到了飞速的发展，应用场景也从简单的语音服务演进到千行百业。与以往的移动通信系统相比，5G 将以其大带宽、低时延、高可靠和高连接等诸多优势满足人们在工作、生活、休闲、交通和医疗等多样化场景下的业务需求，提供优质的服务体验。5G 还将实现真正的"万物互联"，从人与人通信延伸到物与物、人与物的智能互联，使移动通信技术渗透至更加广阔的行业和领域。

5G 时代承载网络面临如下挑战。

- 确定性时延的挑战：5G 时代是交互控制的时代。5G 网络高带宽、低时延的数据传输为实时交互和控制类业务提供基本的网络能力，而实时交互和控制类业务给传统的数据通信技术带来了新的挑战。比如电网差动保护类业务，需要毫秒级的 RTT（Round-Trip-Time，往返时间），且要求承载网络不能产生拥塞，提供确定性、可承诺的时延保证。

- 安全隔离和资源独享的挑战：5G 网络需要为不同行业的多样化需求提供差异化的解决方案。出于对建设投资、运维成本和快速拓展业务等因素的考虑，运营商希望采用成本更低的 IP 网络承载"双线业务"（互联网专线和组网专线）。5G 承载网相比传统 IP 城域网，具有广覆盖、低负载的优势，但同样面临安全隔离和资源独享的挑战。

- 对网络编程的挑战：和 4G 网络相比，5G 网络的连接需求更加复杂和多样化。随着核心网元的云化、UPF（User Plane Function，用户平面功能）的下沉，以及 MEC 的广泛应用，连接会同时存在于基站之间、基站与不同网络层级的 DC（Data Center，数据中心）之间以及 DC 之间，且这些连接关系是由 5G 核心网动态建立的，所以要求承载网络具有被业务"编程"的能力。大量确定性、可编程的连接对承载网络切片的数量和管理也提出了很高的要求。

- 网络服务化的挑战：云化通过对计算、网络和存储资源的池化，提供了更为便捷、经济的数字化服务。用户可以通过 5G 网络连接到云，获取存储空间、网络带宽、算力和应用软件。云化和数字化提出了网络能力服务化的新挑战，例如云网融合、泛在接入、安全可信、差异化业务体验等。

- 智能化管理的挑战：蓬勃发展的万物互联和智能化融合让运营商意识到最终用户对业务体验的追求在不断提升，进而要求运营商在规划、建设、维护、优化 4 个方面提供基于业务和租户级的精细化管理；基于业务需求按需分配资源，快速、灵活实现业务和网络资源的映射；网络运行过程中对业务的 SLA 进行实时监控，发生故障时做到分钟级定位定界；针对业务需求和网络状态的变化实时进行优化和调整资源。

5G 业务要求在一个网络上按需提供共享或专用的资源，实现一网多用，追求更优的网络建设投资回报。业务对网络的诉求从带宽逐步延伸到对时延、抖动、丢包等指标的确定性预期，要求把大带宽、低时延、安全、可靠、低丢包等核心能力对外开放，提供满足高端专线、视频类业务以及千行百业数字化需求的确定性承载能力。关键的设计目标如下。

- 确定性时延：基于确定的业务需求，分配专用资源，实现时延可承诺。
- 高可靠：通过 SRv6 可靠性、双发选收等技术实现"零"丢包。
- 安全隔离：基于各种软硬隔离技术，以硬管道为长期目标，满足高品质业务的确定性承载及高安全业务的物理隔离要求。
- 智能管控：管控层是网络效率和安全性的核心，需要快速响应切片业务需求，准确提供网络资源，并做到弹性扩缩容。智能管控将实现网络"规划、建设、维护、优化、运营"生命周期内的闭环自治。

- 能力开放：管控系统支持能力开放，拉通无线、承载和核心网域，实现从用户意图到切片业务开通的全流程打通。

14.2 中国电信"IPv6+"5G 承载实践

在新基建和 5G 浪潮推动下，中国电信以 IP RAN 为基础，引入大容量新型设备和 SRv6/FlexE 等新技术构建了 5G STN，用于实现 3G/4G/5G 等移动回传业务、政企以太专线、云专线 / 云专网等"5G + 云网"的统一承载。2020 年初，中国电信在国内率先启动 5G 承载网集采招标，首期 STN 工程全国网络规模近 4 万台。集团要求在关键网络转型期，借助重大工程推动技术创新，在中国电信 IP 网络已经全程使能了 IPv6 的基础上，以 SRv6 为抓手实现技术引领，打造开放产业生态。中国电信研究院 STN 项目团队从 2019 年初开始推动基于 SRv6 基础协议的 STN 标准定义，形成 STN 设备、组网、配置、工程验收测试等系列规范，并于 2020 年 4 月初完成了"SRv6 + EVPN + FlexE"目标工程组网验证。目前，STN 已覆盖全国大多数本地网，成为全球最大规模的使能 SRv6 网络，极大简化了网络协议，实现了网络的智能、敏捷、高效。

第一，分钟级开通，极速上云，助力云网业务快速发展。在数字化大潮下，企业上云已成为主流，IP 网络作为企业数字化转型最重要的组成部分之一。基于 SRv6 的网络解决方案，提供业务两端配置、中间无感知业务开通能力，把业务开通的时间由原来的几天、十几天甚至几十天减少到分钟级，扫除了云业务开展的障碍。

第二，端到端路径保障，实现时延可承诺网络。随着 5G 和云的到来，2B 等业务在带来巨大商业机会的同时，也带来了大带宽、体验保障、高可靠等需求，网络必须能够根据业务 SLA 来提供连接。传统 IP 网络转发路径随机，时延不确定，无法满足时延敏感类垂直行业的要求。基于 SRv6，可以根据业务意图、网络拥塞状态等，智能地选择最佳路径并实时调整，以持续提供最佳连接体验，做到时延可承诺，提升网络商业变现的能力。

第三，SRv6 + MPLS 双平面智能选路，新老共存，平滑转型：基于 SRv6 + MPLS 双平面智能选路控制协议，解决新老网络 SRv6 与 MPLS 融合组网的问题，大幅延长现网设备的生命周期，保护存量资源的投资，有效支撑中国电信 5G 大规模建设，并将以 STN 为基础推进新型城域网试点，打造中国电信新一代云网，为云网融合的战略转型奠定基础。

中国电信将持续与产业链各方深化合作，加大在云网建设和应用创新方面的力度，持续提升用户体验，推动网络向更加高速、简洁、智能的方向发展，打造中国电信具备云网一体的基础设施，促进数字经济的发展。

案例分享：电信 L2 + L3 移动承载架构

为满足运营商移动和专线网络业务需求的不断增长以及运营商对降低投资和运营成本的迫切需求，移动网络与专线网络的融合势在必行，融合后的网络需要满足多业务统一承载的需求。除此之外，还要满足如下需求。

大带宽需求。移动承载网在从 LTE 向 NR（New Radio，新空口）的演进过程中，有更大的网络带宽和更高的吞吐量（通量）需求。NR 要求移动承载网的接入设备具备用户侧 10GE（低频基站）/25GE（高频基站）到站的大带宽。在带宽足够大的基础上，为了达到高吞吐量，还需要保持链路的低丢包率。按照移动承载网的最佳体验建网目标，要求设备的缓存时间为每端口 100 ms 以上。这样可以保证在链路高负载的情况下，仍然保持较低的丢包率。

时间同步需求。新频谱主流应用为 TDD（Time-Division Duplex，时分双工）模式，TDD 需要高精度时间同步。3GPP 定义基站间相对偏差小于 3 μs，可满足 TDD 业务要求，转化为单基站相对于基准源的偏差为 ±1.5 μs。如果 TDD 基站不同步，会导致该故障基站方圆超过 10 平方千米范围内的基站都受到信号干扰，影响 NR 的基本业务。

网络扩展性需求。从 4G 到面向 NR 的演进过程中，基站覆盖距离变短，基站密度越来越大。这就需要海量的 ACC（Access，接入）设备用于基站接入，以及超大规模的跨域移动承载网。

网络运维需求。运营商 WAN 普遍面临着多厂商组网，业务端到端配置依赖于多厂商网管实现，导致业务部署大量依赖人工规划和人工配置，既低效又易出错，排障效率低。SDN 技术的出现使得网络自动化、IT 化成为可能，有机会改变传统的网络管理和控制方式，应对 IT 转型。当前 SDN 架构基于开放的北向接口和基于 YANG 的业务模型，进行统一的南向网络建模，给 WAN 从封闭向开放创新演进提供了技术可能性。同时，基于 SDN 的集中管控，在网络自动优化、降低运维成本以及提高网络利用率等方面，都会给运营商 WAN 带来价值。这是 WAN 向 SDN 演进的驱动力，IP RAN 作为 WAN 最关键的部分，成为向 SDN 演进的首选。

基于现有 IP RAN 基础，电信 5G 承载现阶段主要采用 L2 + L3 架构，如图 14-1 所示。整网规划 2 + N 个切片，IP 承载网提供 2 个 FlexE 切片（2C 和 2B 独立切片），优享专线和专享专线共享 2B FlexE 切片，通过不同优先级调度策略区分；尊享专线采用独立切片资源，按需部署。

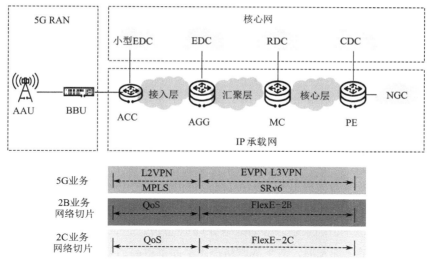

图 14-1 中国电信 L2 + L3 架构

未来还可以进一步向 E2E SRv6 演进，简化控制协议，并使能端到端的业务编程能力，如图 14-2 所示。

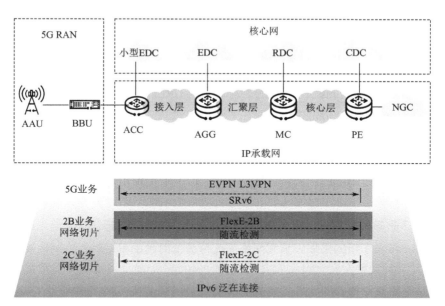

图 14-2 中国电信 E2E SRv6 架构

14.3 中国移动"IPv6+"5G 承载实践

在《行动计划》的指引下，中国移动深入践行国家政策要求，推动 IPv6

与移动通信同步发展，全面实现 IPv6 端到端规模部署。中国移动端到端打造 IPv6 网络基础能力，已建成全球最大规模的 IPv4/IPv6 双栈 LTE 网络和全球最大规模 IPv6 单栈 VoLTE 网络。

- 牵头全球移动网络的 IPv6 标准与架构，推动 3GPP 和 IETF 联合召开 IPv6 国际峰会，在 3GPP 发布首个移动网络 IPv6 过渡指导报告 TR 23.975，自主研发 IPv6 过渡技术，在 IETF 发布 RFC 6535 等标准。
- 借助移动网络换代的历史机遇，突破 IPv6 发展瓶颈，通过"3G 起步，4G 同步，5G 内生"，推动实现移动网络与 IPv6 同步发展，建成全球用户规模最大的 IPv4/IPv6 双栈网络和最大的 IPv6 单栈网络。
- 以"LTE、VoLTE 和应用"三大抓手，突破移动互联网 IPv6 用户发展和流量牵引的难题，移动网络 IPv6 流量占比达 26%。

5G 业务的高速发展，对承载网络提出了如下更高的要求。

- 超密集和大带宽组网：为满足 5G 业务容量、密度千倍提升的要求，需要引入灵活的超密集基站部署。同时，5G 的频谱资源更为丰富，频谱效率更高，单站点峰值速率可以达到数十个 Gbit/s。因此，承载网络面临着数十倍于 4G 时代的带宽增长需求。
- 超低时延组网：5G 低时延业务的涌现（如 URLLC 业务）要求用户平面和控制平面的传输时延相应地大幅降低，5G 网络设计目标中的时延要求比现有的 4G 网络提高一个数量级。因此，ITU-R 在 5G 技术目标中定义了 1 ms 级别的时延目标以适应 URLLC 通信场景。NGMN（Next Generation Mobile Network，下一代移动网络）具体定义了毫秒级别的超低时延业务场景，包括工业控制、远程医疗、自动驾驶、触觉互联网等应用。为了满足上述业务场景的需求，5G 组网亟须引入超低时延的传输接口、封装、交换技术，以及避免路由迂回的组网路径控制技术。另外，随着 5G 业务云的进一步下沉，要求大大降低业务云到业务端的纵向时延以及业务端到业务端的横向时延，这也给承载网络带来了新的挑战。承载网络需支持极低时延的单跳转发，同时要通过架构扁平化，支持业务流量的就近转发，从而进一步减小路径时延。
- 超高精度时间同步：随着基站 CoMP（Coordinated MultiPoint Transmission/Reception，协作多点发送 / 接收）/CA（Carrier Aggregation，载波聚合）/5G 超短帧技术的应用，基站之间的时间同步指标被提高到百纳秒级的超高精度，这就要求承载网络具备更高精度的时间传送能力。

垂直行业是 5G 的重要业务场景，各种垂直行业对网络提出了具有明显差异化且十分严苛的要求。不同于传统 4G 网络"一条管道、尽力而为"的形式，

5G 网络旨在基于统一的基础设施和统一的网络架构提供多种端到端的网络切片，即逻辑上的"专用网络"，从而实现最优适配垂直行业用户的各种业务需求。网络切片技术作为"5G + 垂直行业"的基础使能技术，可以满足不同行业、不同业务 SLA 承载的需求，同时也可以满足业务安全、可靠性隔离的需求。因此，5G 承载网的切片能力将成为行业应用部署的关键因素。

目前，中国移动已采用 SPN 技术方案部署 5G 承载网。在基于转发平面的网络切片能力上，SPN 设备同时支持软切片隔离和硬切片隔离。软切片隔离技术主要指通过 VPN 实现业务逻辑隔离，硬切片隔离技术是基于物理层的 TDM（Time-Division Mutiplexing，时分复用）时隙隔离能力。基于切片以太网（Slicing Ethernet，SE）技术的 5G 承载网支持物理设备隔离、物理接口隔离、切片以太网接口隔离能力，以及基于切片以太网通道进行端到端硬隔离的能力。切片以太网接口指切片以太网通道形成的逻辑接口，一个切片以太网通道可以提供多个切片以太网接口，用于引入不同的业务流。基于切片以太网技术的 5G 承载网的切片隔离能力如表 14-1 所示。

表 14-1　基于切片以太网技术的 5G 承载网的切片隔离能力

切片类型	网络切片服务类型	网络切片的传输资源隔离和复用关系			适用的 5G 网络切片场景示例
		硬隔离的网络资源	切片分组层（Slicing Packet Layer，SPL）软隔离的网络资源	硬隔离和软隔离的传输资源复用关系	
尊享切片	最高优先级的硬隔离网络切片	切片以太网通道	专用分组隧道（SR-TP/SR-MPLS/SRv6）+ 专用 VPN	1 对 1	VIP 行业客户最高隔离度和低时延要求的专网切片
专享切片	高优先级的软、硬隔离网络切片	切片以太网接口	专用分组隧道（SR-TP/SR-MPLS/SRv6）+ 专用 VPN	1 对多	VIP 行业客户的专网业务切片
2B 共享切片	中优先级的软隔离网络切片	共享切片以太网接口	专用分组隧道（SR-TP/SR-MPLS/SRv6）+ 专用 VPN	1 对多	普通行业客户的专网业务切片
2C 共享切片	低优先级的软隔离网络切片	共享切片以太网接口	专用分组隧道（SR-TP/SR-MPLS/SRv6）+ 专用 VPN	1 对多	公网的 eMBB 业务切片

基于 SPN 技术的 5G 承载网在 NNI（Network-Network Interface，网络—网络接口）进行网络切片资源规划时，在每个切片以太网接口或切片以太网通道内部，还可以基于切片分组层的不同分组转发隧道（如 SR-TP/SR-MPLS/SRv6 隧道），实现 L2VPN/L3VPN 的网络资源软隔离。

14.4 中国联通"IPv6+"5G 承载实践

中国联通现有移动网络已完成 IPv6 改造并开启 IPv6 业务承载功能，能为移动终端用户数据业务分配 IPv6 地址，提供端到端 IPv6 访问通道。中国联通在后续网络部署中将保持优先使用 IPv6 地址的策略，扩大 IPv6 地址的使用范围。从推进 IPv6 技术发展和进一步简化网络的角度考虑，智能城域网最终必将走向 IPv6 单栈承载目标。SRv6 是实现 IP 网络切片和固移融合承载的关键技术之一。

北京联通智能城域网是以 5G 承载为初心，以网络简化、网络控制和管理智能化为目标而建设的新一代融合承载网。5G 承载网在全面支持 IPv6 的基础上进一步与创新技术相结合，充分发挥 IPv6 的灵活性，发展增强型的"IPv6+"网络，为实现意图驱动、智能化、可感知的新一代 IP 网带来了机会。

案例分享：北京联通 5G 综合承载

如图 14-3 所示，北京联通针对不同业务的 SLA 差异化需求以及发展节奏，在智能城域网预部署基础和增值两个网络切片，预留业务级独享切片能力。

- 基础切片承载无特殊 SLA 要求的业务，如 2C 的移动语音业务和物联网业务。
- 增值切片承载高价值和高 SLA 要求的业务，如游戏加速业务和高清转播业务。
- 独享切片承载 2B 业务中对 SLA 要求极高的业务，以实现和其他任何业务绝对硬隔离，如电网差动保护业务和工业控制类业务。

在数据平面，全局规划两个 FlexE 硬切片，各自使用不同的 FlexE 接口，分别对应基础切片和增值切片。切片间共用物理链路资源，初始按照 80∶20 的比例划分基础切片和增值切片带宽。统一规划智能城域网使用的所有 IPv6 地址，FlexE 硬切片接口分配 IPv6 接口地址。承载网络东西向与无线接入网、核心网对接，基于 VLAN 标识进入 FlexE 硬切片，基于 DSCP 标识进入 QoS 队列。

在控制平面，设备和控制器之间建立 BGP-LS/BGP SRv6 Policy 邻居，使用 BGP-LS 上报 IGP 拓扑、FlexE 接口带宽、链路时延等信息给控制器，控制器算路结果通过 BGP SRv6 Policy 下发 SRv6 Policy 到设备。

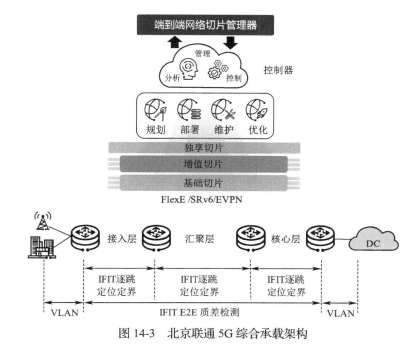

图 14-3 北京联通 5G 综合承载架构

如图 14-4 所示，基础切片业务用 SRv6 BE 承载，增值切片以及未来的独享切片业务使用 SRv6 Policy 承载，以 SRv6 BE 做保护。基础切片和增值切片分别部署 EVPN 实例，每台 PE 为基础切片和增值切片分别规划不同的 Locator，并归属于不同的 IS-IS 进程实例。基础切片 EVPN 的 VPN 业务路由迭代到 Locator 网段 1，进而"锚定"到基础切片 FlexE 接口；增值切片 EVPN 的 VPN 业务路由迭代到 Locator 网段 2，进而"锚定"到增值切片 FlexE 接口。

图 14-4 隧道和业务部署方案

在管理平面，依托控制器完成切片的规划、部署、运维和优化的全生命周期流程。

北京联通使用"IPv6 + 智能 + 协议创新"的手段满足 5G 和云网融合业务灵活、敏捷、差异化的服务诉求，提升用户体验，实现简化网络、意图驱动和智能化运维，打造面向 5G 和数字化时代的智能城域网，具体说明如下。

- 引入 FlexE、SRv6 和 EVPN 等技术，提供协议简化、路径可编程和 k 级切片能力，满足业务 IPv6 化、三层 VPN 到边缘和差异化承载的诉求。
- 引入 IFIT 技术，实现随流检测业务 SLA，提升业务感知能力。
- 引入网络控制器实现切片业务自动部署，使用智能化技术加持的智能运维实现故障自动定界等特殊场景，提升网络自动化和运维智能化水平。

第 15 章

"IPv6+"助力千行百业数字化转型

到 2025 年，全球连接数量将达 1000 亿，企业基于云技术的应用使用率将达到 85%，极速网络将连接物理世界的各个角落。越来越多的企业选择多云的连接来实现关键的业务备份和不同应用服务的使用，这给网络的实时性和灵活性带来了新的要求；面向未来，不仅办公业务会上云，生产业务也会向云端迁移，这就对网络的确定性提出了更高的要求，比如工业控制、远程医疗等要求端到端的时延、抖动是微秒级。网络作为千行百业数字化转型最重要的组成部分之一，如何保障上云体验、如何承载并敏捷部署业务，以及如何主动感知业务变化并及时预知网络隐患，成为未来企业网络所面临的挑战。

15.1 数字政府

15.1.1 数字政府网络业务需求

全球数字化转型正在加速，到 2022 年，已有 170 多个国家出台了数字战略规划。近年来，我国出台多项政策指导数字政府建设。2021 年"十四五"规划纲要明确提出"加快数字化发展，建设数字中国"的目标，提出要"提高数字政府建设水平"，同时各地也纷纷出台相关政策，将数字政府建设作为地方"一把手工程"。

加快数字政府建设是推动国家治理体系和治理能力现代化的重大举措，是迎接数字时代浪潮、适应经济社会全面数字化转型的必然要求，也是新时代建设服务型政府的有力抓手。数字政府就是"数字龙头"，一方面，政府通过自身的数字化转型发展提升服务能力和治理水平；另一方面，政府通过数字化方式引导、支撑、赋能、驱动数字经济和数字社会发展。

数字政府建设无疑是一项复杂的体系化工程，如何建、从哪些方面建，亟须业界一起探索。在智慧政务深化改革的过程中面临着诸多问题，比如政府各办事机关之前没有联通，成为信息孤岛，信息共享难；政务外网接入点少等。

智慧政务的核心诉求主要是一网通管和一网通办，即一网统管进行网络集约化建设，各专网并入政务外网，实现的关键点是必须保证业务安全隔离；一网通办实现数据集中统一管理和共享，城市的海量物联感知数据和监控视频上传至多级政务云，供多个政府办事机关调用，实现关键点是网络广覆盖、业务快速上多云及云间灵活互通。

政务网络包含政务园区网络、政务云网和电子政务网络。电子政务网络由政务内网和政务外网构成，两网之间物理隔离，政务外网与互联网之间逻辑隔离。政务外网是政府对外服务的业务专网，主要运行政务部门面向社会的专业性服务业务和其他非内网运行的业务。IPv6 规模部署是我国的国家战略，《关于加快推进互联网协议第六版（IPv6）规模部署和应用工作的通知》中对政务网络明确提出如下重点任务。

- 推动电子政务公共平台 IPv6 改造。推动国家电子政务外网、地方政务外网、政务专网等 IPv6 改造。推动政务数据中心、政务云平台、智慧城市平台 IPv6 改造。推动新建政务网络及应用基础设施全面部署 IPv6，探索开展政务网络及应用 IPv6 单栈化试点。

- 深化政府网站 IPv6 改造。推动各级政府及其部门网站、政务类移动客户端 IPv6 升级改造。推动政务服务门户功能优化升级，支持 IPv6 网络访问。加强对政府网站指导检查，确保 IPv6 支持要求落实到位。

为了深入贯彻落实党中央决策部署，有效应对数字时代的业务挑战，加速推动政务外网 IPv6 发展，推进 IPv6 规模部署专家委员会和国家电子政务外网管理中心办公室于 2021 年发布《IPv6 演进路线图和实施技术指南——政务外网》[12]，给出了政务外网向 IPv6 演进的总体目标，如图 15-1 所示。

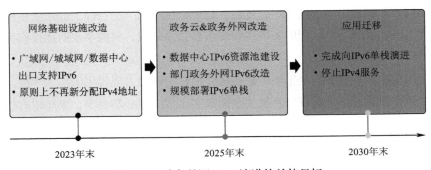

图 15-1　政务外网 IPv6 演进的总体目标

- 到 2023 年末，完成政务外网网络基础设施 IPv6 改造。各级政务外网广域网、城域网、数据中心出口支持 IPv6，探索积累数据中心 IPv6

资源池建设和运维经验。

- 到 2025 年末，完成政务云和部门政务外网 IPv6 改造。各级政务外网数据中心完成 IPv6 资源池建设；新建应用及基础设施规模部署 IPv6 单栈。
- 到 2030 年末，完成政务外网向 IPv6 单栈演进。

图 15-2 示出了国家电子政务外网架构，其中：

- 广域网用于纵向覆盖中央、省（自治区、直辖市）、地（市）、县（区）各层级行政区域，由各级行政区域内广域骨干节点设备及其之间长途线路组成；
- 城域网用于横向连接本级行政区域内的政务部门，包括中央、省（自治区、直辖市）、地（市）、县（区）四级城域网，各级城域网可以独立接入国际互联网，各级城域网通过纵向广域网实现互联。

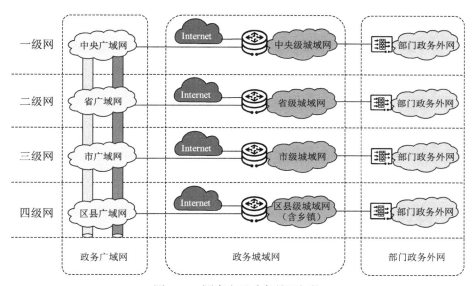

图 15-2 国家电子政务外网架构

随着专网业务迁移、政务业务云化、高清视频普及等，电子政务外网呈现如下网络需求。

- 生产型网络需求：专网业务关系国计民生，政务网由办公网转型为生产网，要具备"类似专网"的资源服务、业务质量保障和安全隔离能力。
- 服务化网络需求：政府各办事机关成为政务网客户，政务网转变为可运营的"类似运营商网络"，对业务发放、故障定界、网络可视化带来更高要求。

- 带宽需求增加：信息系统整合上云、数据集中共享，业务由本地流量变为纵向广域网流量，进一步增大带宽需求。

- 网络调优需求：热点事件造成流量突发，多云应用部署不均衡引起业务流量不均衡，更容易造成网络拥塞和业务体验下降。

- 网络 SLA 要求：高清视频承载除了对网络带宽的要求较高外，对网络丢包率和时延等 SLA 要求也较高。

- 故障定界要求：网络性能劣化引起的视频出现花屏和卡顿，相比通断类故障更难定界定位。

"IPv6+"助力数字政府实现上下联动、部门协同、服务导向的"互联网 + 政务服务"，最终建成云网安一体的融合、智能、安全的新一代政务网络。

- 基于"IPv6+"的网络切片技术，打造具有前瞻性、安全智慧的"一网多平面"，加速专网整合，为高质量业务提供 SLA 保障，实现重保业务安全隔离和快速开通。

- 基于"IPv6+"的 SRv6 技术，支持云网融合，政府各办事机关通过网络一跳入云，入网即入多云，加快数据共享进度。借助 SDN 控制器，支持多云统一管理，跨云业务协同发放，实现资源集约、业务融合。

- 基于"IPv6+"智能化分析技术，在网络发生故障时，快速定界并及时恢复业务，保障政务服务"7×24 小时"不停歇。

15.1.2　数字政府"IPv6+"实践

案例分享：广西壮族自治区政务外网第二平面网络

（1）背景情况

为贯彻落实中共中央关于数字政府建设的重要部署，加快推进数字广西和中国—东盟信息港建设，以满足各类群体的刚需和解决痛点问题为导向，广西积极运用 5G、大数据、云计算、区块链、人工智能等前沿技术，推动政府治理手段、模式和理念创新，推进数字政府建设，加强数据有序共享，将政务数据资源管理与应用改革、政务服务"简易办"改革作为推进数字政府建设的关键，构建了"三纵四横五个一"（三纵包括政策标准体系、考核评价体系、安全运维体系；四横包括基础中台、数据中台、应用中台、开放生态圈；五个一包括一云承载、一网通达、一池共享、一机通办、一体安全）的数字政府架构。

（2）业务痛点

随着广西壮族自治区电子政务在政府上云、智慧城市、移动办公等新型场景的需求演化，对传统政务外网的网络覆盖、业务效率、体验保障、安全防御均提出了更高的要求，IPv4 地址不足、运营管理难度大、安全保障不全面等问题成为制约政务外网发展的瓶颈，随着 IPv6 产业的逐步成熟，通过"IPv6+"赋能政务外网已经成为必然选项。广西建设新型政务外网之际，明确提出新网络需要满足以下业务需求。

- 一网承载，集约共享：政务云、办公、视频等多业务一网承载，专用通道、视频会议等重保业务高品质体验。
- 云网一体，敏捷高效：意图驱动，政务业务分钟级开通，敏捷上云；带宽调优，专线带宽资源高效利用；时延调优，保障视频时延和体验。
- 一键运维，业务连续：随流检测，业务质量实时感知，故障快速定界；智能推理，网络故障分钟级定位，隐患提前预测。
- 一体安全，智能防御：智能防御，威胁检测率达 99%，网络安全稳定；云网安一体，协同检测，协同处置，一体化防护。

（3）建设思路

广西壮族自治区政务外网基于"一云承载、一网通达、一池共享、一机通办、一体安全"（"五个一"）的理念，采用"IPv6+"构建新一代电子政务外网，主要用于支撑全区各级政府部门视频会议等图像和视频业务应用。该网络由 14 个市级网络节点和 113 个县级网络节点组成，覆盖自治区、市、县三级网络骨干，通过发挥"IPv6+"技术特性优势，实现业务快速分发、网络质量保障和智能故障定位，充分满足全区各级政府部门对网络隔离和服务质量的保障要求。

（4）方案要点

广西壮族自治区采用"IPv6+"创新技术构建政务外网第二平面网络，方案如图 15-3 所示，包括如下要点。

- 在现有广西壮族自治区政务外网的基础上，新建图像网第二平面网络，两个网络平面互为备份。现有数据平面主要承载办公类业务，新建的第二平面网络主要承载视频类业务。
- 第二平面网络采用 SRv6 技术，实现专线带宽资源精细管理，按照业务质量差异化需求，选择最优网络路径，同时实现负载均衡，充分利用带宽资源。
- 对于重点保障的视频业务，如视频会议、视频调阅等业务，采用网络切片技术，提供独立的带宽资源，保障重点业务高质量传送。
- 使能随流检测技术，实现开展基于重点客户、重点应用的业务质量随流监测，及时发现故障，并实现问题的快速定界。
- 部署智能 SDN 控制器，实现网络和业务的可视化运行维护，结合故障聚类、网络人工智能技术，实现根因分析和故障定位。

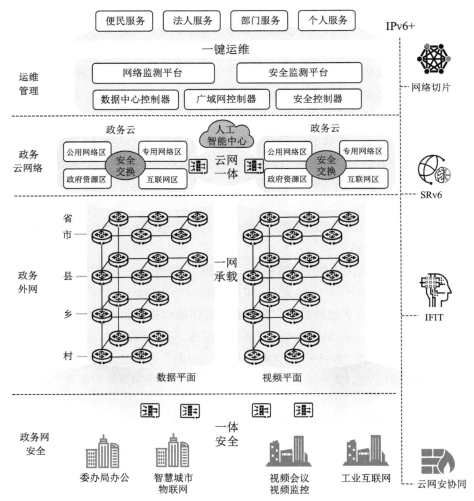

图15-3　广西壮族自治区政务外网第二平面网络

（5）应用价值

广西壮族自治区政务外网第二平面网络是广西壮族自治区电子政务的重要基础设施，覆盖自治区、市、县三级网络，与政务外网第一平面网络相互配合，有效提升了广西壮族自治区政务外网的承载力、可靠性、智能度以及安全性。通过发挥"IPv6+"创新技术特性优势，实现了业务快速分发、网络质量保障和智能故障定位，充分满足了全区各级政府部门对网络隔离和服务质量保障的要求，支撑了"五个一"政务治理新模式，实现了跨层级、跨地域、跨系统、跨部门、跨业务的政务数据共享、部门协同，具体介绍如下。

- 形成"一云承载"新体系。初步建成一朵物理分散、逻辑集中、"1＋N＋14"架构的"壮美广西政务云",全区信息系统迁移上云率达 99.9%。

- 构建"一网通达"新格局。电子政务外网实现国家、自治区、市、县、乡、村六级全覆盖,电子政务外网横向接入率达 60%,全区业务专网迁移打通率达 99.9%。

- 建成"一池共享"新模式。建成自治区数据共享交换平台和自治区公共数据开放平台,发布结构化数据总量超过 34 亿条,各部门各行业调用超过 12 亿次,政务业务办理系统对接完成率达 95.8%,实现数据共享与开放。数据要素价值进一步激活,市场化步伐进一步加快。北部湾大数据交易中心成立近一年来,注册企业 120 多家,调动数据超过 2 亿次,交易额近 3000 万元,交易生态逐步构建,运营机制逐步建立。

- 开辟"一机通办"新局面。广西数字政务一体化平台推广应用加快,网上办理率达 75.14%,99.73% 的依申请政务服务事项实现"最多跑一次",62.57% 的事项实现"一次不用跑",41 万个事项实现"网上办",30 万个事项、541 个高频便民服务应用实现"指尖办",1.88 万份申报材料实现减免核验,拿地即开工、交房即交证等正在迅速推广。

- 探索"一体安全"新体系。建成南宁、来宾数字政府一体安全异地备份中心,探索构建"一个中心、三层防护"全新的一体安全技术防护体系,云网、系统、数据安全得到有效保障。

2021 年,广西政务数据治理从全国第 28 名跃升至全国第 9 名,上半年全国开放数林标杆省域的指数从第 10 名提升至第 5 名,在西部省份排名第二,成为"中国开放树林标杆省域"标杆省份之一。

2021 年 10 月,推进 IPv6 规模部署专家委员会主办中国 IPv6 创新发展大会,大会对全国 IPv6 规模部署和应用案例进行了表彰。广西壮族自治区报送的"基于'IPv6+'技术的电子政务外网第二平面网络"荣获关键技术创新类优秀奖,该案例为关键技术创新领域唯一的电子政务奖项。

案例分享:广东省政务外网与云网络

（1）背景情况

2021 年是"十四五"开局之年,也是我国全面建成小康社会、实现第一个百年奋斗目标之后,乘势而上开启全面建设社会主义现代化国家新征程、向第二个百年奋斗目标进军的关键之年。广东省作为改革开放的前沿阵地,紧抓中国特色社会主义先行示范区与粤港澳大湾区"双区驱动"的重大历史机遇，深化"数字政府"改革建设，进一步夯实数字政府基础能力，推动政府治理体系和治理能力现代化、再创营商环境新优势，为实现"四个走在全国前列"、当好"两个重要窗口"提供有力支撑。

（2）业务痛点

广东省自 2017 年启动数字政府改革建设以来，成效显著。中央党校（国家行政学院）电子政务研究中心发布的调查评估报告显示，广东省连续三年获得全国省级政府网上政务服务能力评估第一名，发挥了示范作用。

2021 年公布的《广东省数字政府省域治理"一网统管"三年行动计划》提出"进一步深化数字政府改革建设工作，促进信息技术与政府治理深度融合，打造理念先进、管理科学、平战结合、全省一体的'一网统管'体系"。"一网统管"作为现代化治理工具，已成为数字政府建设的刚需。政务外网是"一网统管"的重要基础设施，在支撑数字政府现代化治理和建设中发挥着重要作用。广东省原有政务外网已覆盖 260 多个省级部门和 21 个地级以上市，实现省、市、县（市、区）、镇（街）四级全覆盖，可用率达 99.9%。

"十四五"时期，数字政府发展进入新阶段，对政务基础设施的支撑能力、扩展能力提出更高的要求，广东省数字政府建设也需要在如下方面继续提升。

- 统一规划：当前全省政务外网缺少统一规划，韧性不足，风险抵御能力不高，网络承载能力动态调整未能实现，网络使用效率有待提升。
- 精细化管理：现阶段政务外网未能对视频流量进行精细化划分，无法为视频业务提供充分的流量保障。
- 新技术应用：新技术在数字政府领域的应用范围和深度不足，新技术的政务应用还处于探索阶段。

（3）建设思路

广东省的目标是到 2025 年全面建成"智领尊政，善治为民"的"广东数字政府 2.0"，构建"数据＋服务＋治理＋协同＋决策"的政府运行新范式，加快政府职能转变，不断提高政府履职信息化、智能化、智慧化水平，持续提升群众、企业、公职人员获得感，有效解决数字鸿沟问题，加快实现省域治理体系和治理能力现代化，打造全国数字政府建设标杆，全面数字化发展持续走在全国前列，努力成为数字中国创新发展高地，具体包括"五个全国领先"。

- 政务服务水平全国领先，高频服务事项 100% 实现"省内通办""跨省通办""湾区通办"。

- 省域治理能力全国领先,构建省、市、县(市、区)、镇(街)、村(居)五级联动的省域治理体系。

- 政府运行效能全国领先,各级政府部门视频会议系统全覆盖。

- 数据要素市场全国领先,推动全省公共数据资源汇聚、整合、共享,政府内部应共享数据需求满足率达 99%。

- 基础支撑能力全国领先,推动全省政务云、政务外网按需提质增容,集约高效、安全可靠的技术架构进一步完善,政务外网接入率达 90%。

为支撑"广东数字政府 2.0"的"五个全国领先"目标达成,提升政务网络服务支撑能力,"十四五"期间,广东省政务外网发展规划要点如下。

第一,加快政务外网 IPv6 升级改造,建立全省"一网多平面"政务网络架构。

加快全省电子政务外网 IPv6 改造,提升网络覆盖范围和带宽,提升政务外网多业务承载能力,建立全省"一网多平面"。

政务网络架构为视频应用、行业应用提供差异化网络服务,满足不同单位、不同业务个性化的网络服务需求。

研究制定《广东省电子政务外网专项规划》,加快推进全省电子政务外网升级,完成省级城域网及省市广域网升级改造。各市参考省级网络架构设计本地网络业务平面,实现与省级网络业务平面的无缝对接。

第二,提升政务外网无线服务能力,推动新一代无线政务专网应用。

探索融合 1.4 GHz、5G 切片以及卫星通信技术,补充增强现有政务网络资源,提升政务外网无线服务能力。

推进政务外网无线服务试点建设,按照业务场景和网络覆盖情形,分级分类提供合适、安全、标准的政务数据传输通道,实现典型应用场景精准覆盖,为不同业务的应用需求提供灵活的网络接入手段。

第三,构建双"$1+N$"网络运作模式,实现政务外网向服务型网络转变。

通过构建政务服务数据管理局统筹管理,各业务主管部门共同参与的"$1+N$"管理架构,以政务外网运行管理单位为核心技术支撑、多个服务提供商共同提供服务的"$1+N$"服务架构,充分发挥服务提供商的网络资源能力。

通过构建按需服务的政务外网服务,完善网络服务目录、网络接入标准、网络服务结算管理办法等制度,实现向服务型网络转变。

通过不断完善服务管理体系,综合提升网络管理水平,为用户提供动态的、细粒度的服务能力供给,实现政务网络精细化管理。

为了实现"广东数字政府 2.0"的业务目标,广东省创新地提出通过"一网多平面"网络架构,以新理念、新架构、新技术打造有韧性、全融合、广覆盖的新一代电子政务外网,积极探索运用 SRv6、网络切片、IFIT 等"IPv6+"

技术提供网络差异化服务，支撑数字政府改革纵深发展和全面触达。

（4）方案要点

广东省政务外网省级网络平台组网架构如图 15-4 所示。

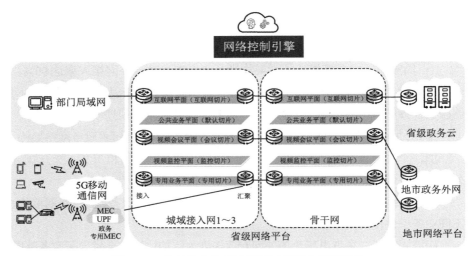

图 15-4　广东省政务外网省级网络平台组网架构

方案设计包括物理组网、路由、业务承载、网络切片和管理运维 5 个方面[13]。

- 物理组网设计：省级平台上连中央级电子政务外网，横向连通省级接入单位和省级政务云，下连 21 个地级市政务外网。政务外网省级平台包含省级骨干网和省级城域接入网。骨干网采用"口"字形高可靠性组网，实现地市网络平台、省级政务云和省级城域接入网的高速互联；省级城域接入网采用两级极简架构，提供有线接入、5G 移动接入等多种灵活接入方式。

- 路由设计：所有网络域的 IGP 均采用 IS-IS 协议，实现网络设备间的全互通；在骨干网部署 RR（Route Reflection，路由反射）设备，骨干网的广域接入路由器、汇聚路由器分别与 RR 建立 IBGP（Interior Border Gateway Protocol，内部边界网关协议）邻居，交换域内的业务路由信息；域间路由协议采用 EBGP（External Border Gateway Protocol，外部边界网关协议），骨干网与城域网、骨干网与地市网络平台、骨干网与政务云网络之间均采用 Option A 方式的跨域 VPN 对接，实现不同网络域间的业务互通。

- 业务承载设计：通过 EVPN 将政务外网划分为多个网络平面，包括 1 个互联网平面、1 个公共业务平面、1 个视频会议平面、1 个视频监控平面以及 N 个专用业务平面，每个业务平面对应一个 EVPN 实例。采用 SRv6 路径进行业务承载，政务外网接入侧通过不同接口（子接口）或 VLAN（Virtual Local Area Network，虚拟局域网）关联 EVPN 实例，将业务引入相应的网络平面，每个 EVPN 迭代到不同的 SRv6 路径。

- 网络切片设计：市级单位会议业务流量网络切片设计包括政务外网和 5G 网络两部分。政务外网网络切片在省级网络平台各路由器物理接口上进行网络切片的资源划分，包括互联网切片、视频会议切片、视频监控切片和专用切片。各网络区域采用不同的网络切片资源预留方式，各业务平面通过 SRv6 路径关联接入相应的网络切片，提供不同网络平面间的资源隔离。5G 网络充分利用运营商 5G 网络切片能力，构建从 5G 基站到 5G 核心网、MEC 的政务切片专网，政务专用 MEC 路由设备通过网络切片接口连接城域接入网的汇聚路由器，实现 5G 业务到政务外网的端到端切片隔离。

- 管理运维设计：通过控制器的网络控制引擎，对网络设备集中控制管理，实现政务业务的快速开通、网络路径的灵活调整、网络切片的全生命周期管理和真实业务流的质量监控；同时提供北向接口，对接政务外网服务运营平台，实现对省级网络平台的业务、网络资源、用户和资产的融合管理。

（5）应用价值

广东省政务云网络组网架构如图 15-5 所示。广东省在政务外网和云网络中引入"IPv6+"，实现了如下三大价值。

- 一网通达：通过政务外网 SRv6 技术实现委办局与云之间、云与云之间快速连接，实现网络分钟级开通。采用 SDN + SRv6 Policy 技术可基于带宽、时延进行选路，当某条路径出现拥堵时，自动切换选路，保障带宽均衡，实现体验最优，满足业务质量要求，保障安全隔离。

- 一网多用：采用网络切片技术，将一张物理网络划分成多个资源相互隔离的逻辑网络，分别承载财政、应急、重保等业务，避免网络重复投资、重复建设。同时也可以为视频会议提供独立切片、安全隔离，保障业务质量。

- 一键运维：基于"IPv6+"的 IFIT 技术，可以实时监测业务质量，打造可视化网络运营平台，设备、资产、线路、流量等信息一览无余，网络健康度实时在线，政务云网态势全可视；通过智能算法，可以提前预测流量拥塞发生概率、网络中设备和线路运行风险，从而进行主动的流量路径调整和故障规避。对于如线路拥塞、误码等常见故障，能做到自优化、自恢复。

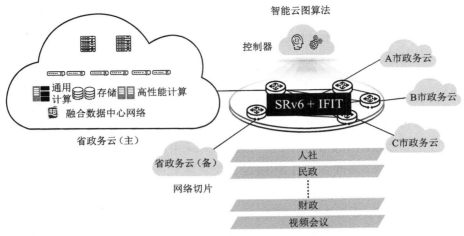

图 15-5　广东省政务云网络组网架构

随着"IPv6+"核心能力的逐步具备，一系列网络创新技术，如 SRv6、网络切片、随流检测等，在广东政务网络上发挥出巨大作用。以视频会议专网承载为例，2021 年 10 月"粤视会"期间，广东政务外网省级网络平台持续支撑视频会议，实现业务零故障、零丢包，高峰期支持并发用户 1500 人参会，带宽总计突破 1.5 Gbit/s，"7×24 小时"视频会议业务的互联畅通。

15.2　智慧金融

15.2.1　智慧金融网络业务需求

"2G 时代的银行是网络银行，3G 时代的银行是手机银行，4G 时代的银行是数字银行，5G 时代的银行是智慧银行。特别是这次全球新冠疫情更使人们感受到云上服务的重要性，不仅是云购物、云办公、云视频，金融服务也加速向云端发展，这有助于扩展金融服务的范围，也有助于金融业更好把握服务对象的需求。金融的这一发展趋势也会对金融网络提出更高的要求。"中国工程院院士邬贺铨在"2020 金融网络创新峰会"上做出如上表述。

智能化正成为金融行业发展的新趋势，包括营销、信贷、客服、风控、业务管理在内的众多智慧应用正成为金融行业发力的重点领域。与金融业务智能化同步进行的是金融网络基础架构和终端的智能化革新。当下，新基建正成为经济高质量发展的加速器，而新基建的根本在"基"，"基"的核心正是基础网络。网络作为数据承载的关键基础设施，如何满足海量金融创新业务的快速上线、满足不同用户的多样化服务体验、提升网络运维效率和自动化水平，成为金融机构探索的重点。

具体说来,金融行业在发展过程中面临如下问题。

- 金融物联创新应用逐步上线,海量物联终端需要海量 IP 地址,IPv4 告罄,无法满足金融物联业务发展需要。
- 两地三中心→多地多中心,业务多活部署,互联网业务流量采用静态选路,多园区入口无法优选,应用无法就近访问。
- 总行、分行网络分段管理,采用不同的协议建网,总行、分行各管一段,网络业务开通时间长、管理维护复杂。

IPv6 作为下一代互联网的关键性技术,将逐步取代 IPv4 成为支撑互联网运转的核心协议。"IPv6+"创新体系则带来了 SRv6、网络切片、IFIT、APN6 等技术,可以很好地满足 5G 和云网融合时代的金融业务承载需求。

"IPv6+"助力金融行业实现广域一张网和数据中心网络统一架构,采用端到端 IPv6/SRv6 统一协议,打破金融核心骨干网和金融泛在接入网的界限,提供金融业务一跳入云能力。基于 APN6 形成全行业应用一张表,使能端到端广域网感知应用能力,提供细粒度、万级应用差异化服务,应用级 SLA 可视,端到端应用 SLA 保障自动化。统一金融数据中心通用计算网络、存储网络、高性能计算网络架构,使得不同类型业务全部承载在 IP 网络,实现大规模组网协议统一,算力高效释放。IPv6 + AI 将加速实现金融行业数字孪生,实现全生命周期自动化及业务分钟级发放,并基于海量数据提升网络预测和预防能力。基于开放服务化架构,实现私有云、公有云、混合云的网络统一编排,打破多工具、多平台分散管理限制,提供全场景服务化能力。

中国人民银行于 2019 年 1 月 10 日发布了《关于金融行业贯彻〈推进互联网协议第六版(IPv6)规模部署行动计划〉的实施意见》,旨在加快推进基于 IPv6 的下一代互联网在金融行业规模部署,促进互联网演进升级与金融领域的融合创新,主要目标分为"三步走"。

- 到 2019 年底,金融服务机构门户网站支持 IPv6 连接访问。
- 到 2020 年底,金融服务机构面向公众服务的互联网应用系统支持 IPv6 连接访问,并具备与 IPv6 改造前同等的业务连续性保障能力。
- 从 2021 年起,在做好金融行业面向公众服务的互联网应用系统 IPv6 改造的基础上,持续推进 IPv6 规模部署,逐步构建高速率、广普及、全覆盖、智能化的下一代互联网。

中国人民银行编制了《金融行业 IPv6 规模部署技术验证指标体系 V1.0》,涵盖技术和管理要求,包括五大类 11 个验证项 58 个验证指标。文件中明确,对金融行业的升级改造包含应用指标、网络指标、网络指标、保障措施、运维指标等验证指标,也就是说,银行的升级改造必须要符合以上验证指标。

当前金融行业 IPv6 规模部署已经进入第三阶段，即"持续建设阶段"，持续开展网络、应用、终端的 IPv6 升级改造工作。从互联网服务区逐步深入内部专网，内网改造难度远大于互联网区域，在骨干网 / 广域网商用部署 IPv6 之后，六大行和部分股份制 / 城商行面临 IPv6 继续下沉的长期工作。

金融网络主要包括 3 个部分。

- 金融数据中心网络。金融数据中心承载着金融机构交易、办公以及测试等业务，是金融机构数字化转型的核心设施。随着金融业务规模的持续增长，以及对可靠性要求越来越高，数据中心建设逐步演进为"两地三中心"乃至"多地多中心"架构。数据中心之间通过 DCI（Data Center Interconnect，数据中心互联）网络进行通信，同城采用 DWDM（Dense Wavelength Division Multiplexing，密集波分复用）线路，异地采用 SDH/MSTP 专线。数据中心内部网络可以分为业务网络、存储网络以及管理网络，管理网络的架构和演进相对比较独立，可以按照单独的节奏进行演进。

- 金融骨干网。金融骨干网是金融机构网络的核心组成部分，支撑着金融机构总部、数据中心、分支机构之间的互联互通。对于新建网络，需考虑未来 3~5 年业务及网络技术发展趋势，保持网络先进性，使网络能快速应对未来的业务变化。骨干网承载技术演进到 SRv6，是业界公认的未来发展方向。SRv6 作为下一代 IP 网络革命性基础协议，具有多业务承载能力、路径编程能力、应用编程能力以及控制平面和转发平面协议简化等优势，因此 SRv6 适合新建网络向 IPv6 演进。

- 金融分支网络与园区网络。金融分支网络是用于一级行接入二级行、网点、子公司、外联单位等机构的网络；金融园区网络用于接入多种业务终端及其使用人员。从发展趋势上，两张网络向扁平化架构演进，这里包含两个层面。一个是网络层面扁平化：新建网点一般直连一级机构，网点、各级机构，乃至总部、数据中心间通过 SRv6 一跳打通。另一个是管控层面扁平化：园区网络、分支网络乃至骨干网使用同一套控制系统管理，实现端到端网络协同。

随着互联网金融的发展，网点业务呈现多样化，除了传统的生产办公业务外，还有安防、物联网、混业经营、公有云等业务。随着网络的流量模型和带宽的变化，金融分支网络接入线路也变得更加多样，主流的线路包括 MSTP、MPLS VPN、Internet、5G VPDN（Virtual Private Dialup Network，虚拟私有拨号网络）等。基于这几个变化，应用 SD-WAN 可以满足多种线路接入、逻辑扁平化组网、VPN 隔离、根据业务 SLA 质量选路等需求。在 SD-WAN 升级为 SD-WAN over SRv6 之后，与骨干网的 SRv6 构建端到端可视化的 SRv6 网络，分支网将具备与骨干网同等的智能调度能力，从而奠定端到端统一调度和 "IPv6+" 创新演进的基础。基于 SRv6 的广域一张网方案协议层如图 15-6 所示。

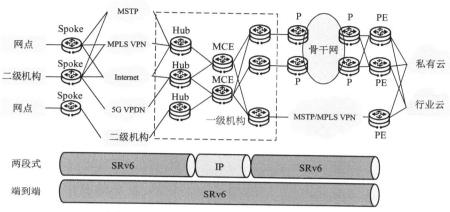

图 15-6　基于 SRv6 的广域一张网方案协议层

基于 SRv6 的金融网络具有很多优点，比如简化网络协议，能够通过 SRv6 路径编程提高专线利用率，同时配合网络切片技术可以实现差异化 SLA 保障，配合 IFIT 技术可以提升运维效率，等等。此外，在网络管控层面，层级减少，网络调度和运维可以基于端到端视角完成，效率和有效性得到极大的提升。

基于 SRv6 端到端的技术优势，可实现骨干网、分支网络、园区网络 3 张网络的架构融合，实现 LAN-WAN 融合管控，如图 15-7 所示。LAN-WAN 融合可实现一套平台、一个账号、一套 GUI（Graphical User Interface，图形用户界面）、统一北向接口、统一网络拓扑呈现，可提升配置编排效率，快速实现一站式业务部署，并基于随流检测技术实现 LAN-WAN 端到端一体可视业务验证和流量监控。

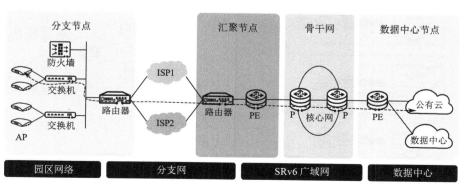

图 15-7　三网融合统一架构

　　三网融合统一架构可充分发挥 IPv6 的技术创新性。在控制层面，中小规模网络和大规模网络的目标架构略有不同。

　　如图 15-8 所示，对于中小规模网络，如城商农信，网点、各机构、总部、数据中心间通过 SRv6 一跳打通，园区网络、城域网和骨干网使用统一控制器管理，实现端到端网络协同。

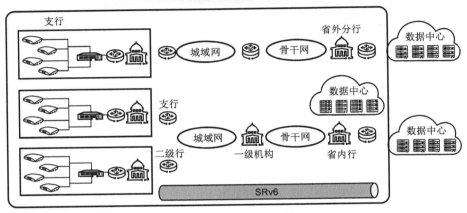

图 15-8　中小规模网络的目标架构

　　如图 15-9 所示，对于大型金融网络如大行及股份制银行，以省级为单位，省内各网点、机构间通过 SRv6 隧道一跳打通，同时省（自治区、直辖市）内园区网络、城域网由园区控制器实施共管，骨干网由骨干控制器管控。

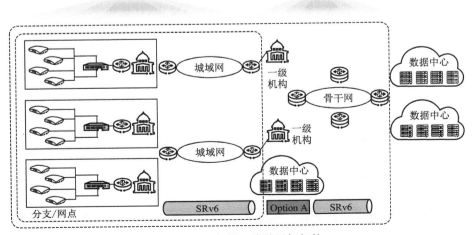

图 15-9　大规模网络的目标架构

15.2.2 智慧金融 "IPv6+" 实践

<u>案例分享：中国建设银行云广域网</u>

（1）背景情况

在 Bank 4.0 时代，在分布式数据中心和业务全面云化的趋势下，银行数据流量模型发生了根本性的变化，业务快速上云及云互联互通成为常态化需求。如何满足海量金融创新业务的快速上线需求？如何满足不同用户的多样化服务体验？如何满足集团机构复杂环境下灵活接入的要求？基础网络架构的变革成了银行数字化转型的必经之路，而骨干网作为数据通信的关键基础设施，是网络架构改革的重中之重。

（2）业务痛点

如图 15-10 所示，中国建设银行骨干网采用以北京、上海、武汉 3 个数据中心为核心节点环网络架构，覆盖 3 个数据中心及 36 家一级分行业务。核心骨干网于 2011 年建设，设备老旧且已到期，亟须替换。同时，中国建设银行也在逐步向网络服务运营商转型，金融业务将由线下转至线上，同时为行内外金融机构提供公有云及云专线服务，在流量调度、业务部署和运维管理方面都对广域网架构提出了新的要求。

银行正进入分布式数据中心时代，从两地三中心到多地多中心，总部、分行、支行、网点等形成一个密不可分的整体，需要一张网络快速连通企业的各个角落，并能基于业务诉求快速动态调整，实现数据互通和业务协同。

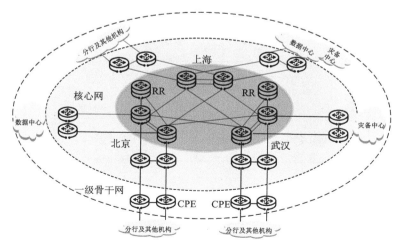

图 15-10 基于 MPLS 的传统金融广域网架构

（3）建设思路

结合中国建设银行金融科技战略、多地多中心规划及多元化的业务诉求，通过大量且充分的论证、规划和验证，中国建设银行认为一张智能、极简、弹性的云骨干网符合银行网络演进预期，能够极大地提升业务效率和业务体验。2020年10月30日，中国建设银行管控系统数据库同步流量迁入新一代核心骨干网，标志着新一代智能云骨干正式上线，后续其他业务也在逐步迁入。

SDN以其领先的路由转发理念、开放的平台、智能灵活的网络定义能力，成为未来网络演进的业界共识，同时也契合中国建设银行"TOP+"金融科技战略的理念。在选择SDN的道路上，中国建设银行认为SDN的核心在于协议，而不仅是控制器的全网感知和策略下发。SRv6天生契合SDN的网络理念，中国建设银行创新地使用SRv6技术，做到了3个业界第一，即第一家跳过SR-MPLS，直接部署SRv6的企业；第一家直接跳过第一阶段SRv6 BE，直接部署第二阶段SRv6 Policy的企业；第一家不仅是在骨干网，而是从接入网到骨干网端到端部署SRv6的企业。

（4）方案要点

基于SRv6创新技术的应用，中国建设银行实现了骨干网的重构和跨越，智慧金融广域网架构如图15-11所示。具体说明如下。

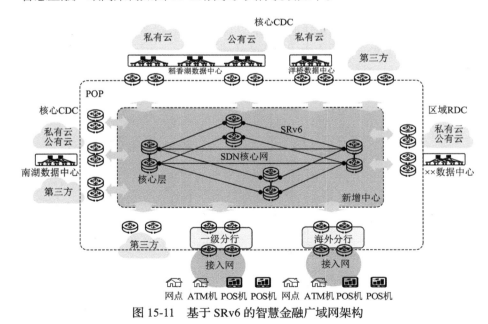

图15-11　基于SRv6的智慧金融广域网架构

- SRv6天然支持IPv6，全面使能中国建设银行在5G、物联网领域的探索和创新，打造无处不在的金融服务，助力中国建设银行率先进入

"IPv6+"时代。

- 第一阶段 SRv6 BE 给网络带来的最大好处是协议极简、业务快速发放，而第二阶段 SRv6 Policy 给网络带来真正的智能调度能力，能够在任意节点、多维度地进行智能选路，满足各类业务在网络带宽、时延、抖动等方面的差异化诉求，有效避免网络问题带来的业务交易失败和交易中断。从实践看，基于时延和带宽两个维度的精细化控制，骨干网能提升带宽利用率，节约专线带宽，节省投资。

- 通过 SRv6 打通 SD-WAN 和 SDN-WAN，实现网点到总部的视频协作业务开通，打造业界首个全网端到端 SRv6，使能泛网点到各支行、总部的快速业务打通。

整个智能云骨干网目标架构分为核心层和 POP（Point of Presence，接入点）层。

- 核心层具有超大带宽，支持智能调优。超级核心节点全网状、大带宽、高速互联，通过 SRv6 使能云骨干智能调优，结合网络切片技术，将一张物理网切分成 3 张业务网，金融网络为行内金融业务流量提供高速转发，体现金融属性；Internet 为互联网区流量提供高速转发，Internet 流量内部穿透；外联骨干网为外联业务提供高速转发。

- POP 层通过"云插座"功能连接多云，按需弹性扩容。通过定义各类接入 GW（Gateway, 网关），实现网络快速部署、业务灵活接入，同时可以按需扩展，满足未来业务灵活接入需求。

（5）应用价值

得益于端到端 SRv6、切片化承载、AI 智能运维、弹性架构等大量新技术的应用，中国建设银行打造出一张智能、敏捷、极简、弹性、高可靠的云骨干网，助力中国建设银行业务快速拓展，应用快速上线，流量智能调优，保障业务体验，简化运维。

中国建设银行未来可以继续往"IPv6+"3.0 阶段演进，部署 APN6 特性，感知应用并提供高品质的业务体验保障，构筑应用级竞争力优势。

案例分享：中国农业银行金融骨干网

（1）背景情况

近年来，随着互联网金融、金融科技、开放银行等理念的发展，通过新兴技术提升银行组织效能和业务体验已经成为行业共识，以数据为核心的金融数字化转型已经到来。中国农业银行（Agricultural Bank of China，ABC）是我国主要的综合性金融服务提供商之一，致力于建设经营特色明显、服务高效便捷、功能齐全协同、价值创造能力突出的国际一流商业银行集团。中国农业银行拥有庞大的营销网络和领先的技术平台，向广大客户提供各种公司银行和零售银行产品及服务。网络系统信息化建设是农业银行"全面推进数字化转型，打造数字化竞争新优势"的重中之重。建设"架构领先、管理便捷、智能高效"的骨干网，是当前在云计算、大数据、人工智能等新兴技术大背景下的必然要求。

（2）业务痛点

中国农业银行在通过基础架构云化来推进数字化转型的过程中，面临集团化、互联网化、运维复杂化等多方面挑战。为了更好解决这些问题，作为 IT 基础设施的重要一环，网络架构需要彻底自我革新和全面蜕变。为此，中国农业银行自主开发了 ABC ONE（Open Network Ecosystem，开放网络生态）模型，目标是构建一张统一融合、灵活安全、智能稳固的新时代网络，以支持应用的灵活部署和网络服务的快速交付，助力农业银行的数字化转型战略落地。完整的 ABC ONE 网络模型涉及云原生网络资源池、智能分段骨干承载网、软件定义灵活接入网等技术模块，其中，在"智能分段骨干承载网"部分，中国农业银行实现了基于 SRv6 Policy 的智能调度。

（3）建设思路

2019 年末，中国农业银行明确了用 SRv6 升级 ABC ONE"智能分段骨干承载网"模块的目标，对 DSCP + SRv6 Policy 两级引流，以及动态 Segment List 和 UCMP（Unequal Cost Multi Path，非等价多路径）相结合的调优机制进行了详细研究，并于 2020 年 11 月成功地在骨干网上部署了基于 SRv6 Policy 的 SDN-WAN，开创了金融行业 SRv6 实践的先河。

（4）方案要点

如图 15-12 所示，骨干网分为核心骨干网和一级骨干网两级，前者由 3 个核心节点组成，两两通过高速 OTN 线路互联，融合承载多中心间 Web/AP、DB（Database，数据库）、存储等前中后端全业务流量；后者由数十个一级节点组成，通过 OTN/MSTP 线路上连核心节点，承载分行内外部用户访问总行数据中心的流量。

骨干网采用"控制器 + 转发器"的两层 SDN 架构，两者之间通过南向协议交互，具体介绍如下。

- 控制器：掌握全网拓扑、实时流量、SRv6 SID 等信息，负责将用户意图翻译成 SRv6 Policy，并通过南向协议下发给转发器。

- 转发器：负责路由计算和 SRv6 Policy 封装转发，一方面要运行 IS-IS 计算 Underlay 路由及发布 SID，运行 BGP EVPN 计算 Overlay 路由及发布 SID，并将 Overlay 路由迭代到合适的 SRv6 Policy 上，另一方面还要向控制器报告 Underlay 网络和 SRv6 Policy 状态。

- 南向协议：控制器和转发器之间运行多种南向协议，最重要的是 BGP-LS 和 BGP SR Policy，前者负责将转发器的链路状态转换成 BGP-LS 消息，将 SRv6 Policy 的状态上报给控制器，后者将控制器编排好的 SRv6 Policy 下发给转发器。

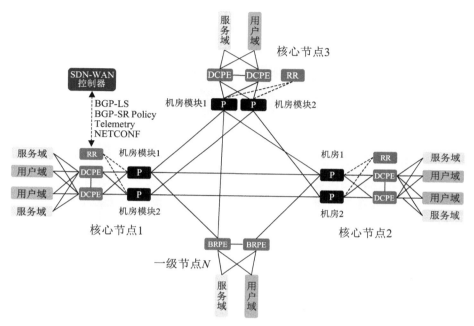

图 15-12　中国农业银行总体骨干网架构

（5）应用价值

通过以上技术的整合，中国农业银行打造了一个集中优化、分布式智能的 SDN-WAN 架构，实现了用户意图驱动、智能流量调度、全方位可视化等一系列功能。

目前，全部核心节点和近半一级节点已经完成 SRv6 Policy 部署，实现了总行多中心之间、总行与分支之间多维度的智能流量调优，也带来了多方面益处，可以概括为"三升两降"。

"三升"具体包括如下内容。

- 提升业务体验：通过骨干网控制器的集中优化和智能流量调度能力，提高整体带宽利用率，规避持续局部拥塞的可能性，保障关键业务的 SLA。
- 提升业务能力：覆盖全行的骨干网＋接入网架构，为内外部用户提供就近安全接入和多租户接入，"一跳入云"访问数据中心的各类云计算服务，并通过 6VPE 支持 IPv4/IPv6 流量的共享传输。

- 提升运维能力：使用 Telemetry 透视网络状态，轻松达成故障定位和恢复业务的运维目标。在全 SDN 的组网环境，通过广域网控制器就能一键开通端到端的 VPN 业务和配套网络服务，交付时间缩短到分钟级。

"两降"具体包括如下内容。

- 成本降低：在骨干网部署 SRv6 Policy 和 SDN 后，在确保同等冗余度和服务质量的前提下，所需广域网带宽显著减少，每年可节省线路租金 2000 万元以上。

- 风险降低：在骨干网架构中融入灾备能力，有线无线一体化达到常灾结合，同时对重要内外部机构提供多站点接入，自如应对网络故障和区域灾难，降低对业务连续性的影响。

在未来的网络建设过程中，中国农业银行还将在 ABC ONE 技术框架指导下，持续优化骨干网架构和挖掘潜能，不断融入新技术元素和设计理念。一方面，在 SRv6 Policy 智能选路的基础上，进一步研究利用网络切片、IFIT、APN6、基于 AI 的智能运维等新技术，打造功能更完备的 "IPv6+" 骨干网体系；另一方面，要继续推进 ABC ONE 的 3 个技术模块有机融合，从转发层面的端到端 Overlay 无缝衔接，到控制层面的多控制器协同或者超级控制器，合力打造面向未来、应用驱动型的 "ABC ONE+" 智能网络平台。

案例分享：中国工商银行金融骨干网

（1）背景情况

金融科技正在深刻改变客户的金融消费行为，银行更应该充分发挥金融科技的力量，更好地服务于国家实体经济的发展，满足千行百业对金融服务的诉求。因此，中国工商银行将优质的金融服务与领先的信息科技紧密融合，聚焦建设"智慧银行"，加快金融科技创新，通过启动智慧银行信息系统建设工程等一系列措施，充分发挥银行服务经济社会的金融"主力军"作用。

（2）业务痛点

中国工商银行原有 MPLS 骨干网控制协议涉及 BGP、IGP、LDP、TE 等，交互复杂；转发平面为 MPLS 隧道，使用无全局含义的 MPLS 标签作为转发标识。

随着网络业务的不断发展和网络规模的不断扩大，IP/MPLS 组合遇到的问题与挑战也愈发凸显。一是业务标识信息少、扩展性差，业务可视效果欠佳。

MPLS 标签中使用 3 bit 的 Traffic Class（Exp）域来标识业务优先级信息，对业务归类的种类有限制，从而易对业务的精细化控制和管理带来困扰。二是静态配置较多，运维过程复杂且扩展性较差。虽然 MPLS VPN 可以适配 SDN 调优等场景，但需要在网络设备间静态配置 TE 隧道，而基于业务可视、拥塞调优等要求，如果 TE 隧道配置数量较多，将造成维护困扰。此外，当需要新增 PE 节点时，网络中静态配置的 TE 数量还可能成倍增长，导致网络扩展性较差。

（3）建设思路

中国工商银行网络建设的核心是一级骨干网，它连接着总行、数据中心、一级分行及行内其他金融机构，体现中国工商银行信息化建设的水平。为把一级骨干网建设成具备"智能化""高可靠""易维护"的金融网络，中国工商银行从中国"智慧交通"建设思路和成果中受到启发，将中国工商银行网络建设发展分为"感知"（应用数据 SLA 可视）、"认知"（数据挖掘）、"智慧"（自动驾驶）3 个阶段，提出相应的建设标准和技术要求；并结合"IPv6+"技术发展，在"机脑简化人脑"和"网络自主决策"两个方面实现突破，走出了一条有自身特色的网络数字化建设的发展之路。

（4）方案要点

2021 年 9 月，中国工商银行完成对全行骨干网 3 个数据中心和 32 家境内一级分行节点的"IPv6+"改造，全行部署 SRv6 Policy，骨干网升级改造为架构业界领先、质量可靠、运维便捷的"IPv6+"新一代金融骨干网，打造"一网承载、全网可视、自动导航、质量自愈"4 个业务价值点。中国工商银行基于"IPv6+"的新一代金融骨干网如图 15-13 所示，具体介绍如下。

一网承载。一级骨干网经过 IPv6 改造，部署 EVPN+SRv6 Policy，既简化协议、规划和配置，又兼具 SDN 的网络深度、灵活编程能力；可提供 IPv4 VPN 和 IPv6 VPN 隧道、Overlay 双栈业务承载，支持同时运行 IPv4 和 IPv6 业务，使行内新增 IPv6 业务上线成为可能。

全网可视。传统 SNMP 性能采集周期是 5 min、10 min、15 min、30 min 等粒度，性能采集比较粗放，分钟级性能检测易掩盖网络带宽突发情况。对此，改造后的 SRv6 网络使用 Telemetry 进行性能采集，使采集周期缩短为 1 s、5 s、10 s、15 s 等粒度，不仅能够真实反馈网络的性能和峰值数据，且 Telemetry 还支持大数据采集与网络多层次业务可视，可实时感知全网拓扑带宽和质量的变化，为风险预测、风险规避等操作提供了准备时间。

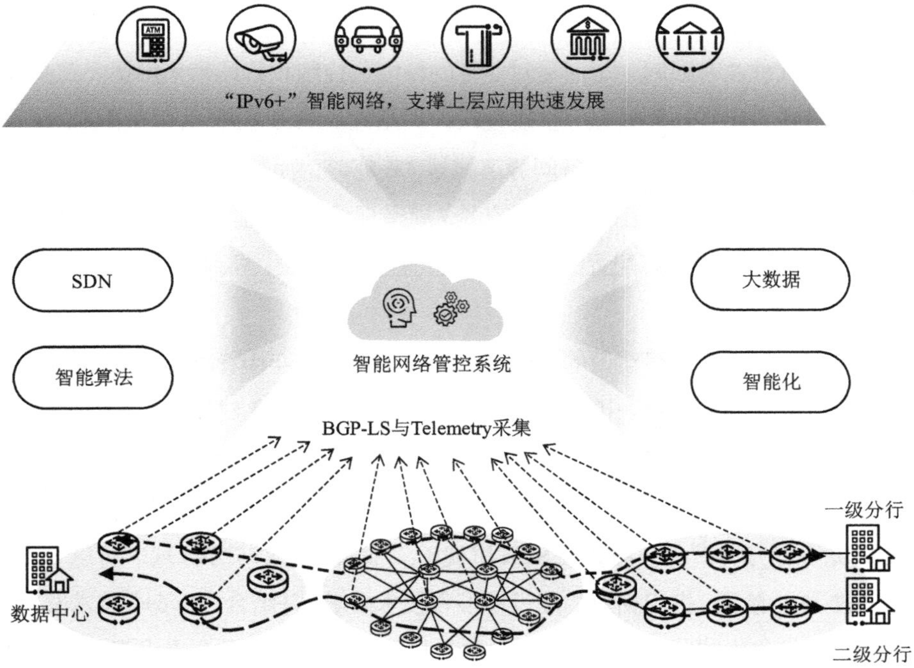

图 15-13 中国工商银行基于"IPv6+"的新一代金融骨干网

自动导航。一级骨干网自主决策能力是体现骨干网智能化水平的重要标准，要求控制器具备自动识别网络拥塞、自动计算流量新路径、自动调整等 3 个能力。其中，鉴于骨干网的重要性及流量组成的复杂情况，自动调优一直都是中国工商银行在网络创新方面的重要课题。对此，中国工商银行针对现网数据和控制器算法展开调研，面向一级骨干网的流量模型进行了深入研究，并在充分考虑业务基本带宽、异常突发、周期规律等情况的前提下，开启调优自动确认功能，显著减少了运维工作量。

质量自愈。业务可能会因为网络质量劣化，导致出现卡顿。智能网络控制器可以提供网络全生命周期的看护，如果感知网络 SLA 变化，控制器会自动重新计算业务路径，自动调整业务路径，直到业务质量恢复。

（5）应用价值

"IPv6+"改造给中国工商银行带来了如下业务方面的应用价值。

- 可视化能力提升：具备网络流量的秒级感知能力，若业务质量劣化，可以快速定界定位。
- 线路利用率提升：通过多业务承载实现了线路资源的复用。
- 调度能力提升：业务流量调度范围更加精确，业务调优更加准确、高效。
- 可靠性提升：若业务质量劣化，可以自动驱动智能网络控制器进行业务调整,实现快速恢复。

15.3 智慧能源

15.3.1 智慧能源网络业务需求

能源是经济社会发展的物质基础。2015 年 9 月 26 日,习近平主席出席联合国发展峰会并发表题为《谋共同永续发展 做合作共赢伙伴》的重要讲话,提出"中国倡议探讨构建全球能源互联网,推动以清洁和绿色方式满足全球电力需求"。

2015 年,《国务院关于积极推进"互联网 +"行动的指导意见》提出:"通过互联网促进能源系统扁平化,推进能源生产与消费模式革命,提高能源利用效率,推动节能减排。加强分布式能源网络建设,提高可再生能源占比,促进能源利用结构优化。加快发电设施、用电设施和电网智能化改造,提高电力系统的安全性、稳定性和可靠性。"

能源互联网是一种互联网理念、技术与能源生产、传输、存储、消费以及能源市场深度融合的新型生态化能源系统。它以可再生能源优先、以电力为基础,通过多种能源协同、供给与消费协同、集中式与分布式协同,大众广泛参与,实现物质流、能量流、信息流、业务流、资金流、价值流的优化配置,促进能源系统更高质量、更有效率、更加公平、更可持续、更为安全。它具有设备智能、多能协同、信息对称、供需分散、系统扁平、交易开放等主要特征。

能源互联网建设分为两个层次。

第一,互联网形态的能源设施。以能源局域网为基本节点,以电力网络、数据管网、道路网络为骨干网,由点及面形成广域互联,即能源广域网,并进一步形成全球互联。在不同范围(家庭、工厂、园区、省市、国家、区域、全球)内实现物质流、能量流、信息流、业务流、资金流的优化配置。

第二,互联网形态的能源服务。能源价值链每个环节(生产 / 存储、输配、消费、运营等)与互联网相结合,都可以产生各式各样的商业模式。

以油气行业为例,油气行业智能化推动云战略,基于一体化云平台提供池化、服务化的软硬件资源及服务,支持对云基础设施、数据、服务、应用等IT 资源的一体化管理,提供全栈云服务能力,满足集团生产控制、企业管理、公共服务等业务全面上云的需求。随着工业互联网的演进,云上业务系统逐渐丰富,不同类型的业务系统对网络专用通道的开通及时性、网络可靠性、网络带宽体验的要求逐渐增高。另外,如何让散落在多地数据中心的数据高效协同,如何高效使用各个数据中心中的计算资源和存储资源,成为云发展的主要问题,于是优质的网络配套成为业务云化转型的关键一环。

"IPv6+" 可以助力数字能源实现生产泛在物联感知、上下游高效协同、业务坚强智能的能源互联网。

- "IPv6+" 路由打通意味着业务打通，新业务敏捷开通，使能全域物联终端一跳上云。
- 以 "IPv6+" 实现云网融合，助力能源云资源全域调配、业务敏捷支撑，实现生产全流程信息贯通、高效共享。
- 基于网络切片技术，打造安全可靠、超低时延的专属网络通道，为工控生产业务提供高质量承载服务。
- 通过 IFIT 技术，实现状态实时感知、故障精准识别，保障能源互联网服务永远在线，可打造泛在连接、灵活高效、可靠智能的新一代能源互联网的基础网络。

15.3.2 智慧电力 "IPv6+" 实践

案例分享：国家电网下一代智能电力数据网

（1）背景情况

电力的发现和应用掀起了第二次工业化高潮。20 世纪出现的大规模电力系统是人类工程科学史上最重要的成就之一，是由发电、输变电、配电和用电等环节组成的电力生产与消费系统。它将自然界的一次能源通过机械能装置转化成电力，再经输变电和配电将电力供应给各用户。输变电业务流如图 15-14 所示。

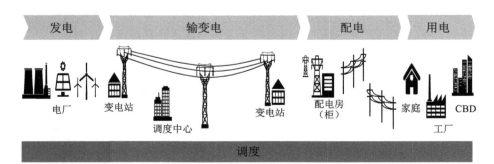

图 15-14　输变电业务流

智能电网已成为电力行业发展的共同选择，各国纷纷制定规划、政策，加快推进智能电网技术和产业发展。智能电网是电网的智能化，其充分运用先进的 ICT，构建可靠、高速、双向的通信管道，通过传感和测量技术、设备及控制方法，实现电网的安全、经济、高效、绿色运行。随着智能电网和数字化变电站的建设，SCADA 和调度电话等业务逐步 IP 化，WAMS（Wide Area Measurement System，广域测量系统）和广域保护等新业务不断引入，分布式发电、储能、充电桩等新能源大规模接入，视频监控等大带宽业务持续增长，传统通信网络已难以满足智能电网的要求。

典型智能电网业务的通信需求如表 15-1 所示。

表 15-1　典型智能电网业务的通信需求 [14]

典型场景	带宽	时延	可靠性
配电自动化	<10 Mbit/s	<10 ms	>99.999%
用电信息采集 / 高级计量	上行 <2 Mbit/s，下行 <1 Mbit/s	<200 ms	>99.9%
智能巡检	>10 Mbit/s	视频传送流量 <200 ms 无人机飞控操作 <50 ms	视频传送流量 >99.9% 无人机飞控操作 >99.999%
配电网差动保护	<10 Mbit/s	≤ 15 ms	>99.999%
配电网 PMU（Phasor Measurement Unit，相量测量单元）	<10 Mbit/s	≤ 50 ms	>99.999%
高清视频监控	≤ 10 Mbit/s	<200 ms	>99.9%
精准控制业务	<256 kbit/s	≤ 50 ms	>99.999%

除了上述生产调度类业务之外，还有一些办公管理类业务，比如视频会议、行政电话、OA、MIS（Management Information System，管理信息系统）、Internet、移动办公等，这些业务也要求一定的带宽保证，各系统业务需要隔离承载。

国家电网有限公司是关系国家能源安全和国民经济命脉的特大型国有重点骨干企业。它以建设具有中国特色、国际领先的能源互联网企业为战略目标，以建设和运营电网为核心业务，管理、运营着全球电压等级最高、覆盖面积最大、服务人口最多、最复杂的电网。

目前，国家电网有限公司已建成全球规模最大的电力通信专网和央企领先的一体化集团及信息系统。国家电网有限公司信息通信分公司作为国家电网公司层面信息通信系统建设管理与运行维护的专业公司，以"打造国际一流电力信息通信专业公司，为建设具有中国特色国际领先的能源互联网企业提供坚强的信息通信专业支撑"为宗旨，其目标如图 15-15 所示。

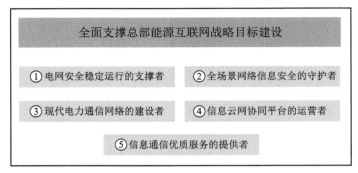

图 15-15　国家电网有限公司信息通信分公司的目标

（2）业务痛点

国家电网数据通信骨干网架构如图 15-16 所示。国家电网数据通信网覆盖总部、分部、三地核心数据中心、27 个省公司、315 个地市公司及所辖全资 / 控股县级单位、各级直属单位、供电所、营业厅、35 kV 及以上变电站，累计 9000 多个节点。国家电网数据通信网主要承载信息、通信、调度、视频、95598 语音、IPv6、IMS 语音等公司管理信息大区业务。

经历国家电网云 1.0 和 2.0 建设之后，国家电网已建成北京、上海、西安三大核心数据中心和 27 个省公司数据中心，但云平台和数据中心互联网络缺乏统一管理，导致"3 + 27"数据中心资源无法统一协调与调度，无法灵活支撑国家电网云面向多区域、多业务、多活节点的部署、应用与运营。当前国家电网数据通信网骨干网存在如下关键问题。

- 业务开通慢：业务开通需要从厂站—地市—省（自治区、直辖市）—总部逐级部署建设，网络开通依赖人工，复杂度高。
- 资源利用率低：网络和云平台相对孤立，多云建设后资源无法高效协同。
- 无差异化服务：网络边缘节点带宽受限，无法满足电力物联网边缘感知类业务、视频监控业务带宽和时延的诉求。
- 运维难度高：网络运维以告警为主，无法可视化、实时定位故障。

（3）建设思路

面对以上挑战，国家电网数据通信网骨干网亟须通过云和网高度协同，"以网促云，以云带网"，形成一体化的基础资源供应平台，为国家电网云业务应用提供智能、便捷、灵活的支撑服务能力。国家电网有限公司信息通信分公司基于如下思路进行了一系列关键实践。

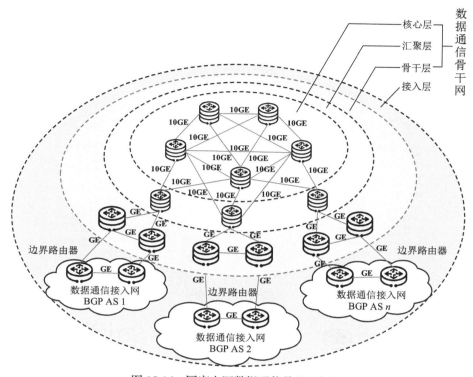

图 15-16　国家电网数据通信骨干网架构

- 敏捷化服务：SDN 控制器面向业务的一键式部署，快速开通；采用极简网络架构，简化网络运维复杂度；SDN 控制器北向和云平台对接，网络感知业务。
- 差异化连接：以大带宽基础网络构筑信息高速公路；SDN 基于业务诉求智能算路与调整，保证良好业务体验。
- 主动式运维：大数据采集分析，网络多维，实时可视；随流检测，业务 SLA 精准呈现；智能故障诊断，快速定界故障，主动闭环。

（4）方案要点

新一代智能化电力数据网络架构如图 15-17 所示，可以从端到云，打造能源互联网时代最佳网络体验。

该网络架构主要有如下特点。

- 云网高度协同：为了满足国家电网创新业务的快速上线和高品质服务保障需求，需要解决各级数据中心互联、数据中心间流量的合理调度和疏导问题。SRv6 能够支撑现有网络分域、分阶段平滑演进，支持未来数据中心业务应用和网络的协同。结合 SDN 控制器构建云网协同的运营模式，实现网络感知业务，业务系统上云后，网络随云一键式开通；多云间高效协同，资源一体化布放。通过 SRv6 Policy 还可以实现网络资源的按需调优，如图 15-18 所示。

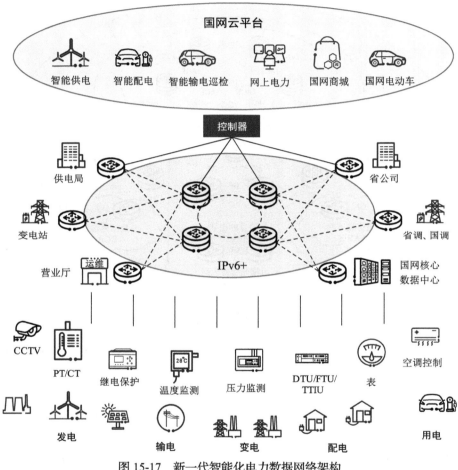

图 15-17　新一代智能化电力数据网络架构

- 差异化服务保障：为了满足各类业务差异化的服务质量要求，为不同电力业务提供优质体验，需要网络能够基于业务 SLA 诉求统一路径规划、动态调整链路。基于网络切片技术，可以在一张物理网络上切分出多张逻辑网络，满足多种业务的差异化需求，构筑高品质差异化网络专线。5G 网络切片具备"端到端网络保障 SLA、业务隔离、网络功能按需定制、自动化"的典型特征，它能使通信服务运营商动态地分配网络资源、提供 NaaS（Network as a Service，网络即服务）；同时也为行业客户带来更敏捷的服务、更强的安全隔离性和更灵活的商业模式。

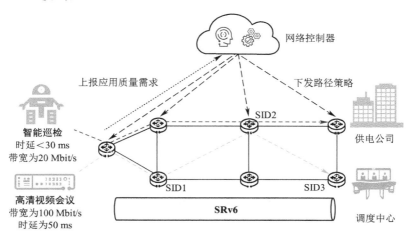

图 15-18 基于 SRv6 的网络资源按需调优

（5）应用价值

综合来看，SRv6、IFIT 和网络切片等"IPv6+"技术是下一代智能化电力数据网络的最佳选择。在数字化生产时代，"IPv6+"技术助力电力企业构建新一代电力数据网基础设施，具备以下价值。

- 智能连接：利用 SRv6，业务一跳入云，网络自动发放，简化部署。
- 确定性保障：FlexE 网络切片使能生产及关键办公业务差异化承载，业务硬隔离，关键业务独立队列，100% 带宽保障，抖动可控。
- 智能运维：基于 IFIT 实现快速故障定位，KPI 逐跳显示，可以实现全网可视化。实现故障智能分析与快速定位，可支撑业务系统正常运行，保障良好体验。

15.3.3 智能油气"IPv6+"实践

案例分享：国家管网智简广域网

（1）背景情况

油气行业属于国民经济发展的第二产业。根据所涵盖业务类型的不同，油气行业又分为上游、中游和下游，"上游—中游—下游"产业链的关系非常密切，具有非常鲜明的产业链结构和产业链信息传递效应。上游主要包括石油、天然气的勘探、开发，中游主要是油气的存储与运输，下游则涵盖炼油、化工、天然气加工等流程型业务及加油站零售等产品配送、销售型业务。

油气行业对智能化的需求越来越旺盛。在传统的油气行业引入物联网、大数据、业务云化部署等先进技术手段，围绕集约、安全、高效的发展主题，通过数字化业务创新来实现双赢和创新发展，具备非常突出的现实意义和可行性。

当前油气数字化进程中遇到的主要问题是生产物联网和办公网如何稳定运行，数据如何长期稳定地传送，如何简化运维，如何使云化、智能化真正为生产可用；以及数据价值如何能够充分地挖掘出来，从而提升智能化管理水平，优化现有管理模式。因此，油田数字化要建设一套覆盖全公司油气生产、处理全过程的系统，实现数据自动采集、关键过程联锁控制、工艺流程可视化展示、生产过程实时监测的综合信息平台。数字化转型驱动上、中、下游全业务系统向云化演进，并集约化到集团，消除二级企业数据孤岛，达到强化安全管理、突出过程监控、优化管理模式，最终实现优化组织结构、提高效益的目标。

作为基础设施，我国油气管网一直以来主要由中国石油天然气集团有限公司（中石油）、中国石油化工集团有限公司（中石化）和中国海洋石油集团有限公司（中海油）3家公司建设和运营。为推动油气行业市场化，我国在油气领域开展改革，采用"管网分离、管住中间（运输）、放开两头（上游勘探、下游销售）"的政策和方针，于2019年12月9日，正式成立国家石油天然气管网集团有限公司（简称国家管网集团），统一负责全国油气干线管网的建设和运行调度，形成"全国一张网"，在应急保供下可统一调度所有互联互通管网，以提高油气管网安全运行系数和管输保障能力。

（2）业务痛点

业务调整带来全新的网络需求，国家管网亟须建设安全、稳定、高效的广域网，连接国家管网集团总部、数据中心和划转单位，供视频会议、辅助生产、综合办公和其他各类应用系统平稳运行。概括起来，油气广域网目前面临以下挑战。

- 《行动计划》中明确要求，央企网络需要全面具备IPv6承载能力，整个行业的IPv6改造势在必行。
- 企业数字化转型，大量业务系统上云、应用和业务云化，要求网络具有灵活智能的特点。
- 办公、生产、视频监控等各类业务的网络需求增加，需考虑如何提供SLA可保障的差异化连接服务。
- 专线流量不均衡，缺乏流量自动调优能力，带宽利用率低。
- 业务复杂性增加，要求业务质量可视，快速排障。

（3）建设思路

针对上述需求，需要构建一张"安全、稳定、高效"的智能油气广域网，综合承载网络的业务包含视频业务、生产数据采集业务、办公业务和企业内部上互联网的 Internet 业务。目标方案需要满足如下要求。

- 网随云动：围绕集团云和区域云建设国内及国际骨干网，基于网络三级架构规划设计，实现云网融合、网随云动，满足信息集中化趋势的需求。

- IPv6 改造：构建 IPv6 网络环境，同时满足业务地址 IPv6 改造和网络互联 IPv6 改造的需求。

- 业务专网：为满足安全要求和业务质量要求，通过物理隔离、物理切片、逻辑隔离等方式，结合路径选择，建设视频、生产、办公、互联网业务专网。

- 路径调优，智能运维：充分应用"IPv6+"技术实现网络的智能运维，并根据路径质量信息实时闭环调优，保障业务质量。

油气广域网的目标架构如图 15-19 所示。油气广域网方案基于 SRv6、网络切片、SDN 等关键技术，采用"核心—汇聚—接入"的分层解耦架构，构建网随云动、一网多面、可视可管可控的广域互联网络，助力油气企业向云网一体化转型。

油气广域网网络架构是基于真实的油气物理网架构建的，物理网络设计基于当前网络架构，同时考虑网络可靠性和网络层级设计。油气广域网网络架构划分为企业出口、区域中心和集团骨干核心三级架构。

- 企业出口作为广域网接入节点，二级单位通过企业出口接入广域网，部署双节点冗余，提高网络的可靠性，以及实现业务的负载分担。

- 区域中心网络内部使用两层架构，即区域汇聚与区域核心。区域汇聚节点下连多个企业出口路由器，即连接多个二级单位出口节点，其中区域中心存在多对汇聚节点。根据承载业务的不同，汇聚节点主要分为区域中心互联网出口汇聚节点与办公生产业务汇聚节点。二级单位互联网业务从区域中心互联网出口汇聚节点落地，方便集团对互联网业务的统一管控以及对互联网业务的安全防范；办公生产业务汇聚节点同时上连区域数据中心，部分生产办公类业务通过该汇聚节点闭环。

- 集团骨干核心网部署在南京、北京两地，网络采用两层、立体式双平面架构，下连多个区域中心出口核心节点，上连多个集团云数据中心，数据中心之间可通过集团骨干核心网实现容灾备份。

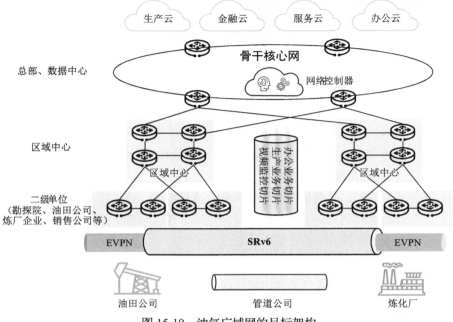

图 15-19　油气广域网的目标架构

（4）方案要点

油气广域网目标架构的特点概括如下。

- 云网一体，网随云动：油气企业业务云化呈现"多地多云"的特征，包括集团云、区域中心云和公有云等。借助"IPv6+"技术，可以实现业务快速开通，以及多云之间的灵活调度。

- 智能选路，流量调优：油气广域链路租赁运营商专线，通过 SDN + SRv6 全网智能选路，视频 /Internet 等业务在租赁链路间智能选路。

- 网络切片，可靠承载：工业互联网、物联网、经营管理类业务、办公类业务、视频等业务统一承载，通过网络切片，提供差异化 SLA。

- 智能运维，自动管理：油气行业技能相对弱，通过智能运维，实现自动化运维，网络可视化、可管、可控，降低运维难度。

（5）应用价值

该方案能够带来如下应用价值。

- 支持 IPv6：网络具备 IPv6 能力，遵从国家 IPv6 政策对油气集团的要求。

- 综合承载：一网多平面，综合承载办公、生产、视频等业务。

- 差异化服务：通过网络切片进行网络硬隔离，提供差异化 SLA 的网络。

- 节约成本：智能流量优化使网络带宽利用率提升，节省专线投资。

- 运维效率提升：实现多层级可视化的自动化运维以及快速的业务发放

（从天级到分钟级）。

15.4 智慧医疗

15.4.1 智慧医疗网络业务需求

当今医疗优质资源相对短缺且向大城市高度集中的问题普遍存在，直接导致贫困边远乡村人民群众看病难。各国都在推进医疗改革来解决这一问题，例如我国推进分级诊疗，构建多种形式的医联体（县域医共体、城市医疗集团、边远地区远程医疗协作网和跨区域专科联盟），让优质医疗资源上下贯通，提升基础医疗服务能力，来破解群众看病之"痛"。但我国基础医疗卫生机构占比高，根据中华人民共和国国家卫生健康委员会（后简称卫健委）统计，截至 2021 年 3 月底，全国医疗卫生机构数量为 102.6 万，其中，基础医疗卫生机构为 97.3 万个，占比约 94.8%，而医疗业务和信息化水平低，难以有效支持分级诊疗政策落实。因此，国家和地方都在积极推动医疗信息化，实现信息共享，支持医疗协作的顺利开展。云化部署能够促进信息共享、大幅简化运维成本并快速满足安全等要求，使得医疗行业各生产系统上云成为趋势。同时，国家在《关于加快推进互联网协议第六版（IPv6）规模部署和应用工作的通知》中对医疗行业信息化提出了明确要求，即推动数字医疗健康和社会保障信息化 IPv6 应用，推动远程医疗、医院信息化、智慧健康养老、社会保障信息化等领域服务平台支持 IPv6。

在智慧医疗全连接架构中，网络层由园区网络、广域网 / 城域网和无线物联网组成，网络层上连云数据中心和应用，下连感知层的终端设备，起着至关重要的作用。

医疗行业数字化的核心是医疗数据集中、共享、智能，助力打造医疗健康服务体系，医疗行业数字化需要网络具备多云连接和"片中片"的切片专网能力。

- 构建医联体、医共体，实现分级诊疗，资源优化配置，需要县、乡镇多分支机构、多院到多云的连接。
- 医疗数据上云和远程医疗。医患信息属于个人隐私，因此需要切片专网保障信息安全无泄露。
- 医疗信息系统全面云化。不同的医疗系统上云有不同的网络需求。

医疗影像 PACS、HIS 和 LIS（Laboratory Information Management System，实验室信息管理系统）上云是目前主流的医疗云应用。随着医联体、独立影像中心的发展，影像数据跨区域及更方便的数据共享诊断需求的出现，个人医疗健康档案的建立需求迫切，如何利用互联网、大数据和云计算技术，把医疗影像数据从院内应用向区域应用、由本地存储向云存储迁移，从而实现远程会诊、远程影像诊断等区域医疗应用，成为当前医疗行业亟待解决的问题。

- PACS 是近年来随着数字成像技术、计算机技术和网络技术的进步而迅速发展起来的，旨在全面解决医学图像的获取、显示、存储、传送和管理的综合系统。
- HIS 是利用电子计算机和通信设备，为医院所属各部门提供病人诊疗和行政管理信息的收集、存储、处理、提取以及数据交换的能力，并满足所有授权用户的功能需求。
- LIS 是专为医院检验科设计的一套实验室信息管理系统，能将实验仪器与计算机组成网络，使病人样品登录、实验数据存取、报告审核、打印分发，以及实验数据统计分析等繁杂的操作过程实现了智能化、自动化和规范化管理。

其中，云 PACS 远程阅片、HIS 和 LIS 数据查询均对网络承载指标有较严格的要求，具体如表 15-2 所示。

表 15-2　医疗上云网络承载要求

典型应用	业务场景	带宽 / （Mbit·s^{-1}）	时延（RTT）/ ms	丢包率 /%
云 PACS	远程阅片（典型影像大小为 20 MB）	≥ 150	≤ 20	≤ 0.08
LIS 上云	查询 10 天数据（数据量为 1.8 MB）	≥ 20	≤ 70	≤ 0.08
HIS 上云	查询 10 天数据（数据量为 3 MB）	≥ 150	≤ 70	≤ 0.1

医疗行业专网架构如图 15-20 所示。"医联体 + 上云 + 远程诊疗"加快卫生健康行业（后简称卫健行业）信息共享，资源协同。医疗行业专网主要解决如下问题。

- 灵活连接：各级医院互联互通，快速、便捷连接多云，医疗数据可以及时上传与共享。
- 差异化保障：按不同类型的医疗业务灵活切片，实现低时延、大带宽差异化承载保障。
- 智能化运维：快速开通、可视服务、快速故障定位。
- 多种增值业务：家庭诊疗、视频诊疗、健康问诊等，提升服务水平。

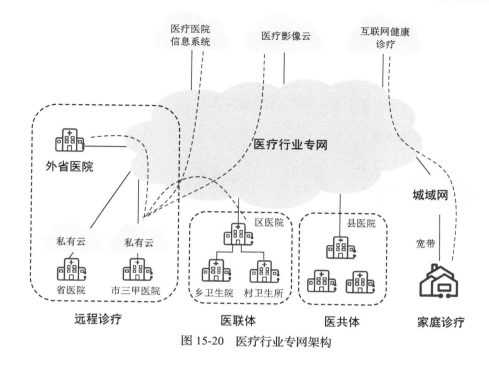

图 15-20 医疗行业专网架构

15.4.2 智慧医疗"IPv6+"实践

<u>案例分享：旌德县人民医院"IPv6+"医疗切片专网</u>

（1）背景情况

随着数字化转型的加速，越来越多政府、企业选择信息化系统上云，对云和网的融合提出更高的要求。当前在国家大力发展"互联网＋健康医疗"的趋势下，医疗信息化成为卫健行业发展的重点，区、县医院信息化系统上云成为主流发展趋势。

（2）业务痛点

但是，很多医院在信息化系统上云过程中面临诸多挑战。以安徽省宣城市旌德县人民医院为例，该院之前的网络架构如图 15-21 所示，基于这个传统架构，整个信息化系统上云过程中就出现如下诸多问题。

- 业务体验不可控：业务系统上云后，业务通过运营商网络承载，网络质量不可控，会受网络中其他业务的影响；随着医院新业务的发展，快速获取新云资源也成为一个问题。

- 安全防护等级需提升：上云后系统直接跟外部网络连接，卫健委要求安全防护必须达到等保 3.0。

- 可靠性有隐患：从医院云专线接入设备到运营商网络为单链路网络，存在故障隐患；系统未做容灾备份。
- 网络变得更复杂：上云需要增加接入终端，使机房内网络更复杂，同时市卫健委、医保局到云的流量存在绕行。
- 多条专线，多个接入终端，运维管理难。

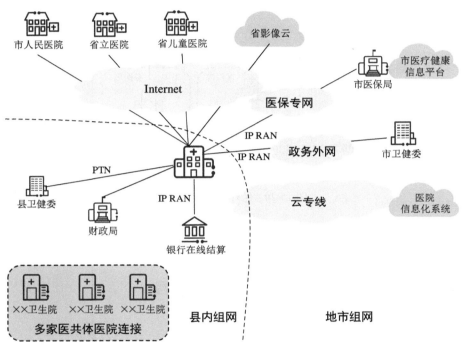

图 15-21　旌德县人民医院之前的网络架构

（3）建设思路

针对这一系列问题，旌德县人民医院采用了面向区县医院全业务上云的云网融合场景化解决方案，成功打造了 SRv6 端到端网络切片、一跳入云、云间快速灾备、一盒多业务承载、业务质量可视及故障快速定位等服务，如图 15-22 所示。

"IPv6+"网络切片专网连接医院、卫健委、医保局、银行、卫生院等，减少医院机房接入终端数量，减少市卫健委到云、卫生院到云的绕行流量。通过网络切片隔离，医院上云业务带宽、时延、抖动可保障。

旌德县人民医院还在"IPv6+"网络切片专网的基础上，实现了多重云服务，满足医院安全、可靠、高效上云的需求。

- 云安全：为了保障上云后系统安全，提供云防火墙、云主机防护、云堡垒机、云数据库审计和云日志审计，确保系统达到等保 3.0 需求。
- 云服务：提供弹性云主机服务，后续医院有新系统需求，可以快速申请云主机，实现业务快速部署。
- 云备份：通过多云交换网络，实现云间高速互联，满足云间数据备份需求。数据备份服务对上云业务系统的应用和数据库系统进行定时备份，容灾软件可以实现跨备份域的备份数据复制。

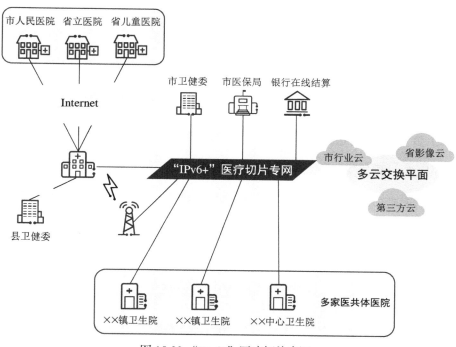

图 15-22　"IPv6+"医疗切片专网

（4）方案要点

该解决方案具备安全可靠、快速开通、弹性灵活、智能可视等诸多优点。

- 安全可靠。基于"IPv6+"网络切片新技术，部署医疗行业切片专网，将医院上云业务和其他业务隔离，提供稳定的业务体验。基于云网POP，实现医院系统在行业云和第三方云间的快速容灾备份。
- 快速开通。基于新一代云网运营系统，结合运营商广覆盖的云网资源，通过"IPv6+"的 SRv6 技术实现云网一体化业务开通。
- 弹性灵活。通过在医院部署智能云端设备，结合千兆光网专线入云、云间互联骨干网，医院只需要一点接入，即可到达需要连接的机构和云池，实现一线多业务，灵活获取云池资源。

- 智能可视。使用 IFIT 技术，提供云网资源可视、云网 SLA 可视、带宽自助可调、简化运维管理等增值业务功能。

（5）应用价值

"IPv6+" 医疗切片专网的成功部署提升了医院服务能力，改善了患者的就医体验，给医院带来了实实在在的价值。

- 减少医院信息化投资：如果采购物理安全设备，需要进行机房改造。通过提供云安全代替原先安全设备的采购，至少节省上百万元的投资。
- 提高医院内 IT 运维效率：云上系统统一由运营商运维管理，让院内信息化技术人员更加专注医院内网问题的处理。
- 提升医院信息化能力：医院新增信息化系统，弹性申请云上资源，快速满足新业务部署需求。

15.5 智能制造

15.5.1 智能制造网络业务需求

智能制造是建设制造强国的必由之路。2021 年 12 月 28 日，工信部等八部门联合印发了《"十四五"智能制造发展规划》（以下简称《规划》）。《规划》指出，"以新一代信息技术与先进制造技术深度融合为主线，深入实施智能制造工程，着力提升创新能力、供给能力、支撑能力和应用水平，加快构建智能制造发展生态"。构建先进工业网络，推动跨学科、跨领域融合创新，实现虚实融合，将持续提升创新效能。

《规划》提出的发展目标是：到 2025 年，规模以上制造业企业大部分实现数字化网络化，重点行业骨干企业初步应用智能化；到 2035 年，规模以上制造业企业全面普及数字化网络化，重点行业骨干企业基本实现智能化。其中，2025 年的主要目标分为 3 部分。

- 转型升级成效显著。70% 的规模以上制造业企业基本实现数字化网络化，建成 500 个以上引领行业发展的智能制造示范工厂。制造业企业生产效率、产品良品率、能源资源利用率等显著提升，智能制造能力成熟度水平明显提升。
- 供给能力明显增强。智能制造装备和工业软件技术水平和市场竞争力显著提升，市场满足率分别超过 70% 和 50%，培育 150 家以上专业水平高、服务能力强的智能制造系统解决方案供应商。
- 基础支撑更加坚实。建设一批智能制造创新载体和公共服务平台。构建适应智能制造发展的标准体系和网络基础设施，完成 200 项以上国家、行业标准的制修订，建成 120 个以上具有行业和区域影响力的工业互联网平台。

"要想富先修路"，网络就是工业数字化的路，首先要把联网率提上来。传统工业属于孤岛式运作，而工业走向数字化的过程，是把数据作为生产要素融入整个工业，即从研发设计到智能制造，再到服务运维的整个环节。从"工业 4.0"（第四次工业革命）产业链看，工业智能制造在上游高度依赖四大基础条件，即传感器（数据采集）、大容量存储（数据存储）、大数据计算（数据处理）和工业互联网（数据传输），这些均是"工业 4.0"实施的关键要素和前提保障。智能制造与工业互联网的关系如图 15-23 所示。

图 15-23 智能制造与工业互联网的关系

工业互联网核心就是工业数据的优化使用，数据的流转过程在各个行业大同小异，关键都是对数据自身的"生产采集—网络传输—集中存储—加工处理—应用呈现"5 步操作，最终依据呈现结果进行手动或自动策略执行。对数据的采集、传输、存储和处理相对标准化，应用的呈现与价值化则更加依托场景，选择多种多样，如图 15-24 所示。

图 15-24 工业数据的流转过程

- 数据采集：数据采集主要是依靠设备和产品监测提供自身的运行数据，以及部署额外传感器两种手段来执行。工业数据系统设计理论上应该是自顶向下的，既应先有数据价值化目标，再做数据使用的设计，进而明确数据处理动作和数据存储需求，最后根据数据量架设传输网络和部署采集终端。但考虑到目前整个工业数字化发展的现状，价值化应用方向并不明确，建设顺序普遍还是以自下向上为主。

- 数据传输：数据被采集后，就要通过网络技术传输到集中的管理端进行存储。工业互联网中的数据传输主要涵盖两段网络，传感器/设备到工业网关和工业网关到管理平台。工业网关到管理平台这段网络传输相对简单，基本上就是通过移动互联网、Wi-Fi或者以太网专线；而传感器/设备到工业网关这段的网络通信技术就存在"七国八制"的问题，造成这个问题的原因比较多，在此不做过多介绍，但是这种问题很明显不利于工业互联网的发展，目前在中国AII（Alliance of Industrial Internet，工业互联网产业联盟）的标准中已经规定了要采用IPv6。工业互联网数据传输场景的需求主要是高密接入和低时延，带宽则要考虑场景，比如汽车这种组装产品涉及多部件采集数据同时上传时，才会对网络带宽有较高要求。

- 数据存储：工业数据经过采集、传输后，势必要有一个集中存储的位置，其需求的核心就是容量大。物联网时代，海量的连接设备带来了海量的数据，即使设备单次单条采集的数据量不大，但节点多、频度高，PB（Petabyte，拍字节/千万亿字节）级别已经成为很多新系统的基本存储需求。

- 数据处理：完成了数据的集中存储，下一步就要进行加工处理，将原始数据变成可用数据。利用一系列的算法规则，将数据初步加工成工业应用需要的原材。

- 数据应用：数据在工业场景中的主要作用是作为决策依据，是人或自动算法做判断时的关键输入。数据应用就是输入查看和算法执行的统合工具。所有的工业应用，概括起来就是做了数据呈现与动作执行两件事，数据呈现是因，动作执行是果。

工业互联网是全球工业系统与高级计算、分析、感应技术以及互联网连接融合的一种结果。在工业互联网的发展中，网络是基础，平台是核心，数据是关键。工业互联网平台是实现智能制造的重要路径，为智能制造提供了关键的共性基础设施，为其他产业的智能化发展提供了重要支撑。作为基于海量数据构建的工业云平台，工业互联网平台在社会化资源协作方面能发挥重要的作用。

15.5.2　"IPv6+"先进工业互联网

工业互联网分为内网和外网,工业内网的主要作用是实现工厂内生产装备、采集设备、生产管理系统和人等生产要素的互联;工业外网的主要作用是实现企业、平台、用户、智能产品的互联。工业外网是工业互联网建设的关键一环,需要工业企业和基础电信运营商彼此协同,提供高性能、高可靠、高灵活、高安全的网络服务,满足工业企业、工业互联网平台、标识解析节点、安全设施等高质量接入诉求。同时,随着企业上云步伐加快,工业外网也承担了企业和云之间高速通道的任务,保障数据的无缝流动。

当前工业互联网发展还存在诸多的问题。

* 海量设备入网难,网联化水平低:大量工业物联终端、城市物联终端在设计之初没有考虑联网场景,不具备联网能力。终端和传感器通信方式和物理介质复杂,传感器由于场景不同,厂商众多,需通过不同的网关入网,缺乏统一接入机制。根据工信部发布的《智能制造发展指数报告(2020)》,2020 年工业设备联网和设备运行数据采集率约为 23%,相对于互联网的普及率 70%,工业设备的网联化水平还有很大的差距。

* 工业网络规范"七国八制"、端侧生态零碎:工业生产线相关的各种工业以太网、现场总线的协议标准超过 30 种,协议标准呈现碎片化状态,多协议和多种传输方式的并存导致工业设备之间的互通存在巨大的困难。

* 工业网络对确定性和可靠性要求极高:工业互联网背后连接的是数以千万计的资产,且出于商业利润和人员安全的考虑,工业制造领域对网络的时延、抖动以及可靠性方面的要求是极端苛刻的。然而,传统的网络,无论是以太网还是 IP 网络,都依托"尽力而为"的共享网络环境,但是到了互联网的"下半场",要满足生产制造领域的苛刻要求,迫切需要构建一种可以提供"准时、准确"数据服务质量的新一代网络。

* 网络的智能化不够、云端互联体验不佳:在工业制造领域,业务类型繁多,网络复杂度高,业务对网络的要求更加复杂,传统的依赖人工的管理和运维模式无法满足工业网络的要求。工业网络需要思考,需要理解业务的意图,需提升整网的智能化水平。此外,OT/IT 融合、无线化、业务上云后,传统的网络边界被打破了,基于边界的安全防护体系无法有效应对新的安全挑战。

智能制造新型基础设施中涵盖的工业装备数字化、工业软件云原生化、工业数据价值化，都需要以工业网络升级为基础。以解决"第一公里"基本问题为先，实现"数据上得来、智能下得去、上下游贯通"，培育"数据流动、知识生产及复用"新模式的发展方向，才能有效提高装备资产利用率、产品品质、创新和商业敏捷度。

2021年1月，工信部印发了《工业互联网创新发展行动计划（2021—2023年）》。这份行动计划中提出了工业互联网发展的11项重点行动和10大重点工程，而"网络体系强基"被列为第一项重要任务。对比此前的相关政策，可以发现这份行动计划中最大的变化之一在于着重强调了网络的作用和建设，也就是说"网络体系强基"成为自上而下的全面共识。

工业互联网的核心诉求在于实现数据与算力的无缝流动，做到"数据上得来，智能下得去"。如图15-25所示，新一代先进工业网络以"设备网联化、连接IP化、网络智能化"为关键特征，具备全面深度感知数据、实时传输交互数据、按需部署AI算力的使能框架，将为智能制造的新价值构筑打造坚实基础。

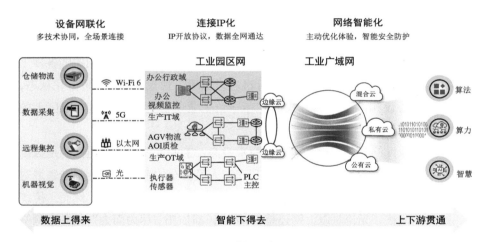

注：AGV即Automated Guided Vehicle，自动导引车；AOI即Automated Optical Inspection，自动光学检测。

图15-25　先进工业互联网的关键特征

- 设备网联化：指工厂内的工业设备要联网，需具备网络接入和数据交互能力，让原来的"哑设备"开口说话。工业设备可以通过工业以太网、工业PON或者TSN等有线接入方式接入网络，也可以通过5G、Wi-Fi 6等无线接入方式接入网络。网络接入无线化通过设备"剪辫子"，使得产线调整更灵活，加速柔性制造发展进程。

- 连接 IP 化：以 IP 作为"普通话"打通"七国八制"的网络孤岛，同时具备物理级隔离、确定性时延、可靠可预测三大工业级能力，实现数据在工厂的快速流动。这里的 IP 化，更多指的是 IPv6 化。IPv4 地址资源已经枯竭，海量的设备终端接入的时候，必然要用到 IPv6 地址。工业设备的 IP 化要循序渐进，可以先将车间级网络 IP 化，再考虑将现场级里对时延要求不敏感的设备 IP 化。工业网络连接的 IP 化不是一蹴而就的，而是一个由外向内、自上而下的发展过程。工厂外网首先实现了 IP 化，工厂内网的 IP 化正自上而下逐步推进。随着 IPv6 的规模部署、"IPv6+"创新应用，推动 IP 技术面向工业数字化典型场景不断与时俱进，多业务网络切片、确定性 IP 服务、SRv6 源路由、网络性能测量与分析等新技术更好地服务于工业场景，这必将加速工业网络连接 IP 化的进程。

- 网络智能化：提升工业网络的智能化水平，可以从两个方面入手，一方面是引入人工智能、大数据分析等技术，通过数据分析和人工智能推理，实时理解客户的意图，实时掌握网络资源状态；另一方面是引入 SRv6 和网络切片等"IPv6+"创新技术，合理调配网络资源，为用户提供智能、安全的连接服务。

"IPv6+"是对 IPv6 技术体系的全面升级，提供满足应用需求的差异化服务能力，满足万物互联、业务上云，特别是工业互联网的诉求，助力消费互联网向产业互联网升级，同时牵引整网 IPv6 流量提升，加速互联网的演进。

对于工业制造领域，"IPv6+"在灵活弹性、可管可视、确定转发 3 个维度全面提升网络能力。

- 灵活弹性：利用 SRv6 等技术，实现端到端业务快速开通、策略灵活变更、流量灵活调度、带宽灵活调整，满足不断增长的业务融合体验需求。

- 可管可视：利用 IFIT 和人工智能，结合知识图谱等关键技术，实现关键业务流量的可管可视，将故障恢复时间从小时级缩短到分钟级，并可实现故障的自动预测和恢复。

- 确定转发：利用网络切片等技术提供流量安全隔离能力，不同流量间互不影响。提供"片中片"能力，同一企业内不同业务也可以互相隔离，为关键生产业务提供确定性、低时延和高可靠保障。

"IPv6+"在工业领域有如下应用创新场景。

场景一：工业企业上多云，云间灵活互联。随着企业数字化转型的推进，越来越多的企业把业务迁移到云上，这就需要网络随云而动，提供弹性伸缩、即时开通、灵活调整的能力，可以利用"IPv6+"技术一键部署和调整业务，指定云路径，支持不同企业业务按需敏捷入云，助力企业加速数字化转型步伐。

场景二：给工业行业提供确定性虚拟园区服务。典型的工业企业需要多园区多云互联，同时随着生产业务的集中部署，需要在多园区和多云之间提供确定性的网络。"IPv6+"技术提供超低时延、超低抖动、超大带宽、超高可靠能力，使得多个园区看起来像一个园区，多朵云看起来像一朵云，帮助企业进一步提升效率，如图 15-26 所示。

生产业务　视频会议　研发业务　办公业务　销售业务　外协业务

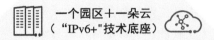

图 15-26 "IPv6+"提供一体化服务能力

15.5.3 智能制造"IPv6+"实践

案例分享：上汽乘用车工业智能云网

（1）背景情况

上汽集团乘用车公司有多个生产基地、研发基地和上百家 4S 店。如图 15-27 所示，在总部有一个数据中心，用于承载办公、研发、营销和 ERP（Enterprise Resource Planning，企业资源计划）等系统。每个生产基地有一个本地数据中心，用于承载本基地的办公和生产业务。为了满足业务上云的需求，还引入了多家公有云。总部、各基地和公有云之间采用传统专线连通。另外，还有很多上下游的企业也采用专线的方式与总部数据中心进行交互，形成了以总部数据中心和灾备数据中心为核心的，多云、多基地互联的广域网。

（2）业务痛点

在业务系统建设中，通常采用不同的云来承载不同的业务。稳态业务，如制造业务，出于效率和安全的考虑，一般部署在私有云上；敏态业务，如营销业务一般部署在公有云上。随着业务数字化的开展，数据量发生爆炸性增长，业务变化加快，给网络带来了诸多新挑战。

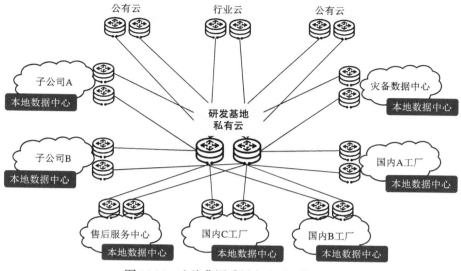

图 15-27　上汽集团乘用车公司网络结构

一方面，随着数字化的深入，研发系统、制造系统和营销系统之间的数据交互越来越频繁，如营销系统将订单信息发送给制造系统，研发系统需要将设计参数导入制造系统，制造系统需要将制造过程数据提供给大数据平台。为了最大化地释放数字价值，需要对分散在多个云和多个基地的数据进行整合、重构。

另一方面，在研发、制造和营销过程中，也出现了诸多新诉求。

- 在研发过程中，主要是大带宽和灵活调配诉求。车辆研发过程每天需完成几百个碰撞分析、流体分析、NVH（Noise, Vibration and Harshness，噪声、振动和不平顺性）分析等多学科仿真计算作业，模拟整车、发动机数百种工况。部署在私有云的本地计算集群，可提供较安全和稳定的仿真环境；部署在公有云的超算集群，可提供弹性和超强的计算资源。由于专线带宽受限，算力在不同的云上调度和分配困难，在算力高峰，专线扩容慢，不能满足业务需求。

- 在制造过程中，主要是大带宽、灵活调整和确定性体验等诉求。为了对供应链进行优化，对产线进行数字化改造，接入设备数量和传输的数据量发生了爆发式的增长。这些数据在基地进行汇集后，上传到大数据平台，进行分析建模，专线带宽大大增加。而在生产基地，专线除了要承载生产业务外，还要承载办公和数据采集业务。业务体验不可知，突发流量经常挤占实时性业务流量，专线带宽调整慢，运维困难，体验较差。

- 在营销过程中，主要是灵活连接和可靠性诉求。为了适应市场和用户变化，需要围绕营销数字化和服务数字化，连接用户、经销商和产品，将供需双方数据打通，实现营销投入和企业端客户数据的闭环，形成以用户为中心的看车、购车、用车的数字化服务体系。此外，部署在多云之间的营销业务交互链路不可视，故障定位难。

（3）建设思路

面对以上业务痛点，企业需要一张能够连接多个分支园区和多个云池的多点到多点云专网，这张云专网需要具备以下属性。

- 网络是中立的，可以自由接入各个云商的云池资源，实现云池资源和网络资源的有机结合，具备灵活、敏捷的开通和扩缩容能力，以适应云池资源的弹性扩缩容和快速开通释放特性，具备云网协同运营和运维能力。
- 网络具备差异化承载企业多种 IT 系统业务的能力，为制造行业关键业务提供高可靠和确定性转发质量。
- 网络具备较好的运维能力，具备网络和业务的状态可视呈现、随流检测、故障快速定界排障能力。

（4）方案要点

如图 15-28 所示，在业务管控面，上海电信基于多云聚合平台协同跨多云商和多分支的云网业务，为上汽乘用车开通临港和安亭园区到公有云、私有云的多点互通连接，满足企业上云和分支互联的业务诉求；同时具备敏捷开通和调整云网业务的能力，在基本业务承载的基础上，适应业务灵活调整、弹性变化的业务诉求。在业务承载面，上汽乘用车园区机房部署电信智能云端，通过云端接入云专网，单台云端同时接入多种业务，实现企业上多云、多分支互联、园区上网的综合业务诉求。

（5）应用价值

在上述整个智能云网方案架构中，"IPv6+" 作为方案的技术底座，起到至关重要的作用。

- 通过 SRv6 协议承载，简化协议，按需算路调优，实现业务的快速开通和调整。借助 SDN 控制器，提供业务意图接口，支撑网络资源的快速产品化集成。
- 通过网络切片技术实现关键业务的资源独享，保障高可靠和确定性转发质量。
- 通过 IFIT 技术实现对流量的逐跳检测统计，并借助控制器实时呈现业务逐跳质量状态，对出现的流量异常信息进行分析，并进行相应的修复操作。

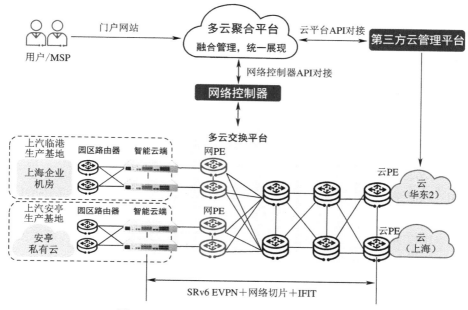

图 15-28 上汽乘用车工业智能云网方案架构

本篇参考文献

[1] 中国科学院科技战略咨询研究院. 中国"IPv6+"产业生态的价值、战略和政策研究 [R/OL]. (2021-11) [2022-07-15].

[2] 中国电信. 云网融合 2030 技术白皮书 [R/OL]. (2020-11-07) [2022-07-15].

[3] 杨杰. 实施 5G+, 共迎新未来 [N/OL]. 搜狐网, 2019-06-25[2022-07-15].

[4] 中国联通. CUBE-Net 3.0 网络创新体系白皮书 [R/OL]. (2021-03-23) [2022-07-15].

[5] 甄清岚. 宁夏电信行业切片专网荣获 2020 ICT 优秀解决方案奖 [N/OL]. 通信世界网, 2021-01-08[2022-07-15].

[6] IDC. 2022 年中国视频监控摄像头部署量将达 27.6 亿台 [N/OL]. 新浪网, 2019-01-30[2022-07-15].

[7] 中国新闻网. 商务部: 中国累计设立外资企业数突破 100 万家 [N/OL]. 中国新闻网, 2020-01-21[2022-07-15].

[8] 中国移动. 算力网络白皮书 [R/OL]. (2021-11-02) [2022-07-15].

[9] 田小梦. 中国联通携手华为实现业界首个基于 SRv6 的跨骨干云专线方案落地 [N/OL]. 通信世界网, 2019-04-03[2022-07-15].

[10] 原付川. 基于 SRv6 的 5G 综合承载网在雄安正式商用 [N/OL]. 中国雄安官网, 2020-01-03[2022-07-15].

[11] 刘晶. "IPv6+" 技术首次现身冬奥 [N/OL]. 中国电子报, 2021-01-21[2022-07-15].

[12] 推进 IPv6 规模部署专家委员会, 国家电子政务外网管理中心办公室. 政务外网 IPv6 演进路线图和实施技术指南——政务外网 [R/OL]. (2021-10-18) [2022-07-15].

[13] 广东省政务服务数据管理局. 广东省"IPv6+"政务外网"一网多平面"实践白皮书 [R/OL]. (2021-11-27) [2022-07-15].

[14] CIGRE 中国国家委员会 D2 专委会 -5G 工作组. 智能电网 5G 应用白皮书 [R/OL]. (2019-09-23) [2022-07-15].

展望篇

第 16 章
"IPv6+"产业发展建议与未来展望

IPv6蕴藏着巨大的创新空间,对我国来说,既是机遇又是挑战。加快"IPv6+"技术创新、产业发展和应用部署,有利于重塑我国互联网创新体系、激发创新活力、培育新兴业态,对打造IPv6规模部署和应用高质量发展新优势,加快互联网演进升级和助力经济提质增效,具有重要意义。下一步,我国要统筹产业链各方力量,完善"IPv6+"技术体系顶层设计,推动"IPv6+"关键技术攻关,加快"IPv6+"核心产品及解决方案研发,加强网络新技术、新应用的测试验证、试点示范,加大对网络基础性、前瞻性、创新性研究的支持力度,提升创新成果的生产力转化水平,增强网络信息技术自主创新能力,形成我国在网络技术演进创新领域的先发优势。

16.1 "IPv6+"产业发展建议

2021年11月,中国科学院科技战略咨询研究院发布《中国"IPv6+"产业生态的价值、战略和政策研究》报告[1]。该报告指出,我国"IPv6+"产业生态的发展需要构建一套以"IPv6+"国家战略框架和顶层设计为引领、产业供给侧和需求侧双向发力、优化创新和应用环境,服务于"IPv6+"健康有序发展的政策体系。下面描述该报告针对我国"IPv6+"产业发展的详细建议。

1. 战略思路

一是主体参与工程。制定国家"IPv6+"产业战略规划,围绕网络技术创新和产业应用形成体系化的顶层设计,加强和完善各类管理规定中"IPv6+"相关要求,从行业监管层面引导并督促各类责任主体切实落实"IPv6+"工作要求;强化企业在下一代互联网产业生态中的主体作用,选择一批基础条件好、积极性高的重点行业企业,组织开展"IPv6+"全链条、全业务、全场景部署和应用试点,边试点、边总结、边推广,以点促面,整体提升"IPv6+"规模部署和应用水平；持续完善"IPv6+"行业应用和监测平台，在已成立的"IPv6+"创新推进组等组织基础上，更大范围协调调动国家及社会各类智库的力量，积极搭建公共服务平台推广社会各界对"IPv6+"的共识。

二是供需良性互动工程。推动"IPv6+"技术创新、产品创新、服务创新、商业模式创新等。制定发布"IPv6+"技术演进路线图、实施指南等指导性文件，激活应用生态创新活力，推动"IPv6+"产品和商业模式创新，推进"IPv6+"与 5G、大数据、物联网、工业互联网、一体化大数据中心等新场景、新应用融合发展，实施一批"IPv6+"技术创新应用项目；同时全面深化商业互联网网站和应用"IPv6+"升级改造；拓展工业互联网"IPv6+"应用，加快工业互联网平台软硬件"IPv6+"升级改造，优先支持"IPv6+"访问，推进典型行业、重点企业拓展工业互联网"IPv6+"应用，鼓励典型行业、重点企业拓展工业互联网 IPv6 应用，打造行业和区域"IPv6+"创新应用标杆；完善智慧家庭"IPv6+"产业生态。

三是基础设施底座支撑工程。推进千兆光网、5G 网络等新建网络同步部署"IPv6+"；推动移动物联网"IPv6+"提速；加快互联网接入服务"IPv6+"改造；优化 IPv6 单栈专线开通流程。同时优化内容分发网络"IPv6+"加速性能；加快数据中心"IPv6+"深度改造；扩大云平台"IPv6+"覆盖范围；增强域名解析服务器"IPv6+"解析能力。通过这些举措，实现全国范围内"IPv6+"业务的加速覆盖，为"IPv6+"业务创新奠定良好基础。

四是终端载体提升工程。加快存量老旧物联网终端升级替换。要求智能终端及物联网终端等各类终端加快支持"IPv6+"。同时提升 IPv6 增量强化终端能力。推动新出厂终端设备全面支持"IPv6+"。主要终端设备企业新出厂的家庭无线路由器、智能电视、智能家居终端及物联网终端模组等终端设备全面支持"IPv6+"，提升支持占比。

五是资源集聚工程。加强对"IPv6+"新技术、监测评测、IPv6 单栈应用等领域的行业标准研制；面向"IPv6+"产业发展需求和趋势，创新人才培养的模式方法，深化产教融合、校企合作、培养产业紧缺的新型复合型人才；健全金融"IPv6+"支持体制机制，采取政府出资引导、多元化筹资、市场化运作方式设立政府投资引导基金；持续开展网络安全技术应用试点示范工作。强化"IPv6+"安全产品应用性能验证。构筑"IPv6+"网络安全防护体系，落实网络安全等级保护制度，明确"IPv6+"安全保护要求。

2. 政策建议

中国"IPv6+"产业生态的发展需要构建一套以"IPv6+"国家战略框架和

顶层设计为引领、产业供给侧和需求侧双向发力、优化创新和应用环境，系统构建一套"IPv6+"政策体系。

一是建立国家层面系统化、前瞻性的"IPv6+"战略框架。以打造全球领先的下一代互联网产业链为目标，将打造我国"IPv6+"网络创新技术和产业体系纳入我国"十四五"重点任务。建议由工信部规划司新兴产业处设立"IPv6+"产业专项工作组或发展领导小组，研究制定促进"IPv6+"产业发展的相关战略。建议设置国家"IPv6+"产业发展路线图研究专项，整合国家部委、科学界和产业界专家，对5G承载和云网融合等领域开展"IPv6+"技术和产业发展路线图研究。

二是完善产业供给侧政策。拓宽"IPv6+"下一代互联网重大专项范围；建立更加开放的"IPv6+"人才引进与培养机制；综合运用中央和地方"IPv6+"产业投资基金、税收等金融工具，拓宽投融资途径；推进"IPv6+"产业环节和重点在全国差异化布局政策、产业集群，加快探索区域先行先试；加快设立围绕下一代互联网的产业联盟、垂直领域应用联盟和新型研发机构。

三是完善产业需求侧政策。加强对"IPv6+"软硬件的政府采购和国产应用，完善风险共担机制；开展标杆行业典型场景应用试点示范，构建典型应用展示平台进行推广；培育大规模市场需求，以产业龙头为依托，推动市场驱动型"IPv6+"产业生态的形成；通过完善标准、创新环境、法律基础等引导"IPv6+"产业生态发展壮大。

16.2 "IPv6+"产业未来展望

自2017年11月我国发布《行动计划》以来，政府部门积极推动落地实施，产业链各环节通力协作、密切配合，在经历了几年开拓进取、由点及面、深入推进之后，我国IPv6的发展克服重重困难，在网络基础设施、应用基础设施、终端、基础资源、用户数及流量等各个方面都取得了良好的成效，在技术升级和产业升级的双轮驱动下，"IPv6+"带来的协同效应进一步增强，正进入良性发展阶段。

未来，越来越多的新应用（如移动承载、ICT基础设施、智能机器通信、全息通信等），将对传统的TCP/IP技术核心产生挑战。以智能机器通信为主要应用场景的新一代产业互联网络，在数字经济时代至关重要，亟待加大研究投入，实现IP技术体系的突破，支撑数字经济发展，并支撑新兴的车联网、全息通信、空天地一体化通信等新的需求。面向IP网络前沿科学技术问题，开展互联网体系架构的创新研究，验证适合未来互联网安全运营和可靠治理的关键场景，探索适合我国全产业互联网自主可控的技术路线和发展道路，尤为重要。

为了突破 IP 网络发展的前沿技术以满足更多新兴业务的需求，需要国家层面重视并拉通产学研用的力量一起推动 IP 网络分代研究。由政府牵头主导实施未来网络研究，汇聚数据通信网络研究和创新的绝大多数力量，形成合力，共同布局未来网络，加强网络基础理论研究和顶层设计，抓紧突破 IP 网络发展的前沿技术和具有国际竞争力的关键核心技术，把握新一轮信息科技革命主动权，从"并跑"实现"领跑"，在未来的数字世界获取更大的全球影响力。

"IPv6+"网络技术创新体系架构和关键技术正在快速迭代，未来 10 年，"IPv6+"时代将迎来由憧憬走进生活、由构想变为现实的重大飞跃。如同 IPv4 时代支撑起移动互联网 30 年的蓬勃发展，"IPv6+"时代也将长期支撑下一代互联网的发展，为数字产业化和产业数字化提供基础服务，助力千行百业在数字经济时代完成数字化、网络化、智能化的转型。

本篇参考文献

[1] 中国科学院科技战略咨询研究院 . 中国 "IPv6+" 产业生态的价值、战略
     和政策研究 [R/OL]. （2021-11）[2022-07-15].

缩略语	英文全称	中文名称
2B	To Business	面向企业
2C	To Consumer	面向消费者
3G	Third Generation/3rd Generation	第三代移动通信技术
3GPP	3rd Generation Partnership Project	第三代合作伙伴计划
4G	Fourth Generation/4th Generation	第四代移动通信技术
5G	Fifth Generation/5th Generation	第五代移动通信技术
6LoWPAN	IPv6 over Low power Wireless Personal Area Networks	基于 IPv6 的低速无线个域网标准
6MAN	IPv6 Maintenance	IPv6 维护
6VPE	IPv6 VPN Provider Edge	IPv6 VPN 提供商边缘
ABC	Agricultural Bank of China	中国农业银行
ACL	Access Control List	访问控制列表
AGV	Automated Guided Vehicle	自动导引车
AH	Authentication Header	认证扩展报文头
AI	Artificial Intelligence	人工智能
AII	Alliance of Industrial Internet	工业互联网产业联盟
AOI	Automated Optical Inspection	自动光学检测
API	Application Program Interface	应用程序接口

缩略语	英文全称	中文名称
APN	Application–aware Networking	应用感知网络
APN6	Application–aware IPv6 Networking	应用感知的 IPv6 网络
APNIC	Asia–Pacific Network Information Center	亚太互联网络信息中心
APT	Advanced Persistent Threat	高级可持续性攻击，业界常称高级持续性威胁
AR	Augment Reality	增强现实
ARPU	Average Revenue Per User	每用户平均收入
AS	Autonomous System	自治系统
ASON	Automatic Switched Optical Network	自动交换光网络
ATM	Asynchronous Transfer Mode	异步转移模式
AV	Antivirus	防病毒
B2B	Business to Business	企业对企业
B2C	Business to Consumer	企业对消费者
B2H	Business to Home	企业对家庭
BD	Bridge Domain	桥域
BE	Best Effort	尽力而为
BFR	BIER Forwarding Router	BIER 转发路由器
BFER	Bit Forwarding Egress Router	BIER 转发出口路由器
BFIR	Bit Forwarding Ingress Router	BIER 转发入口路由器
BFR–ID	BIER Forwarding Router Identifier	BIER 转发路由器标识
BGP	Border Gateway Protocol	边界网关协议
BGP4+	Border Gateway Protocol for IPv6	IPv6 边界网关协议
BGP–LS	BGP–Link State	BGP 链路状态
BIER	Bit Index Explicit Replication	位索引显式复制

缩略语	英文全称	中文名称
BIERv6	BIER IPv6 Encapsulation	IPv6 封装的位索引显式复制
BIFT	Bit Index Forwarding Table	位索引转发表 /BIER 转发表
BNG	Broadband Network Gateway	宽带网络网关
BRT	Bus Rapid Transit	快速公共汽车交通
BSL	BitString Length	比特串长度
BSS	Business Support System	业务支撑系统
BUM	Broadcast, Unknown-unicast, Multicast	广播、未知单播、组播
CA	Carrier Aggregation	载波聚合
CATV	Cable Television	有线电视
CC-LINK	Control& Communication Link	控制与通信链路系统
CCSA	China Communications Standards Association	中国通信标准化协会
CDN	Content Delivery Network	内容分发网络
CE	Customer Edge	用户边缘（设备）
CERNET	China Education and Research Network	中国教育和科研计算机网
CFN	Compute First Network	计算优先网络
CFN	Computing Force Network	算力网络
CGA	Cryptographically Generated Address	加密生成的地址
CGN	Carrier-Grade NAT	运营商级网络地址转换
CNGI	China's Next Generation Internet	中国下一代互联网
CoMP	Coordinated MultiPoint Transmission/Reception	协作多点发送 / 接收
CPE	Customer Premises Equipment	用户驻地设备，业界常称客户终端设备
CPU	Central Processing Unit	中央处理器
CRC	Cyclic Redundancy Check	循环冗余校验

续表

缩略语	英文全称	中文名称
CT	Communication Technology	通信技术
CT	Computerized Tomography	计算机断层成像
DA	Destination Address	目的地址
DBSCAN	Density-Based Spatial Clustering of Applications with Noise	基于密度的噪声应用空间聚类
DC	Data Center	数据中心
DCI	Data Center Interconnect	数据中心互联
DDoS	Distributed Denial of Service	分布式拒绝服务
DIP	Deterministic IP	确定性 IP
DNS	Domain Name System	域名系统
DOH	Destination Options Header	目的选项扩展报文头
DoS	Denial of Service	拒绝服务
DPI	Deep Packet Inspection	深度报文检测
DSCP	Differentiated Services Code Point	区分服务编码点
DSL	Digital Subscriber Line	数字用户线
DWDM	Dense Wavelength Division Multiplexing	密集波分复用
E2E	End to End	端到端
EAM	Enhanced Alternate Marking	增强交替染色
EBGP	External Border Gateway Protocol	外部边界网关协议
ECMP	Equal Cost Multi-Path	等价多路径
eMBB	enhanced Mobile Broadband	增强型移动宽带
ERP	Enterprise Resource Planning	企业资源计划
ESP	Encapsulating Security Payload Header	封装安全有效载荷扩展报文头
ETSI	European Telecommunications Standards Institute	欧洲电信标准组织

缩略语	英文全称	中文名称
EVPL	Ethernet Virtual Private Line	以太网虚拟专线
EVPN	Ethernet Virtual Private Network	以太网虚拟专用网
FBB	Fixed Broadband	固定宽带
FBM	Forwarding Bit Mask	转发位掩码
FH	Fragment Header	分片扩展报文头
FIB	Forwarding Information Base	转发信息库
FIEH	Flow Instruction Extension Header	流指令扩展报文头
FIH	Flow Instruction Header	流指令头
FII	Flow Instruction Indicator	流指令标识
FlexE	Flexible Ethernet	灵活以太
FRR	Fast Reroute	快速重路由
FTTH	Fibre to the Home	光纤到户
FW	Firewall	防火墙
GCI	Global Connectivity Index	全球连接指数
GDP	Gross Domestic Product	国内生产总值
GUI	Graphical User Interface	图形用户界面
gRPC	Google Remote Procedure Call	谷歌远程过程调用
HBH	Hop-by-hop Options Header	逐跳选项扩展报文头
HIS	Hospital Information System	医院信息系统
HMAC	Hash-based Message Authentication Code	散列消息认证码
HPC	High performance Computing	高性能计算
HQoS	Hierarchical Quality of Service	分层服务质量
IAB	Internet Architecture Board	互联网架构委员会
IBGP	Interior Border Gateway Protocol	内部边界网关协议
ICMPv6	Internet Control Message Protocol version 6	第6版互联网控制报文协议

缩略语	英文全称	中文名称
ICT	Information and Communication Technology	信息通信技术
ID	Identifier	标识
IDC	International Data Corporation	国际数据公司
IDC	Internet Data Center	互联网数据中心
IDF	Inverse Document Frequency	反文档频率
IEC	International Electrotechnical Commission	国际电工委员会
IEEE	Institute of Electrical and Electronics Engineers	电气电子工程师学会
IETF	Internet Engineering Task Force	互联网工程任务组
IFIT	In-situ Flow Information Telemetry	随流检测
IGMP	Internet Group Management Protocol	互联网组管理协议
IGP	Interior Gateway Protocol	内部网关协议
IMF	International Monetary Fund	国际货币基金组织
IMS	IP Multimedia Subsystem	IP 多媒体子系统
INT	Internet Area	互联网域
IOAM	In-situ Operations, Administration and Maintenance	随流操作、管理和维护
IoT	Internet of Things	物联网
IP	Industrial Protocol	工业协议
IP	Internet Protocol	互联网协议
IP6	IPv6 Integration	IPv6 集成
IPE	IPv6 Enhanced Innovation	IPv6 增强创新
IP FPM	IP Flow Performance Measurement	IP 流性能监控
IPng	IP Next Generation	下一代互联网协议
IPS	Intrusion Prevention System	入侵防御系统

缩略语	英文全称	中文名称
IPsec	Internet Protocol Security	互联网络层安全协议
IPTV	Internet Protocol Television	IP 电视
IPv4	Internet Protocol version 4	第 4 版互联网协议
IPv6	Internet Protocol version 6	第 6 版互联网协议
IPv6+	IPv6 Enhanced	IPv6 增强
IRT	Isochronous Real Time	等时同步
ISG	Industry Specification Group	行业规范组
IS–IS	Intermediate System to Intermediate System	中间系统到中间系统
ISP	Internet Service Provider	互联网服务提供方
IT	Information Technology	信息技术
ITU	International Telecommunication Union	国际电信联盟
ITU–R	International Telecommunication Union–Radiocommunication Sector	国际电信联盟无线电通信部门
JPNIC	Japan Network Information Center	日本网络信息中心
KNN	K–Nearest Neighbor	K 邻近（算法）
KPI	Key Performance Indicator	关键性能指标
KQI	Key Quality Indicator	关键质量指标
L2VPN	Layer 2 Virtual Private Network	二层虚拟专用网
L3VPN	Layer 3 Virtual Private Network	三层虚拟专用网
LAN	Local Area Network	局域网
LDP	Label Distribution Protocol	标签分配协议
LIS	Laboratory Information Management System	实验室信息管理系统
LSP	Label Switched Path	标签交换路径
LTE	Long Term Evolution	长期演进技术

缩略语	英文全称	中文名称
MAC	Media Access Control	媒体接入控制
MBB	Mobile Broadband	移动宽带
MEC	Mobile Edge Computing	移动边缘计算
MIS	Management Information System	管理信息系统
MLD	Multicast Listener Discovery	多播接收方发现协议，业界常称组播侦听者发现协议
mLDP	multipoint extensions for LDP	LDP 多点扩展
mMTC	massive Machine-Type Communication	大连接物联网，也称海量机器类通信
MP-BGP	Multi-Protocol Extensions for Border Gateway Protocol	多协议扩展边界网关协议
MPLS	Multi-Protocol Label Switching	多协议标签交换
MSTP	Multi-Service Transport Platform	多业务传送平台
MTTF	Mean Time to Fix	平均修复时间
MTTI	Mean Time to Identify	平均识别时间
MTTK	Mean Time to Know	平均认知时间
MTTV	Mean Time to Verify	平均验证时间
MVNO	Mobile Virtual Network Operator	移动虚拟网络运营商
MVPN	Multicast VPN	多播 / 组播 VPN
NAT	Network Address Translation	网络地址转换
NaaS	Network as a Service	网络即服务
NCC	Network Coordination Centre	网络协调中心
ND	Neighbor Discovery	邻居发现
NFV	Network Functions Virtualization	网络功能虚拟化
NGMN	Next Generation Mobile Network	下一代移动网络
NGN	Next Generation Network	下一代网络
NN	Neural Network	神经网络

缩略语	英文全称	中文名称
NNI	Network–Network Interface	网络—网络接口
NP	Network Processor	网络处理器
NR	New Radio	新空口
NRT	Non Real Time	非实时
NTT	Nippon Telegraph & Telephone	日本电报电话公司
NVH	Noise, Vibration and Harshness	噪声、振动和不平顺性
OA	Office Automation	办公自动化
OAM	Operations, Administration and Maintenance	操作、管理和维护
OD	Origin to Destination	起点到终点
ODAE	O&M Data Analytic Engine	运维数据分析引擎
ONE	Open Network Ecosystem	开放网络生态
OPS	Operations and Management	运维管理域
OSPF	Open Shortest Path First	开放最短路径优先
OSS	Operational Support System	运行支撑系统
OT	Operation Technology	操作技术
OT	Organizational Training	组织培训
OSU	Optical Switch Unit	光开关单元
OTN	Optical Transport Network	光传送网
OTT	Over–The–Top	超值应用
P2MP	Point–to–Multipoint	点到多点
P2P	Point–to–Point	点到点
PACS	Picture Archiving and Communication System	影像存储与传输系统
PB	Petabyte	拍字节 / 千万亿字节
PBT	Postcard–Based Telemetry	基于 Postcard 的遥测
PC	Personal Computer	个人计算机

缩略语	英文全称	中文名称
PCC	Path Computation Client	路径计算客户端
PCE	Path Computation Element	路径计算单元
PCEP	Path Computation Element Communication Protocol	路径计算单元通信协议
PE	Provider Edge	运营商边缘（设备）
PIM	Protocol Independent Multicast	协议无关多播 / 组播
PLC	Programmable Logic Controller	可编程逻辑控制器
PMU	Phasor Measurement Unit	相量测量单元
POD	Performance-Optimized Data Center	高性能数据中心
PON	Passive Optical Network	无源光网络
POP	Point of Presence	接入点
PROFIBUS	Process Field BUS	程序现场总线
PROFINET	Process Field Network	程序现场网络
PTN	Packet Transport Network	分组传送网
QinQ	802.1Q in 802.1Q	802.1Q 嵌套 802.1Q
QoS	Quality of Service	服务质量
RAN	Radio Access Network	无线电接入网
RFC	Request For Comments	征求意见稿
RH	Routing Header	路由扩展报文头
RR	Route Reflection	路由反射
RSVP	Resource Reservation Protocol	资源预留协议
RSVP-TE	Resource Reservation Protocol - Traffic Engineering	资源预留协议 - 流量工程
RT	Real Time	实时
RTG	Routing Area	路由域
RTT	Round-Trip Time	往返时延

缩略语	英文全称	中文名称
SA	Service Awareness	业务感知
SA	Source Address	源地址
SA	Standalone	独立组网
SCADA	Supervisory Control and Data Acquisition	监控和数据采集
SCTP	Stream Control Transmission Protocol	流控制传输协议
SDH	Synchronous Digital Hierarchy	同步数字体系
SDN	Software Defined Network	软件定义网络
SD-WAN	Software Defined Wide Area Network	软件定义广域网
SF	Service Function	服务功能
SFC	Service Function Chaining	服务功能链
SID	Segment Identifier	段标识
SL	Segments Left	剩余段
SLA	Service Level Agreement	服务等级协定
SNMP	Simple Network Management Protocol	简单网络管理协议
SPN	Slicing Packet Network	切片分组网
SPRING	Source Packet Routing in Networking	网络中的源数据包路由
SR	Segment Routing	段路由
SRH	Segment Routing Header	段路由扩展报文头
SRv6	Segment Routing over IPv6	基于 IPv6 的段路由
STN	Smart Transport Network	智能传送网
TCP	Transmission Control Protocol	传输控制协议
TDD	Time-Division Duplex	时分双工
TDM	Time-Division Multiplexing	时分复用

缩略语	英文全称	中文名称
TE	Traffic Engineering	流量工程
TIH	Telemetry Information Header	Telemetry 指令头
TI-LFA	Topology-Independent Loop-Free Alternate	拓扑无关的无环路备份路径
TLV	Type Length Value	类型长度值
TM	Traffic Manager	流量管理器
TSN	Time Sensitive Networking	时间敏感网络
TTL	Time To Live	存活时间
TTM	Time To Market	上市时间
TWAMP	Two-Way Active Measurement Protocol	双向主动测量协议
UCMP	Unequal Cost Multi Path	非等价多路径
UDP	User Datagram Protocol	用户数据报协议
ULH	Upper-Layer Header	上层协议报文头
UPF	User Plane Function	用户平面功能
URL	Uniform Resource Locator	统一资源定位符
URLLC	Ultra-Reliable Low Latency Communication	超可靠低时延通信
USGv6	U.S. Government Standards with IPv6 Conformity	美国政府 IPv6 一致性认证
V2X	Vehicle-to-Everything	车联网
VAS	Value-added Service	增值业务
VIP	Very Important Person	重要客户
VLAN	Virtual Local Area Network	虚拟局域网
VNNIC	Vietnam Internet Network Information Center	越南互联网网络信息中心
VNPT	Vietnamese Posts & Telecommunications Group	越南邮政通信集团

缩略语	英文全称	中文名称
VoIP	Voice over IP	基于 IP 的语音传输
VoLTE	Voice over LTE	基于 LTE 的语音传输
VPDN	Virtual Private Dialup Networks	虚拟私有拨号网络
VPLS	Virtual Private LAN Service	虚拟专用局域网业务
VPN	Virtual Private Network	虚拟专用网
VPWS	Virtual Private Wire Service	虚拟专用线路业务
VR	Virtual Reality	虚拟现实
VRP	Versatile Routing Platform	通用路由平台
VTN	Virtual Transport Network	虚拟传输网络
VXLAN	Virtual eXtensible Local Area Network	虚拟扩展局域网
WAF	Web Application Firewall	网络应用防火墙
WAMS	Wide Area Measurement System	广域向量测量
WWDC	Worldwide Developers Conference	全球开发者大会
ZTD	Zero Touch Deployment	零接触部署
ZTP	Zero Touch Provisioning	零接触配置